Dr. Heinrich Lösing

BdB-Handbuch X

Schadbilder an Gehölzen

avBUCH

Haftungsausschluss

Autor und Verlag haben den Inhalt dieses Buches mit großer Sorgfalt und nach bestem Wissen und Gewissen zusammengestellt. Für eventuelle Schäden, die als Folge von Handlungen und/oder gefassten Beschlüssen aufgrund der gegebenen Informationen entstehen, kann dennoch keine Haftung übernommen werden.

Impressum

avBUCH im CADMOS Verlag

2. Auflage 2017, unveränderter Nachdruck 2023

Titelgestaltung: Ravenstein R2, Verden (Aller)
Coverfoto: Dr. Heinrich Lösing
Layout und Satz: Hantsch PrePress Services, Wien; prepress.at
Projektleitung: Christine Weidenweber; verbene.eu
Lektorat: Ing. Barbara P. Meister MA; FachLektor.at

Alle Fotos, deren Urheber nicht beim Bild genannt sind, stammen von Dr. Heinrich Lösing.

Druck: www.graspo.com

Deutsche Nationalbibliothek – CIP-Einheitsaufnahme
Die Deutsche Nationalbibliothek verzeichnet diese Publikation in der Deutschen Nationalbibliografie; detaillierte bibliografische Daten sind im Internet über http://dnb.ddb.de abrufbar.

Printed in EU

ISBN: 978-3-8404-8206-9

Inhaltsverzeichnis

1 Vorwort des BdB-Präsidenten

Foto: Die Hoffotografen, Berlin

Der integrierte Pflanzenschutz spielt in der Produktion von Gehölzen eine wichtige Rolle. Im Sinne der guten fachlichen Praxis müssen Baumschuler ihre Pflanzenschutzmaßnahmen und Bekämpfungsstrategien entsprechend der Schaderreger auswählen und anwenden. Hierbei ist die richtige Bestimmung der Schaderreger von sehr großer Bedeutung! Letztlich entscheidet eine korrekte Diagnose über den Erfolg oder Misserfolg einer Pflanzenschutzmaßnahme.

Zunehmend rücken neben den heimischen Schaderregern wie etwa Blattläusen oder Gallmilben auch nicht-heimische Arten in den Fokus der Baumschulwirtschaft. So macht die Globalisierung auch nicht vor den Baumschulen halt. Der weltweite Personen- und Warenverkehr, so etwa durch Tourismus oder den Handel mit nicht heimischen Pflanzen, bringt die Gefahr mit sich, bisher nicht bekannte Schaderreger einzuschleppen. Dies hat bereits zu verheerenden Folgen geführt, insbesondere wenn es sich dabei um sogenannte Quarantäneschadorganismen handelt. Der Zitrus- und der Laubholzbockkäfer aus Asien, der mit Pflanzen und Verpackungsmaterial eingeschleppt wurde, sind sicherlich die bekanntesten Beispiele dafür. Ebenso macht sich der Klimawandel bemerkbar. Bekannte Schaderreger, die bisher nur ein unbedeutendes Nischendasein fristeten und nicht zu wirtschaftlich bedeutenden Schäden führten, erhalten durch klimatische Veränderungen ein ganz neues Schädigungspotenzial.
Die frühzeitige und richtige Bestimmung des Schaderregers ist daher sehr wichtig zur Einleitung entsprechender Gegenmaßnahmen und Bekämpfungsstrategien.

Herr Dr. Heinrich Lösing gilt als der versierte Pflanzenschutzexperte für Baumschulgehölze, er genießt das Vertrauen der Baumschulwirtschaft. Das vorliegende Standardwerk ist von ihm in den vergangenen 25 Jahren mehrfach aktualisiert und um neue Schaderreger erweitert worden. Dieses BdB-Handbuch ist ein wertvolles Nachschlagewerk für Baumschuler, Gehölzliebhaber und Hobbygärtner. Generationen von Auszubildenden war und ist es eine große Hilfe.

Ich würde mich freuen, wenn auch diese aktualisierte Ausgabe ebenso erfolgreich wird wie die vorherigen Ausgaben und zu den richtigen Behandlungsmethoden führt.

Helmut Selders
Präsident
Bund deutscher Baumschulen (BdB) e. V.

1.1 Vorwort des Autors

In der vorliegenden neuen, erweiterten und überarbeiteten Auflage des Fachbuchs konnten wieder viele neue Schaderreger aufgenommen werden. Doch auch hierbei gibt es keinen Stillstand. Bereits jetzt habe ich eine interne Liste mit Schaderregern für die nächste Auflage, die wahrscheinlich in drei bis fünf Jahren erscheinen wird.

Foto: Imke Lohmann

Generell beobachten wir zum Beispiel eine starke Zunahme des Erregers des Echten Mehltaus. An der Platane, am Essigbaum oder dem Flieder war diese Krankheit vor zehn Jahren noch nicht zu finden. Gleiches gilt für neue Arten bei den Rostpilzen wie z. B. an Rosen und Heidelbeeren. Bei anderen Erregern wie dem Grauschimmel merken wir gegenüber unseren derzeitigen Pflanzenschutzmitteln eine ausgeprägte Neigung zu Resistenzbildungen. So manche Pflanzenart wie beispielsweise der Buchsbaum, der Kirschlorbeer oder der Lebensbaum *Thuja* 'Smaragd' galten vor Jahren noch in der Anzucht und am Endstandort als befallsfreie oder „sorgenfreie" Arten. Heute kämpfen wir auch bei diesen Gehölzen mit tierischen, pilzlichen und sonstigen Schaderregern.

Richtige Schlagzeilen in den Fachzeitschriften verursacht derzeit aber das sogenannte „Feuerbakterium" *Xylella fastidiosa*, eine Bakterienkrankheit, die neben der Olive noch ca. 100 weitere Pflanzengattungen befallen kann. Das führt in der Gesamtheit zu einer starken Verunsicherung des gärtnerischen Berufsstands und vieler Pflanzenliebhaber. Globale und europäische Quarantänevorschriften sowie Hygienemaßnahmen können in der Regel nur die Ausbreitungsgeschwindigkeit eines neuen Schaderregers verringern, die Ausbreitung selbst aber nicht verhindern.

Also müssen wir tagtäglich nach neuen Wegen bei der Verhinderung und Behandlung von Schaderregern an Pflanzen suchen. Das vorliegende Buch enthält viele Informationen und eigene Erfahrungen aus meiner über 30-jährigen praktischen Arbeit mit Gehölzen aller Art an den verschiedensten Standorten dieser Welt.

Dr. Heinrich Lösing
Jork, August 2016

2 Schaderreger mit allgemeiner Bedeutung

Eine Reihe von Schaderregern können an einer Vielzahl von Gehölzen Schäden verursachen. Um Wiederholungen bei den einzelnen Pflanzengattungen in dieser Zusammenstellung zu vermeiden, sind die Schaderreger nachfolgend teilweise nur in diesem allgemeinen Teil beschrieben. Ausnahmen von dieser Regel erfolgen bei abweichender Symptomausprägung.

2.1 Tierische Schaderreger

2.1.1 Nematoden

Nematoden sind kleine, lang gestreckte Tiere, deren Länge 1 mm in der Regel nicht überschreitet. Aufgrund der schlängelnden Fortbewegung werden sie auch als Älchen oder Fadenälchen bezeichnet. Je nach Lebensweise und Lebensort können folgende Gruppen unterschieden werden:

Typischer Befallsherd im Freiland bei Edelrosen auf der Rosenunterlage *Rosa corymbifera* 'Laxa'.

2.1.1.1 Frei lebende Wurzelnematoden

Die Vertreter dieser Gruppe stechen mit ihrem Mundstachel die äußere Wurzelhaut an, was einerseits zu Wuchsdepressionen an oberirdischen Pflanzenteilen und andererseits zu starker Wurzelbildung ('Bartwuchs') führen kann. In Baumschulen haben *Pratylenchus*-Nematoden die größte Schadwirkung. Sie können tief in das Wurzelgewebe eindringen und dort zu starken Verbräunungen an den Wurzeln führen. Neben der direkten Schadwirkung an Wurzeln sind einige Nematodengattungen auch in der Lage, bestimmte Viren zu übertragen.

Abwehr: Weite Fruchtfolgen wählen, Flächen, die langjährig mit Mais bebaut wurden, sind in der Regel stark verseucht. Zur biologischen Bekämpfung von Nematoden der Gattung *Pratylenchus* hat sich in den vergangenen Jahren *Tagetes erecta* und *Tagetes patula* bewährt.

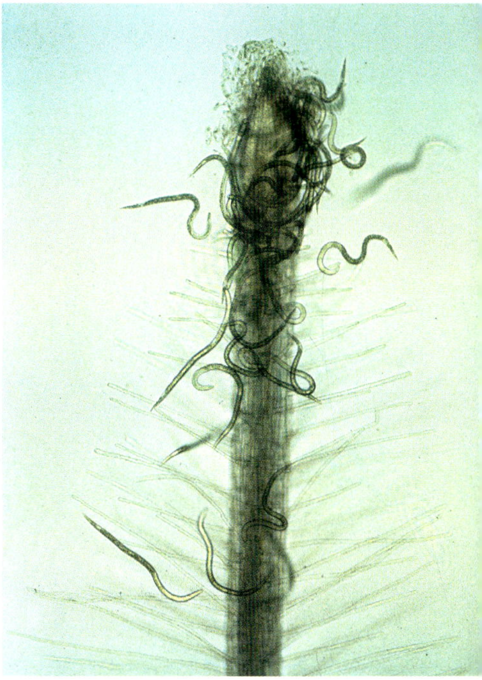

Pratylenchus-Nematoden an einer Wurzelspitze (stark vergrößert). (Foto: U. Zunke)

2.1.1.2 Wurzelgallenälchen

Die größte Bedeutung an Gehölzen hat vor allem das Nordische Zystenälchen *Meloidogyne hapla*. Die Larve dieser Nematoden dringt in das Wurzelgewebe ein und setzt sich dort fest. Die Pflanze reagiert mit der Bildung einer Galle, die bis zu einigen Zentimetern groß sein kann. Eine direkte Schadwirkung an Gehölzen im Freiland ist nur bei stärkerem Befall von Bedeutung, problematischer sind die Exportbeschränkungen einiger Länder für befallene Pflanzen, da diese dann nicht exportiert werden können.

Vorkommen: Als Wirtspflanzen gelten besonders Rosen und hier vor allem *Rosa multiflora* und *R. nitida* (Vermehrung durch Wurzelschnittlinge). Aber auch andere Gehölze können befallen werden.

Abwehr: Aufgrund des großen Wirtspflanzenkreises erscheint nur der Anbau von Gräsern (Hafer, Roggen, Mais, Welsches Weidelgras und Sommergerste) ratsam. Gute Resultate mit den genannten Pflanzen als Vorkultur sind allerdings nur bei sorgfältiger Unkrautbekämpfung zu erzielen.

Verdickungen an Wurzeln durch Wurzelgallenälchen. (Foto: U. Zunke)

Schaden an *Hydrangea* durch Befall mit Blattälchen. (Foto: R. Wilke)

2.1.1.3 Blatt- und Stängelälchen

Im Gegensatz zu den bisher genannten Nematoden befallen Blatt- und Stängelälchen oberirdische Pflanzenteile.

Schadbild: Sie verursachen gelbliche bis bräunliche Stellen auf den Blättern oder können zu Verbräunungen und Verdickungen am Stängel führen.

Vorkommen: Häufig an *Buddleja*, *Hydrangea* und *Weigela*.

Abwehr: Verwendung von gesundem Ausgangsmaterial.

Zusätzlicher Hinweis:
Kartoffelnematoden (*Heterodera rostochiensis*) führen immer wieder zu Problemen bei der Anzucht von Baumschulgehölzen. Sie schädigen Gehölze zwar nicht direkt, Baumschulgehölze dürfen allerdings nur auf Flächen angebaut, eingeschlagen oder gelagert werden, die nachweislich frei von Kartoffelnematoden sind, damit die weitere Verbreitung eingeschränkt wird.

Blattflecken an *Buddleja* durch Befall mit Blattälchen.

Braune Flecken auf Blättern von *Weigela* durch Befall mit Blattälchen.

2.1.2 Milben

Milben sind kleine (< 1 mm) Tiere, die zur Gruppe der Spinnentiere gehören. Als Pflanzenschädlinge treten nur einige Arten in Erscheinung. Andere Arten leben auch räuberisch und werden als Nützlinge eingesetzt. Der Schaden wird durch die Saugtätigkeit an Blättern hervorgerufen und führt häufig zu einer Sprenkelung des Blattes.

Als Schaderreger an Gehölzen haben Bedeutung:

2.1.2.1 Spinnmilben *(Tetranychidae)*

Die Tiere spinnen bei der Fortbewegung einen Faden, daher die Bezeichnung Spinnmilbe. Bei stärkerem Befall kann da-raus auf den Pflanzen ein feines Netz entstehen.

Die bekanntesten Vertreter sind:

Bohnenspinnmilbe *(Tetranychus urticae)*
Stark spinnende Milbenart, die an vielen Gehölzen zu finden ist. Die Überwinterung erfolgt als rotes Winterweibchen. Die Larven sind gelblich gefärbt mit braunen Flecken.

Obstbaumspinnmilbe *(Panonychus ulmi)*
Vorwiegend an Obstgehölzen und deren Verwandten. Im Winter finden sich oft dichte Ablagen roter Wintereier auf der Rinde. Die Larven sind zunächst hellrot bis bräunlich, später dunkelrot.

Nadelholzspinnmilbe *(Oligonychus ununguis)*
An Nadeln zeigen sich helle Flecken, die sich später bräunlich verfärben. Die Milben produzieren ein dichtes Gespinst. Befallen werden neben *Picea* auch viele andere Nadelgehölze. Die Überwinterung erfolgt als Ei.

Spinnmilbe mit Eigelege. (Foto: R. Wilke)

Typische einseitige Verbräunung an *Picea glauca* 'Conica' durch Nadelholzspinnmilbe. (Foto: H. Beltz sen. †)

Dichtes Spinngewebe auf *Picea pungens* 'Glauca' durch Befall mit Spinnmilben. (Foto: R. Wilke)

Hartriegel mit Befall durch Weichhautmilben (unten), ohne Befall (oben).

Rötliche Ausstülpungen durch Befall mit Pockenmilben an *Tilia*.

Filzrasen auf der Blattunterseite von *Tilia* nach Befall mit Gallmilben.

Nicht austreibende Knospen durch Befall mit Knospengallmilbe an *Corylus*.

2.1.2.2 Weichhautmilben (*Tarsonemidae*)

Im Vergleich zu Spinnmilben sind Weichhautmilben wesentlich kleiner (bis 0,2 mm) und nur mit einer guten Lupe zu sehen. Befallen werden besonders die Triebspitzen verschiedener Gehölze, die dann im Wuchs kümmern, wie z. B. beim Befall von *Hedera* mit der Triebspitzenmilbe (*Tarsonemus pallidus*). Die Vermehrung wird durch feuchtwarme Witterung gefördert.

2.1.2.3 Gallmilben (*Eriophyidae*)

Dabei handelt es sich um winzige (0,1–0,3 mm) weißliche bis gelbliche Milben mit zwei Beinpaaren. Weiter unterteilt wird diese Gruppe in frei lebende (ohne Gallenbildung) und gallenbildende Arten. Aufgrund ihrer geringen Größe werden Gallmilben als Schaderreger häufig in der Praxis gar nicht erkannt.

Beispiele für gallenbildende Arten:

Johannisbeergallmilbe (*Cecidophyopsis ribis*)
Verursacht Knospengallen an *Ribes*-Arten. Die Art *C. psilaspis* verursacht ein vergleichbares Schadbild an *Taxus*.

Knospengallmilbe (*Phytoptus avellanae*)
Verschiedene weitere Gallmilbenarten verursachen u. a. an *Acer, Pyrus, Tilia* kleine rundliche Ausstülpungen (Pocken), die meist grünlich bis rötlich verfärbt sind. Aus diesem Grund werden sie auch als Pockenmilben bezeichnet. Eine Bekämpfung ist nicht erforderlich.
Eine andere Art verursacht insbesondere bei Linden helle Flecken durch Bildung eines Filzrasens auf der Blattunterseite. Eine Bekämpfung ist nicht erforderlich.

Beispiel für nicht gallenbildende Arten:

Apfelrostmilbe (*Aculus*-Arten)
Diese Art verursacht zunächst graugrüne Blätter, die sich später auch silbrig bis braun verfärben können. Auch häufig an der Birne zu finden.

2.1.3 Insekten

Insekten können mit ihren beißenden Mundwerkzeugen Fraßschäden oder mit den stechend saugenden Mundwerkzeugen Saugschäden verursachen. Typisch für Insekten ist die klare Gliederung ihres Körpers in drei Teile (Kopf, Brust, Hinterleib). Aufgrund der Entwicklung können die Insekten mit unvollständiger Verwandlung (Jugendstadien gleichen oder ähneln den erwachsenen Tieren), z. B. Blattlaus, und vollständiger Verwandlung (Jugendstadien ähneln den erwachsenen Tieren nicht, z. B. Schmetterling, Raupe, Schmetterling) unterschieden werden. Letztere weisen ebenfalls ein Puppenstadium auf.

Blattlauskolonien mit geflügelten und ungeflügelten Stadien an *Salix*.

2.1.3.1 Pflanzenläuse

Blattläuse

Dabei handelt es sich um grüne, rosa, bräunliche, graue oder schwarz gefärbte Läuse, die an Blättern, Trieben und Blüten saugen. Sie bewirken bei starkem Befall Blattrollung, Triebverkrüppelung und -stauchung. Blüten und Früchte kümmern.

Rosenblattlaus an *Rosa* (stark vergrößert).

Zu dieser Gruppe gehören u. a.:

Grüne Apfelblattlaus (*Doralis pomi*)
Rosenblattlaus (*Macrosiphum rosae*)
Schwarze Bohnenlaus (*Aphis tabae*)

Wollläuse/Schmierläuse

Sie befallen grüne Pflanzenteile, Rinde von Zweigen, Ästen. Typisches Erkennungsmerkmal ist die Ausscheidung von „Wachswolle":

Wachsausscheidungen der Douglasienwolllaus an *Pseudotsuga*.

Zu dieser Gruppe gehören u. a.:

Buchenblatt-Baumlaus (*Phylaphis fagi*)
Douglasienwolllaus (*Gilletteella cooleyi*)
Kiefernwolllaus (*Pineus pini*)

Kommaschildläuse an *Buxus*.

Schildläuse

Deckelschildläuse/Kommaschildläuse

Schildläuse dieser Gruppe saugen am Pflanzenparenchym, daher treten keine Rußtaupilze auf. Die einzelnen Deckel sind nicht fest mit der Laus verwachsen und lassen sich abheben. Typische Vertreter dieser Gruppe sind:

Kommaschildlaus (*Lepidosaphes ulmi*)
Häufig an *Buxus* und Pflanzen aus der Familie der Rosengewächse zu finden.

Maulbeerschildlaus (*Pseudaulacaspis pentagona*)
Häufig an *Catalpa, Ribes* und *Morus* zu finden.

Braune Napfschildläuse an *Taxus*, kleine weiße Punkte sind die neue Generation (sogenannte Crawler). (Foto: B. Zielke)

Napfschildläuse

Schildläuse aus dieser Gruppe saugen am Phloem, häufig sondern sie Honigtau ab. Das führt zur Bildung von schwarzen Rußtaupilzen auf Blättern und Nadeln. Die Schilde sind fest mit der Laus verwachsen. Typische Vertreter dieser Gruppe sind:

Eibennapfschildlaus (*Parthenolecanium pomeranicum*)
siehe auch unter *Taxus*

Wollige Napfschildlaus (*Pulvinaria regalis*)
Diese Art ist erst seit etwa 20 Jahren in Deutschland zu finden, insbesondere im städtischen Bereich an *Acer, Aesculus* und *Tilia*.

Weiße Fliege an *Fuchsia*.

Mottenschildläuse (Weiße Fliege)

Sie treten als Schaderreger besonders in Gewächs- und Folienhäusern auf. Sie saugen an den Blattunterseiten und verursachen zunächst gelbe Flecken, bei starkem Besatz kann es zum Vergilben bzw. Absterben ganzer Blätter kommen. Bei Berührung der Blätter fliegen die flugfähigen Läuse schlagartig auf. Die Larven sind unbeweglich und wie die Schildläuse von einer festen Hülle umgeben, wodurch die Bekämpfung wesentlich erschwert wird.

Zu dieser Gruppe gehört u. a.:

Weiße Fliege (*Trialeurodes vaporariorum*)

2.1.3.2 Käfer

Käfer sind Insekten mit beißenden und saugenden Mundwerkzeugen, die als Larve oder erwachsene Tiere schädlich werden können.

Dickmaulrüssler

Schadbild: Larvenfraß an Wurzeln und am Wurzelhals, dadurch Kümmerwuchs und Welken befallener Pflanzen. Buchtenfraß an Blättern und Nadeln vorwiegend nachts durch Käfer.

Schaderreger:

Gefurchter Dickmaulrüssler (*Otiorhynchus sulcatus*)

Larve: Im Boden bzw. Substrat befinden sich bis zu 12 mm große beinlose, weißliche, bauchwärts gekrümmte Larven mit brauner Kopfkapsel.

Käfer: Schwarz bis dunkelbraun, etwa 10 mm groß, vorwiegend nachts aktiv.

Verbreitung: Auftreten des Käfers im Freiland von Mai bis Juli, nach 4–5 Wochen Reifungsfraß Eiablage in der Erde, nach ca. drei weiteren Wochen schlüpfen die Larven, Schädigung durch die Larven von Juli bis Mai, Überwinterung also als Larve, anschließend Verpuppung im Boden. In Gewächshäusern finden sich häufig alle Stadien nebeneinander, sodass der natürliche, bereits beschriebene Freilandzyklus z. T. um Wochen und Monate versetzt sein kann.

Vorkommen: *Calluna, Erica, Euonymus, Ilex, Rhododendron, Rosa, Syringa, Taxus* u. a.
Laut Untersuchungen in England werden Pflanzen mit gelber Wurzel (z. B. *Berberis*) generell nicht befallen.
In Zusammenarbeit mit dortigen Gärtnern wurde eine Liste der Gattungen erstellt, die von Dickmaulrüssler-Larven nur selten befallen werden. Dazu gehören u. a. *Amelanchier, Aucuba, Berberis, Buddleja, Buxus, Cornus, Corylus, Cytisus, Elaeagnus, Fagus, Genista, Hebe, Hypericum, Ligustrum, Lonicera, Mahonia, Philadelphus, Pinus, Prunus, Ribes, S ambucus, Spiraea, Symphoricarpos* und *Vinca*.
Die vorgestellte Übersicht soll als Entscheidungshilfe für oder gegen den vorbeugenden Einsatz von insektiziden Granulaten im Substrat dienen.

Abwehr: Sorgfältige Kontrolle der Bestände.

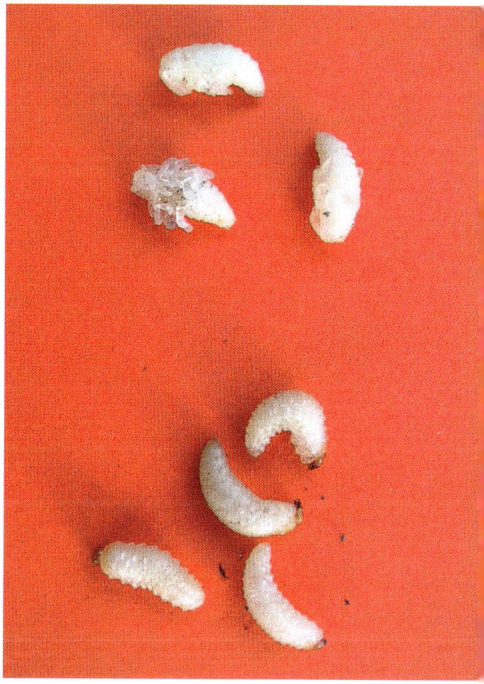

Larven und Puppen des Gefurchten Dickmaulrüsslers.

Gefurchter Dickmaulrüssler (*O. sulcatus*).

Gebüschdickmaulrüssler (*O. crataegi*). (Foto: K. Schrameyer)

Kompakter Dickmaulrüssler (*O. armadillo*). (Foto: K. Schrameyer)

Weidendickmaulrüssler (*O. salicicola*). (Foto: K. Schrameyer)

In den vergangenen Jahren sind weitere Dickmaulrüssler Arten mit Schadpotenzial an Gehölzen und Stauden nach Deutschland eingeschleppt worden. Diese unterscheiden sich z. T. bezüglich des Entwicklungskreislaufs vom bisher bekannten Gefurchten Dickmaulrüssler (*O. sulcatus*). Zur Entwicklung einer optimalen Bekämpfungsstrategie ist die Bestimmung der vorgefundenen Art sinnvoll. In Zweifelsfällen sollte immer fachkundiger Rat eingeholt werden.

Gebüschdickmaulrüssler (*Otiorhynchus crataegi*)
Die Art ist ursprünglich auf dem Balkan verbreitet und seit etwa 1980 in Deutschland häufig in Baumschulen und Parkanlagen zu finden. Als Hauptwirtspflanzen gelten u. a. *Berberis, Cotoneaster, Euonymus, Lonicera, Ligustrum, Viburnum* und *Taxus*. Weiterhin ist der Schädling an *Astilbe, Bergenia* und *Paeonia* zu finden. Die Schadwirkung entsteht überwiegend durch den Blattfraß der Käfer, weniger durch die Larven. Der Käfer ist bräunlich gefärbt und mit einer Körperlänge von 4,5–6 mm relativ klein.

Kompakter Dickmaulrüssler (*Otiorhynchus armadillo*, Syn. *O. apenninus*)
Die Art ist ursprünglich im nördlichen Südeuropa beheimatet und heute vielfach in Baumschulen und Parkanlagen zu finden. Als Hauptwirtspflanze gelten Laub- und Nadelgehölze sowie Stauden. Die Schadwirkung der Art betrifft sowohl den Käferfraß an den Blättern als auch den Fraß der Larven an den Wurzeln. Der Käfer ist dunkel gefärbt und gleicht dem Gefurchten Dickmaulrüssler, ist in der Körperform ist er aber kompakter.

Weidendickmaulrüssler (*Otiorhynchus salicicola*)
Die Art ist ursprünglich aus Norditalien eingeschleppt worden und seit 1970 in Deutschland als Schaderreger in Baumschulen und Parkanlagen bekannt. Als Wirtspflanzen gelten Euonymus, Prunus, Rhododendron, Salix und Stauden. Die Schadwirkung geht sowohl vom Blattfraß des Käfers als auch vom Wurzelfraß der Larven aus. Der Käfer ist dunkel gefärbt mit gelblicher Bestäubung und mit 9–12 mm Körperlänge etwas länger als die anderen Arten.

Engerlinge

Schadbild: Gekrümmte weißliche Larven mit verdicktem Hinterende und drei Brustbeinpaaren und braunem Kopf fressen unterirdisch an Wurzeln. Oberirdisch sind im Sommer Welkeerscheinungen an den Pflanzen sichtbar.

Schädlinge:

Feldmaikäfer (*Melolontha melolontha*)

Eiablage von Mai bis Juni, die Larven schlüpfen nach einigen Wochen, sie verbleiben ein zweites und drittes Jahr, manchmal auch ein viertes Jahr im Boden.

Junikäfer (*Amphimallon solstitiale*) u. a.

Schadauftreten vergleichsweise gering. Treten in einigen Regionen verstärkt auf Golfplätzen und im Privatgartenbereich unter Rasenflächen auf und werden häufig mit einem Befall von Feldmaikäfern verwechselt. Junikäfer sind wesentlich kleiner als Maikäfer und von gelblicher Farbe.
Im Gehölzbereich führt der Junikäfer seltener zu Schäden. Nach der Eiablage verbringen die Larven noch drei weitere Jahre im Boden. Die Engerlinge von Mai- und Junikäfer sind nur anhand spezifischer Merkmale am Hinterleib zu unterscheiden.

Verbreitung: Eiablage im Juli, Larven schlüpfen nach einigen Wochen und verbleiben noch weitere Jahre im Boden.

Vorkommen: Die Entwicklung starker Populationen vollzieht sich in Zyklen in der Regel über mehrere Jahrzehnte. Bevorzugte Standorte werden immer neu belegt.

Abwehr: Schwierig, da die Larven sich bis ca. 60 cm eingraben können.

Engerlinge an Wurzeln von *Quercus*.

Feldmaikäfer.

Befallsherd von Engerlingen an *Quercus rubra*.

Larve des Schnellkäfers (Drahtwurm).

Falter der Wintersaateule.

Eulenraupe in Saatbeet von *Pseudotsuga*.

Drahtwürmer

Schadbild: Drahtwürmer (Larven der Schnellkäfer) fressen an den Wurzeln von Jungpflanzen, Sämlingen und Stauden. Aussaaten laufen lückig auf.

Schaderreger:

Drahtwurm

(Larven von *Agriotes, Athous und Corymbites-Arten*)
Bis 25 mm lange Larven mit drei kurzen Beinpaaren, Tiere sind dünn, walzenförmig, glänzend gelblich braun mit dunkelbraunem Kopf.

Vorkommen: Drahtwürmer treten besonders nach Wiesenumbruch auf schweren Böden auf, sind feuchtigkeitsliebend.

2.1.3.3 Frei fressende Raupen

Nachfolgend beschriebene Raupen fressen bei verschiedenen Gehölzen an Blättern, Trieben und Wurzeln.

Erdraupen/Eulenraupen

Schadbild: In der Zeit von Juni bis September fressen erdgraue, nackte Raupen nachts zuerst an Blättern, später an der Rinde; Wohnröhrchen im Boden mit etwa 5 mm Durchmesser. Typisch ist das spiralförmige Einrollen der Raupen.

Schaderreger:

Saateule, Wintersaateule (*Agrotis segetum* u. a.)

Verbreitung: Unscheinbare Nachtfalter (Eulen) fliegen von Juni bis September. In Ruheposition dachförmig gestellte Flügel, Eier werden an den Blattunterseiten von Unkräutern abgelegt. Tagsüber versteckt sich die Larve (Erdraupe) im Boden oder unter Erdklumpen in der Nähe der Wirtspflanzen. Sie überwintern und verpuppen sich erst im Frühjahr.

Vorkommen: Besonders schädlich an Sämlingen von Laub- und Nadelgehölzen, krautartigen Pflanzen und Gräsern.

Abwehr: Feststellung des Flugverlaufs, Warndienst beachten.

2.1.3.4 Zweiflügler

Bei Schädlingen aus dieser Gruppe ist nur das vordere Flügelpaar vollständig ausgebildet. Die Larven haben niemals Beine.

Schnaken

Schadbild: Larven – auch als „Grauer Wurm" bezeichnet – fressen an Wurzeln und am Stängelhals, Hauptfraßzeit in den Monaten April bis Juni, geschädigte Pflanzen welken.

Schädlinge:

Wiesenschnake (*Tipula paludosa*)
Herbstschnake (*Tipula subcunctans*)

Verbreitung: Die Larven verpuppen im Juli. Nach kurzer Puppenruhe schlüpfen die Schnaken. Der Flug ist unbeholfen, Flugzeit der Wiesenschnake ist August bis September, bei der Herbstschnake Oktober bis November. Eiablage in feuchten, dicht bewachsenen Böden, nach 2–3 Wochen schlüpfen die jungen Larven. Die 2,5–4 cm langen, walzenförmigen,

Larven der Wiesenschnake.

Hinterteil der Larve einer Schnake. Es wird auch als Fratze bezeichnet und dient der Bestimmung der Art. (Foto: K. Schrameyer)

Schnake, auch als „Schuster" bezeichnet, im adulten Stadium. (Foto: K. Schrameyer)

Larve der Trauermücke, stark vergrößert. (Foto: K. Schrameyer)

Fraßschäden von Hornissen an *Fraxinus*.

erdgrauen Larven schaden meist erst nach der Überwinterung im Frühjahr.

Vorkommen: Besonders an feuchten Standorten und nach Weideumbruch an Jungpflanzen, milde Winter und kühle Sommer begünstigen das Auftreten.

Abwehr: Stichprobenartige Feststellung des Larvenbesatzes mithilfe von Kochsalzlauge. Vorkommen besonders nach Grünlandumbruch, laufende Beseitigung von Unkräutern.

Trauermücken

Schadbild: An Wurzeln und Stängeln, vorwiegend in der Vermehrungsphase, befinden sich weißliche, mit schwarzem Kopf versehene Larven, Länge etwa 6–8 mm. Die erwachsenen Mücken sind schwarz und ca. 3–4 mm groß.

Schaderreger:

Trauermücke (*Lycoria- und Sciaria*-Arten)

Vorkommen: Besonders in Gewächshäusern in torfigen Substraten in der Vermehrung.

Abwehr: Verwendung sauberer Substrate (Eiablage durch Abdeckung verhindern), Verwendung von Sandabdeckung.

2.1.3.5 Hornissen

Schadbild: Die Rinde junger Bäume erscheint ab Juli/August fleckenweise oder streifig, z. T. stängelumfassend abgenagt, der Holzteil ist nicht betroffen.

Schaderreger:

Hornisse (*Vespa crabro*)

Verbreitung: Die überwinternde Königin beginnt im Frühjahr mit dem Bau eines Nestes und dem Aufbau des Volkes, stärkere Völker bilden sich dann bis Mitte des Sommers.

Vorkommen: Besonders an *Betula* und *Fraxinus*. Seit einigen Jahren treten häufiger Schäden durch Hornissen in Baumschulen auf.

Abwehr: Nicht möglich, da es sich um ein geschütztes Insekt handelt.

2.2 Pilzliche Schaderreger

Pilze sind Verursacher vieler Krankheiten an Gehölzen. Sie können sowohl die Blätter und Blüten als auch das Holzgerüst und die Wurzeln befallen.

2.2.1 Auflaufkrankheiten auf Saatbeeten

Schadbild: Junge Keimlinge (Sämlinge) zeigen im Frühjahr Verbräunungen im Bereich der Wurzel und des Wurzelhalses.

Schaderreger: Als Erreger kommen Pilze der Gattungen *Cylindrocarpon, Cylindrocladium, Fusarium, Pestalotia, Pythium, Phytophthora* und *Rhizoctonia* in Betracht. Eine genaue Diagnose ist erst nach Isolierung des Erregers möglich.

Abwehr: Aussaat möglichst auf leichten Böden, optimale Bodenvorbereitung.

Verbräunung an *Fagus*-Sämlingen durch Auflaufkrankheit.

2.2.2 Rostpilze

Schadbild: Rostpilze sind in der Regel leicht an ihren unterschiedlich gefärbten (gelb, orange im Frühjahr/Frühsommer bis schwarz im Herbst und Winter) und den geformten Sporenlagern, die mit bloßem Auge deutlich sichtbar sind, zu erkennen. Bei Laubgehölzen werden meist die Blätter befallen, die dann häufig vorzeitig abfallen. An Nadelgehölzen kann auch die Rinde ganzer Triebe und Äste zerstört werden (*Juniperus*, Weymouthskiefernblasenrost).

Sommersporenlager des Rosenrosts auf der Blattunterseite von *Rosa*.

Verbreitung: Manche Rostpilze sind wirtswechselnd, d. h., für ihren vollständigen Entwicklungskreislauf ist eine zweite Wirtspflanze einer anderen Gattung erforderlich. Andere Rostpilze sind nicht auf eine zweite Wirtspflanze angewiesen. Wirtswechselnde Rostpilze sind u. a. der Getreideschwarzrost (Getreide/*Berberis vulgaris*), Birnengitterrost (*Juniperus*/*Pyrus*) und der Weymouthskiefernblasenrost (*Pinus strobus*/*Ribes*). Nicht wirtswechselnde Rostpilze sind z. B. der Rosenrost und der Rost an *Hypericum*.

Abwehr: Räumliche Trennung der Wirtspflanzen bei wirtswechselnden Rostpilzen. Auswahl resistenter Arten und Sorten, z. B. bei der Rose und der Schwarzen Johannisbeere.

Sporenlager des Weymouthskiefernblasenrosts an *Pinus strobus*.

Echter Mehltau an *Quercus*.

Echter Mehltau an *Acer*.

Rötliche Verfärbungen auf den Blättern von *Rosa* durch Befall mit Falschem Mehltau.

2.2.3 Echter Mehltau

Schadbild: Weißer mehliger Belag auf Blättern und jungen Trieben, vorwiegend auf der Blattoberseite während der Vegetationsperiode. Bei einem starken Befall kann es sogar zu Verbräunungen und Kräuselungen der Blätter kommen.

Vorkommen: Hauptwirtspflanzen sind u. a.: *Acer* (besonders *A. campestre*), *Crataegus, Euonymus, Malus, Potentilla, Quercus, Ribes* und *Rosa*.

Verbreitung: Der Befall mit Echten Mehltaupilzen findet häufig auch während heißer, trockener Sommerperioden statt, weil die Sporen zur Keimung kein zusätzliches Wasser benötigen. Echte Mehltaupilze sind spezialisiert auf bestimmte Pflanzengattungen, ein Befall von z. B. Ahornmehltau auf Eiche und umgekehrt ist daher nicht möglich.

Abwehr: Ausgewogene Düngung mit Stickstoff und Verwendung resistenter Sorten ist heute vielfach schon möglich (Rosen, Schwarze Johannisbeeren, Stachelbeeren usw.).

2.2.4 Falscher Mehltau

Schadbild: Auf den Blättern befinden sich graugrüne bis rötlich violette Flecken, blattunterseits bildet sich manchmal ein grauer Pilzrasen. Am bekanntesten ist der Schaderreger an der Rose. Hier setzt von unten beginnend meistens Blattfall ein. Daher wird die Krankheit in der Praxis auch als Blattfallkrankheit bezeichnet. Werden Blütenstiele und Blüten der Rose befallen, führt das häufig zum Verwelken der Blütenknospen. Die Unterscheidung zwischen Echten und Falschen Mehltaupilzen gestaltet sich manchmal schwierig, da oft Mischinfektionen mit beiden Erregern vorliegen.

Verbreitung: Der Erreger des Falschen Mehltaupilzes überwintert am Pflanzenmaterial. Für die Ausbreitung im Bestand sind kühle und feuchte Witterungsbedingungen und dichte Pflanzenbestände von Vorteil.

Vorkommen: In der Baumschule treten Falsche Mehltaupilze u. a. an *Amelanchier, Buddleja, Crataegus, Rosa* und *Rubus* auf.

2.2.5 Schorf

Schadbild: Im Frühjahr treten an der Blattoberseite olivbraune, später schwarze bis silbrige Flecken auf, bei starkem Befall auch Blattfall. Flecken bilden sich auch an Blütenkelchen und jungen Früchten. Diese reißen später auf, eine anschließende Infektion mit Fäulniserregern ist möglich.

Verbreitung: Die Infektion von Blättern ist abhängig von der Dauer der Blattnässe und der Temperatur. Beim Apfelschorf liegen darüber sehr genaue Erkenntnisse vor, die in der sogenannten Mills'schen Tabelle dargestellt sind. Mithilfe dieser Tabelle lässt sich eine Infektion vorhersagen und somit eine gezielte Behandlung durchführen.

Vorkommen: Wirtspflanzen sind *Malus, Pyracantha, Pyrus* und *Salix*.

Abwehr: Nutzung der unterschiedlichen Sortenanfälligkeit bei Apfel, Birne sowie deren Zierformen und *Pyracantha*.

Olivgrüne bis bräunliche Blattflecken an *Malus* durch Befall mit Schorf.

2.2.6 Rotpustel

Schadbild: Typisches Erkennungszeichen dieser Krankheit sind kleine rötliche bis cremefarbene Pusteln auf dem befallenen Holzkörper. Bis zur Bildung dieser Pusteln können je nach Jahreszeit und Witterung einige Monate vergehen. Bereits vorher zeigen befallene Holzpartien eine bräunliche Verfärbung.

Verbreitung: Der Erreger infiziert nur über Wunden (Schnittwunden, Frostrisse, Wildverbiss, Borkenkäfer usw.). Intaktes Rindengewebe kann der Pilz nicht durchdringen. Für die Infektion reichen aber selbst kleinste Wunden aus.

Vorkommen: Besonders gefährdet sind u. a. *Acer, Aesculus, Amelanchier, Carpinus, Crataegus, Fraxinus, Ribes, Robinia* und *Tilia*.

Abwehr: Rückschnitt befallener Pflanzenteile, Wunden sofort sorgfältig mit Wundverschlussmitteln behandeln. Vorbeugend schonende Behandlung der Pflanzen, da es sich um einen Schwächeparasiten handelt, der die Pflanze nur befällt, wenn sie bereits vorher geschwächt war.

Rötliche Pusteln an *Acer* durch Befall mit der Rotpustelkrankheit.

Dunkle Verfärbungen im Stamm von *Malus* nach Befall mit Bleiglanz.

Violette Sporenkissen vom Bleiglanz an *Malus*.

2.2.7 Bleiglanz

Schadbild: Blätter einzelner Äste oder ganzer Bäume und Sträucher zeigen untypische matte, silbrige Farbe. Pflanzen bleiben insgesamt im Wuchs zurück. Das Schadbild kann über viele Jahre konstant bleiben, bevor der Baum/Strauch abstirbt.

Schaderreger:

Bleiglanz (*Chondrostereum purpureum*)

Verbreitung: Der pilzliche Erreger dringt vorwiegend während der Wintermonate über offene Wunden in die Pflanze ein. Im Holz zeigen sich bräunliche Verfärbungen. Die silbrigen Blattverfärbungen entstehen durch die Absonderung von Toxinen. Sie führen zur Ablösung der Epidermis vom Schwammgewebe. Die Verbreitung des Erregers erfolgt durch Sporen, die auf violetten Sporenkissen befallener Pflanzen gebildet werden.

Vorkommen: Seit einigen Jahren ist ein verstärktes Auftreten an *Prunus*- und *Malus*-Arten zu beobachten. Gleiches gilt für viele Zier- und Forstgehölze.

Abwehr: Sorgfältige Entfernung befallener Pflanzen aus dem Bestand.

Befall von Bleiglanz an *Pyracantha* 'Red Column', linkes Blatt mit, rechtes ohne Befall.

Befall von Bleiglanz an *Symphoricarpos* 'Magic Berry', rechtes Blatt mit, linkes Blatt ohne Befall.

2.2.8 Hallimasch

Schadbild: Plötzliche Welkeerscheinungen an Laub- oder Nadelgehölzen (insbesondere Obstbäume) einerseits, aber andererseits auch ein schleichendes Siechtum über Jahre sind typische Anzeichen. Am Wurzelhals lässt sich die Rinde leicht entfernen. Dabei wird dann ein dichtes Pilzgeflecht sichtbar.

Schaderreger:

Honiggelber Hallimasch (*Armillaria mellea*)

Dunkler Hallimasch (*Armillaria ostoyae*) u. a. Arten

Verbreitung: Als Besonderheit bildet der Hallimasch wurzelähnliche Stränge, sogenannte Rhizomorphen aus. Diese sind 1–3 mm dick und wachsen 1–2 m pro Jahr in der oberen Bodenschicht auf der Suche nach neuen Wirtspflanzen. Die Infektion von Gehölzen kann aber auch über direkten Wurzelkontakt mit einer befallenen Pflanze erfolgen.

Vorkommen: Praktisch alle Laub- und Nadelgehölze können befallen werden, die sich vorwiegend in Privatgärten und Parkanlagen befinden. Probleme in Baumschulen und Weihnachtsbaumkulturen sind nur auf Flächen mit mehrfachem Nachbau ohne Entsorgung bzw. gründlicher Zerkleinerung der Wurzelreste zu finden.
Eine Verwechslung mit der *Verticillium*-Welke ist bei Laubgehölzen möglich, Nadelgehölze sind davon bekanntlich nicht betroffen.

Abwehr: Optimierung der Standortbedingungen, sorgfältige Beseitigung grober Wurzelreste nach der Beseitigung von Gehölzen. Es stehen keine wirksamen Präparate zur Behandlung befallener Gehölze zur Verfügung.

Helles Pilzmycel vom Hallimasch zwischen Rinde und Holz mit dunklen Rhizomorphen. (Foto: R. Weber)

Fruchtkörper vom Hallimasch am Wurzelstumpf einer Süßkirsche. (Foto: R. Weber)

Schadbild der bakteriellen Schrotschuss-Krankheit an Kirschlorbeer.

Wucherung an Wurzel von *Pyrus* durch Befall mit Wurzelkropf.

2.3 Bakterielle Schaderreger

Schadbild: An Obst- und Ziergehölzen können unterschiedliche Schadsymptome entstehen. Sie reichen von einer Tumorbildung an der Wurzel, hervorgerufen durch Wurzelkropf, bis zum Welken oberirdischer Pflanzenteile bei Befall mit Feuerbrand. Häufig sind dabei auch Schleimabsonderungen zu beobachten.

Verbreitung: Die Infektion kann durch die natürlichen Öffnungen der Pflanze, wie z. B. Lentizellen, nicht kutinisiertes Gewebe der Blütennarbe, und durch Verletzungen erfolgen. Eine Übertragung kann mit Schnittwerkzeugen, Spritzwasser, aber auch mithilfe von Wind, Insekten, Vögeln und Menschen über größere Entfernungen erfolgen.

Abwehr: Rückschnitt befallener Pflanzen, Meidung verseuchter Standorte (nur bei *Agrobacterium*).

Folgende Erreger haben in Baumschulen allgemeine Bedeutung: **Feuerbrand** (*Erwinia amlovora*) siehe bei den einzelnen Pflanzengattungen)
Efeukrebs (*Xanthomonas campestris*) an *Hedera*, **Bakterienkrebs** (*Aplanobacter populi*) an *Populus* und *Salix*, **Fliederseuche** (*Pseudomonas syringae*) an *Cornus, Forsythia* und *Syringa* und der **Bakterienbrand des Steinobstes** (*Pseudomonas mors-prunorum*) an *Prunus*.

Schadbild: An den Wurzeln befinden sich tumorartige Wucherungen, die einen Durchmesser von mehreren Zentimetern aufweisen.

Schaderreger:

Wurzelkropf (*Rhizobium radiobacter*)

Vorkommen: Anfällig sind alle Gehölze aus der Familie der Rosengewächse, besonders *Malus* und *Pyrus*. Das Bakterium infiziert die Pflanze über Wunden.

Abwehr: Verwendung gesunden Pflanzenmaterials, Meidung befallener Flächen mit anfälligen Gehölzen, weite Fruchtfolge.

2.4 Viren und Phytoplasmen

Viren und Phytoplasmen verursachen an Obst- und Ziergehölzen wirtschaftlich bedeutende Schäden. Die Abkürzung MLO (Mykoplasmen-ähnliche Organismen) ist nicht mehr gebräuchlich. Diese Organismen werden heute als Phytoplasmen bezeichnet. Da sich Viren und Phytoplasmen in vielen Merkmalen ähneln, soll hier die Beschreibung in einer Gruppe erfolgen.

Schadbild: Virosen und Phytoplasmosen können in Form von Farbveränderungen, wie z. B. Vergilbungen, Adernbänderung, Fleckung, Ringfleckigkeit, Linien- und Bandmusterungen äußerlich an der Pflanze sichtbar werden. Veränderungen der Stängel-, Stamm- und Fruchtform sowie des Fruchtgeschmacks sind ebenfalls möglich.

Verbreitung: Die Übertragungsmöglichkeiten von Viren sind vielfältig. Die Veredlung von befallenen Reisern bzw. auf befallene Unterlagen ist hier zu nennen. Viele werden auch durch Pollen und Samen übertragen. Weiterhin spielen die sogenannten Vektoren (Insekten, Milben, Nematoden) eine große Rolle. In bestehenden Kulturen ist eine Übertragung auch mittels direkten Wurzelkontakts möglich.
Phytoplasmen sind nur in den Siebröhren (Phloem) der Pflanze und nur zu bestimmten Jahreszeiten zu finden. Bei der Übertragung auf andere Pflanzen spielen daher Insekten (Vektoren) aus der Gruppe der Blattsauger eine entscheidende Rolle. Als Beispiele können hier Apfel- und Birnenblattsauger genannt werden.

Abwehr: Eine direkte Bekämpfung von Viren ist nicht möglich. Daher zielen alle Maßnahmen auf die Verhinderung der Ausbreitung. Entscheidend ist die Verwendung von gesundem Ausgangsmaterial und konsequenter Bekämpfung der Überträger (Vektoren).

Nachfolgend einige Beispiele für Virosen und Phytoplasmosen an Obstgehölzen. Die gleichen Erreger können auch an Ziergehölzen ähnliche Schadbilder auslösen (siehe Abbildung *Spiraea*).

Weißfärbung der Blätter durch Befall mit Virosen.

Gelbliche Marmorierung am Blatt von *Sorbus aucuparia* durch Befall mit Viren.

Blattsymptome an *Malus* durch das Apfelmosaikvirus. (Foto: V. Zahn)

2.4.1 Apfelmosaikvirus (*Apple mosaic virus* u. a.)

Die Blätter zeigen kleine, eckige, gelb-weiße Flecken, Ringe oder Streifen. Bäume werden von dieser Virose oft nur partiell befallen. Da die Symptome gut sichtbar sind und durch die sorgfältige Selektion des Reisermaterials, ist diese Viruserkrankung heute nur noch selten zu finden.

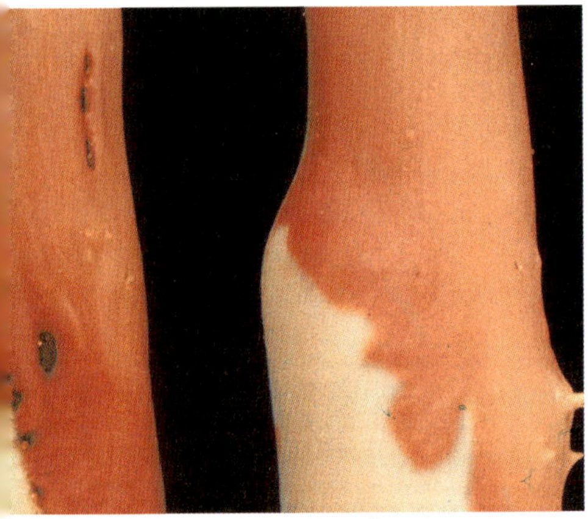

Dunkle Verfärbungen im Übergangsbereich durch Befall mit Chlorotischem Blattfleckenvirus. (Foto: V. Zahn)

2.4.2 Chlorotisches Blattfleckenvirus (*Apple chlorotic leaf spot virus*)

Diese Virose ist vielfach nur latent in der Pflanze vorhanden. Neben den typischen chlorotischen Flecken als Blattsymptom können auch Veränderungen am Holz auftreten.

Untypische Verzweigung (Besenwuchs) beim Apfel durch Befall mit Apfeltriebsucht. (Foto: G. Henkel)

2.4.3 Apfeltriebsucht, Besenwuchs (*Apple proliferation phytoplasm*)

Befallene Pflanzen zeigen den typischen Besenwuchs, vergrößerte Nebenblätter und einen vorzeitigen Austrieb im Frühjahr. Das Holz an den Hexenbesen ist gerötet und reift schlecht aus. Hierbei handelt es sich derzeit um die wichtigste Phytoplasmose des Apfels.
Als bedeutender Überträger (Vektor) gilt der Sommerapfelblattsauger. Zur Anfälligkeit von Sorten und Unterlagen liegen erste Erkenntnisse vor. So gilt die Sorte 'Topaz' als anfällig. Es handelt sich um eine meldepflichtige Quarantänekrankheit.

2.4.4 Birnenverfall (*Pear decline phytoplasm*)

Befallene Pflanzen zeigen ein vermindertes Triebwachstum und kleinere Blätter mit Aufhellungen. Im Spätsommer wird eine vorzeitige Rotfärbung der Blätter sichtbar. In Ertragsanlagen sind Fruchtansatz und Fruchtgröße reduziert.
Als bedeutender Überträger (Vektor) dieser Phytoplasmose gilt u. a. der Birnenblattsauger. Mit der Zunahme des Anbaus von Birnen in Nordeuropa hat dieser Erreger an Bedeutung gewonnen. Es handelt sich um eine meldepflichtige Quarantänekrankheit.

Vorzeitige Blattfärbung durch den Erreger des Birnenverfalls

Vorzeitige Herbstfärbung eines Birnenbaums nach Befall mit dem Birnenverfall. (Foto: P. Kruse)

2.4.5 Stecklenberger Krankheit, Nekrotisches Ringfleckenvirus der Kirsche (*Prunus necrotic ringspot virus*)

Auf den Blättern bilden sich kleine nekrotische Flecken, eine Verwechslung mit der Schrotschusskrankheit ist möglich. Befallen werden vor allem Sauerkirschen (Stecklenberger Krankheit), aber auch Süßkirschen können befallen werden. Die Übertragung durch Veredlung ist möglich, ebenso durch Pollen und Samen.

Braune Flecken an Kirschblättern durch einen Befall mit dem Nekrotischen Ringfleckenvirus. (Foto: V. Zahn)

Bräunliche Blattverfärbungen an Süßkirsche durch Befall mit dem Virus der Kleinfrüchtigkeit. (Foto: V. Zahn)

2.4.6 Viröse Kleinfrüchtigkeit der Kirsche (*Little cherry virus*)

Typisches Merkmal dieser Virose ist die bronzeartige Verfärbung der Blätter im Herbst, die ca. zwei Wochen früher als bei gesunden Bäumen auftritt. Die Früchte befallener Bäume sind kleiner und schmecken bitter. Eine Übertragung erfolgt u. a. durch Veredlung und Vektoren (Ahorn-Schmierlaus).

Veränderung der Fruchtgröße bei der gleichen Sorte durch Befall mit dem Virus der Kleinfrüchtigkeit. (Foto: G. Palm)

2.4.7 Scharkakrankheit, Pockenkrankheit (*Plum pox virus*)

Befallene Blätter von Aprikose, Pfirsich, Pflaume, Zwetsche (insbesondere 'Hauszwetsche') und Zierformen von *Prunus* zeigen im Frühsommer unscharf begrenzte hell- bis olivgrüne Flecken und/oder Ringe. Schadsymptome sind unter durchscheinendem Licht besser zu erkennen.
Die Übertragung kann u. a. durch Veredlung und Vektoren (vorwiegend Blattlausarten) erfolgen. Vielfach stehen heute virustolerante Sorten z. B. bei Pflaumen und Zwetschken ('Stanley', 'Bühler Frühzwetsche', 'Hanita' u. a.) zur Verfügung.

Hellgrüne Fleckenbildung auf Pflaumenblatt durch Befall mit dem Scharkavirus. (Foto: M. Petruschke)

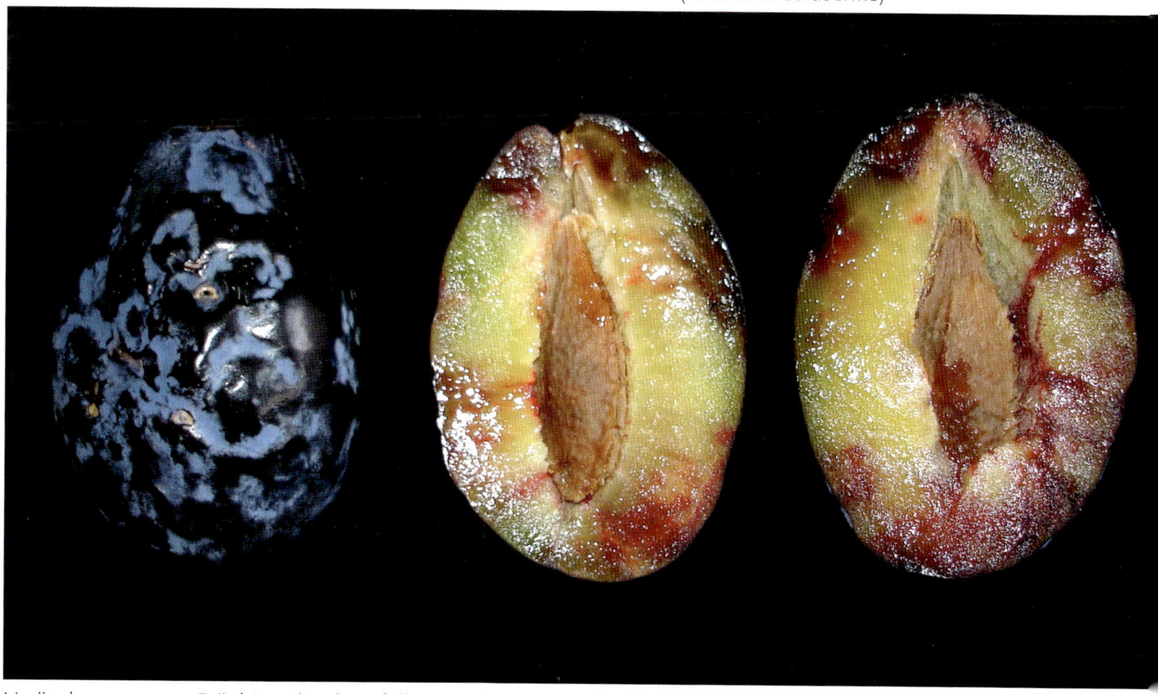

Veränderungen an Früchten durch Befall mit Scharkavirus. (Foto: M. Petruschke)

2.5 Säugetiere

Schaden durch Fraß von Hasen an Apfel der Sorte 'Cox Orange'.

Schäden durch Säugetiere an Gehölzen werden u. a. durch Hasen (*Lepus europaeus*) und Kaninchen (*Oryctolagus cuniculus*), insbesondere in den Wintermonaten, hervorgerufen. Bevorzugt werden Laubgehölze und weniger Nadelgehölze gefressen. Bei der Auswahl der bevorzugten Gattungen sind die Obstgehölze und deren verwandte Ziergehölze häufig betroffen.

Baumschulflächen sollten daher alle eingezäunt werden. Die Zäune sind in die Erde einzulassen und sollten zum Schutz gegen Rehwild eine Höhe von ca. zwei Meter haben.

Aus der Gruppe der Säugetiere können Mäuse ebenfalls große Schäden verursachen. Es wird zwischen Wühlmäusen (auch Kurzschwanzmäuse genannt) und Echten Mäusen (auch Langschwanzmäuse genannt) unterschieden. Mäuse sind bei der Nahrungsaufnahme oft sehr wählerisch. Daher werden in der Praxis gern mehrere verschiedene Köderarten zum Fraß angeboten, insbesondere dann, wenn keine Kenntnisse über die vorhandenen und erwarteten Mäusearten vorliegen. Grundsätzlich ist die vorbeugende Ausbringung von Ködern im Herbst in gefährdeten Kulturen bzw. Arealen mit Befallsdruck sinnvoll und hat sich in der Praxis bewährt. Köder sollen nicht offen ausgelegt werden, sondern in speziellen Köderstationen, die im Fachhandel erhältlich sind.

Das Aufstellen von Fallen ist eine weitere Möglichkeit der Befallsreduzierung. Dabei kann zwischen Fallen mit und ohne Beköderung unterschieden werden. Schlagfallen ohne Köder werden in die Gangsysteme der Mäuse eingebaut.

Schlagfalle Fabrikat Topcat gegen Wühlmäuse zum Einbau in vorhandene Gänge.

Köderstation für Mäuse im Pflanzenbestand.

Wühl- oder Schermaus *(Arvicola terrestis)*

Die wichtigste Vertreterin in der Gruppe der Kurzschwanzmäuse ist die Wühl- oder Schermaus *(Arvicola terrestis)*. Sie ist mit 12–23 cm Länge die größte heimische Mäuseart und verursacht durch den Fraß an Wurzeln starke Schäden. Diese treten besonders im Obstbau und an Gemüsekulturen (siehe Bild) auf. Da diese Mäuse keine Getreideköder annehmen, werden bevorzugt sogenannte „Sticks“ in die Gänge gelegt.

Aufgrund der ausgiebigen Wühltätigkeit der Maus mit Ganglängen bis zu 50 m entstehen auch flache Hügel. Diese sollten nicht mit den etwas höheren Maulwurfshügeln verwechselt werden. Wühlmäuse und Maulwürfe leben oft nebeneinander und nutzen die gleichen Gänge. Der Maulwurf unterliegt aber dem Artenschutz und darf nicht gefangen, sondern nur vergrämt werden.

Fraßschaden durch Schermaus an Apfelbaum.

Schermäuse nutzen oft die Gangsysteme von Maulwürfen.

Wühl- oder Schermaus.

Fraßschaden durch Mäuse an *Kerria*.

Erdmaus *(Microtis agrestis)*

Die Erdmaus gehört zur Gruppe der Kurzschwanzmäuse. Sie ist häufig an Gehölzkulturen zu finden und verursacht größere Schäden durch Rindenfraß im unteren Teil der Pflanzen direkt über dem Boden. Sie wird 9–12 cm lang und ist von graubrauner Farbe. Eine Verwechslung mit der Feldmaus ist möglich.

Feldmaus *(Microtis arvalis)*

Die Feldmaus gehört wie die Erdmaus ebenfalls in die Gruppe der Kurzschwanzmäuse. Sie ist der Erdmaus im Aussehen und Verhalten sehr ähnlich und kann daher leicht verwechselt werden. Ein Fraß an der Rinde erfolgt vorwiegend im bodennahen Bereich.

Fraßschaden durch Mäuse an *Ligustrum*.

Feldmäuse können leicht mit der Erdmaus verwechselt werden.

Rötelmaus *(Clethrionomys glareolus)*

Mit einer Länge von 5–12 cm ist diese Kurzschwanzmaus vergleichsweise klein. Sie hat eine rötlich graue Fellfarbe. Die Unterseite ist eher graubraun. Als Nahrung dienen auch die Knospen von Laub- und Nadelbäumen. Fraßschäden sind nicht nur im unteren Teil der Pflanze zu finden wie bei Erd- und Feldmäusen.

Fraß an Seitenknospen von *Abies*, wahrscheinlich durch Rötelmäuse.

Waldmaus *(Apodemus sylvaticus)*

Waldmäuse gehören zur Gruppe der Langschwanzmäuse (Echte Mäuse). Die Länge des Schwanzes entspricht fast der Länge des Körpers. Sie sind etwa 8–11 cm lang und graubraun gefärbt. Die Maus ernährt sich vorwiegend von den Samen und Knospen verschiedener Laub- und Nadelholzbaumarten. Sie steht unter Artenschutz.

Rötelmaus. (Foto: M. Münderle, Fa. Rifcon GmbH)

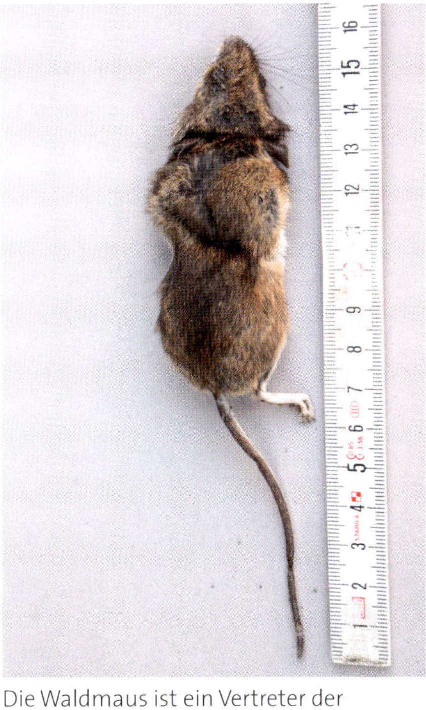

Die Waldmaus ist ein Vertreter der Langschwanzmäuse.

Aufwölbungen der Blattränder von *Tilia* nach Anwendung von Lontrel.

Rosa und weiß gefärbtes Blatt nach Anwendung von Diflufenikan.

Weißfärbung der Nadel von *Abies* nach Anwendung von Diflufenikan.

2.6 Schäden durch Pflanzenschutzmittel

Trotz sachgerechter Anwendung von Pflanzenschutzmitteln kann es immer wieder zu Schäden an Kulturpflanzen kommen. Diese können besonders bei extremer Witterung nach Anwendung der Präparate vorkommen. Starke Niederschläge im Anschluss an die Ausbringung von Bodenherbiziden und anderen wasserlöslichen Wirkstoffen führen häufig zu Problemen. Die Verträglichkeit von Herbiziden ist auch abhängig vom Entwicklungsstand (Aussaatbeete oder Alleebäume), der Jahreszeit, der Anwendungsart (Überkopf der Gehölze oder als Unterblattspritzung) und der Gehölzart. Aufgrund der Vielzahl der Gehölze treten dabei meistens die größten Schwierigkeiten auf. Nachfolgend werden einige Beispiele von Schäden aufgelistet.

Wirkstoff: Clopyralid (Lontrel und andere Produkte)

Der Wirkstoff wird zur Bekämpfung von Problemunkräutern in der Baumschule verwendet. Damit wird u. a. eine gute Wirkung gegen Distelarten, Löwenzahn, Gemeines Kreuzkraut und generell gegen Pflanzen aus der Familie der Leguminosen erzielt. Das Schadbild ist sehr markant. Die Blattränder wölben sich nach oben und verlieren ihre Geschmeidigkeit.

Wirkstoff: Diflufenikan (als Mischungspartner z. B. in Fenikan, Herold)

Der Wirkstoff wird vorwiegend von den Unkräutern über den Boden aufgenommen. Präparate mit diesem Wirkstoff haben somit eine Wirkung gegen vorhandene Unkräuter und eine Dauerwirkung. In Saat- und Verschulbeeten führt der Wirkstoff zu einer ausgeprägten Weiß- bzw. auch Rosafärbung von Blättern und Nadeln.

Wirkstoff: Glyphosat (Roundup und andere Produkte)

Der Wirkstoff wirkt systemisch gegen vorhandene Unkräuter und Gräser. Die Aufnahme kann über Blätter, Knospen und Wurzeln (Vorsicht bei Containerpflanzen) erfolgen. Geringe Dosen können zu Schäden in Form von Schmalblättrigkeit oder bei Nadelgehölzen zu Kurznadeligkeit führen. Besonders empfindlich reagieren Rosen auf diesen Wirkstoff.

Typische „Schmalblättrigkeit" an Eiche nach Aufnahme von Glyphosat.

Wirkstoff: Propyzamid (Kerb Flo und andere Produkte)

Das Präparat findet vorrangig während der Wintermonate gegen vorhandene Gräser und zweikeimblättrige Unkräuter Verwendung. Es ist sehr verträglich in Gehölzkulturen. Eine Ausnahme bilden Aussaatbeete im ersten Standjahr. Dann können sich Verdickungen im Wurzelhalsbereich bilden. Sie sind bei Nadelgehölzen häufiger zu finden als bei Laubgehölzen. Die Anwendung des Wirkstoffs Pendimethalin (Stomp Aqua) kann ein vergleichbares Schadbild verursachen. Ein Schadensrisiko besteht bei dem Wirkstoff Pendimethalin nur auf Saatbeeten, ansonsten ist der sehr gut verträglich.

Schadbild an Rosen im Container durch Aufnahme von Glyphosat.

Verdickungen im Wurzelhalsbereich von *Abies* nach Anwendung von Kerb.

Verkürzte Nadeln (unten) an *Taxus* durch Aufnahme von Glyphosat, oben normale Entwicklung.

Frostriss an *Tilia* mit fortgeschrittener Wundheilung.

2.7 Klimatische Schäden

Seit ca. zehn Jahren wird vermehrt über Stammschäden an Straßenbäumen und in der baumschulischen Produktion berichtet. Ob diese bereits Auswirkungen des allgemein diskutierten Klimawandels sind, soll hier nicht weiter erörtert werden. Vielmehr soll das Problem anhand einiger Beispiele dargestellt und Möglichkeiten einer Abgrenzung der Schadbilder aufgezeigt werden.

2.7.1 Frostrisse im Winter

Die Rinde von Alleebäumen reißt der Länge nach auf. Die Risse sind wenige Millimeter bis einige Zentimeter breit und häufig länger als 100 cm. Betroffen sind meist nur die unteren Bereiche des Stammes in südlicher bis südwestlicher Himmelsrichtung. Besonders betroffen sind die verschiedensten *Acer*- und *Tilia*-Arten.
Gleichartige Stammrisse können auch durch den pilzlichen Erreger *Verticillium* verursacht werden. Die Risse sind dann aber an den Bäumen nicht nach der Himmelsrichtung angeordnet, sondern zeigen eher ein zufälliges Verteilungsmuster. Eine genaue Abklärung ist i. d. R. nur durch eine Laboruntersuchung möglich.
Vorbeugend sind die unter dem Punkt „Sonnenbrand" genannten Maßnahmen wirksam.

Frischer Frostriss mit Saftfluss an Feldahorn im Frühjahr.

Frostrise an Linde mit Ausrichtung zur Sonne.

2.7.2 Spätfrostschäden, Frühfrostschäden

Schäden durch Frosteinwirkung können nicht nur am Holz, sondern auch am jungen Austrieb im Frühjahr (Spätfrost) oder im Herbst am noch weichen Trieb (Frühfrost) erfolgen. Die natürliche Spätfrosthärte von Gehölzen ist sehr unterschiedlich. Besonders betroffen sind Nadelgehölze der Gattung *Abies*, *Larix* und *Pseudotsuga*, während *Picea abies* relativ spätfrostverträglich ist. Bei den Laubgehölzen sind u. a. *Fraxinus*-, *Juglans*-, *Tilia*- und *Quercus*-Arten, insbesondere *Quercus petraea*, besonders gefährdet.

Spätfrostschaden im Mai an jungem Austrieb von *Quercus petraea*.

Frühfrostschaden an *Pseudotsuga* im Oktober.

Frostschaden (Winterfrost) an den Blättern von Kirschlorbeer.

Verwendung des Pot-in-Pot-Systems zur Vermeidung von Frostschäden an der Wurzel.

2.7.3 Frostschäden an der Wurzel

In den vergangenen Jahrzehnten werden zunehmend Pflanzen in Töpfen und Containern kultiviert und im Freiland auf der Erde stehend überwintert. Viele Pflanzen erleiden dabei Frostschäden an der Wurzel. Dazu gehören auch heimische Arten wie z. B. *Carpinus, Prunus* oder *Quercus*. Andere überstehen tiefe Frosttemperaturen ohne Probleme. Dazu gehören u. a. die Nadelgehölze, aber auch *Berberis*- und *Spiraea*-Arten. Gefährdete Arten sollten daher nicht im Herbst getopft werden. Zum Schutz besteht die Möglichkeit der Abdeckung mit Netzen, Folie oder Vlies. Größere Container können mit Noppenfolie eingewickelt werden. Eine weitere Möglichkeit ist die Verwendung des sogenannten Pot-in-Pot-Systems. Dabei werden die Töpfe in die Erde eingesenkt.

Verwendung von Noppenfolie zum Schutz gegen Frostschäden an der Wurzel.

2.7.4 Hitzeschäden an Blättern, Sonnenbrand

Starke Sonneneinstrahlung, verbunden mit hohen Tagestemperaturen, kann zu Verbrennungen an Blättern und Früchten führen. Dabei variiert das Schadbild an den Blättern je nach Pflanzenart sehr stark. Z. T. sind ganze Blätter betroffen, aber benachbarte Blätter nicht. Sehr häufig sind nur Teilbereiche des Blatts verbrannt. Im Obstbau sind zunehmend auch Schäden an den Früchten zu sehen. Besonders gefährdet sind die Sorten für kühlere Klimate wie z. B. 'Cox Orange', 'Elstar', 'Holsteiner Cox' und 'Roter Boskoop'. Andere, wie z. B. 'Braeburn' oder 'Golden Delicious', sind weniger gefährdet.

Vorbeugend sollten bei prognostizierten Hitzeperioden keine schwefel- oder captanhaltigen Pflanzenschutzmittel verwendet werden. Eine ausreichende Wasserversorgung vor einer „Hitzewelle" mindert das Schadrisiko ebenfalls. Bei Temperaturen über 30 °C wird im Obstbau auch die Überkronenberegnung ausgeführt, die sogenannte kühlende Beregnung.

Sonnenbrand am Blatt einer Rotbuche.

Schadbild an Blättern von *Acer palmatum* 'Bloodgood' durch Sonneneinwirkung und erhöhte Salzgehalte im Boden.

Schadbild an *Rhododendron*.

Schadbild an *Carpinus*, Neuaustrieb unterhalb der Verbräunung.

Schadbild an *Rhamnus frangula*.

2.7.5 Hitzeschäden an Jungpflanzen in der Baumschule

Nach der Aufschulung von Gehölzen im Frühjahr kann es zu Schäden an Sämlingen und Stecklingen kommen. Das ist besonders auf leichten Standorten mit mangelnder Wasserversorgung der Fall. Betroffen sind häufig Pflanzen der Gattungen *Alnus, Carpinus* und *Viburnum*.
Das Schadbild zeichnet sich zunächst durch Welkeerscheinungen bei gesunder Wurzel aus. Am Stammgrund ist die Rinde direkt oberhalb der Erde in einem Bereich von 2–3 cm braun. Bei kleineren Sämlingen ist die Verbräunung stängelumfassend, bei größeren tritt sie auch einseitig auf, und zwar immer in dem Bereich, auf den am Nachmittag die Sonne auftrifft. Das Kambium oberhalb des Schadens bleibt zunächst grün. Unterhalb der Verbräunung ist oft schon ein Neuaustrieb der Pflanze zu sehen. Bei der Anzucht auf Beeten sind die Seitenreihen meistens stärker betroffen. Eine Verwechslung mit pilzlichen Erregern der Stängelgrundfäule ist möglich. Dieser Schaderreger tritt in erdgebundenen Kulturen im Freiland allerdings nur sehr selten auf. Vorbeugend können gefährdete Kulturen bei extremer Sonneneinstrahlung durch Schattierung und frühzeitige Bewässerung geschützt werden. Frühzeitige Pflanzungen sind i. d. R. seltener betroffen.

Schaden durch Sonnenbrand an *Viburnum opulus*.

2.7.6 Hitzeschäden, Sonnenbrand an Laubbäumen

Seit etwa zehn bis 15 Jahren treten an Straßenbäumen häufiger Schäden in Form von Nekrosen an Stämmen durch Hitzeeinwirkung auf. In der Regel sind die Bereiche des Stammes betroffen, auf die in den Nachmittagsstunden die Sonne auftrifft. Besonders anfällig sind junge Bäume nach der Pflanzung, da sie noch nicht in der Lage sind, sich ausreichend mit Wasser zu versorgen. An Nadelgehölzen wird das Schadbild nicht beobachtet.
Nicht alle Laubholzgattungen sind gleichermaßen betroffen. Besonders anfällig sind u. a. *Aesculus*- und *Tilia*-Arten. Eine Ausnahme bildet die Silberlinde *T. tomentosa*. Umfangeiche aktuelle Versuche im GBZ in Münster-Wolbeck von P. Uehre zeigen generelle Unterschiede bei den Baumarten. Er unterteilt die Baumarten je nach Anordnung der Leitungsbahnen in Ring- (z. B. *Fraxinus, Gleditsia, Morus, Quercus, Sophora, Zelkova*) und Zerstreutporer (z. B. *Acer, Betula, Carpinus, Corylus, Fagus, Tilia*). Bäume aus der Gruppe der Ringporer sind nach seiner Auffassung besser in der Lage, den Stamm während extremer Einstrahlung zu kühlen. Ausnahmen bilden Pflanzen mit spezieller reflektierender Rindenfarbe wie z. B. *Betula* oder Rindenstruktur wie bei der Baumhasel (*Corylus colurna*).

Schaden am Stamm von *Aesculus carnea* durch Hitzeeinwirkung.

Folgeschäden der Hitzeeinwirkung am Stamm führen langfristig zum Absterben des Baumes.

Sonnenbrandschaden am Stamm von *Tilia* mit Folgeparasit *Schizophyllum commune*,

Matte aus Schilfrohr.

Zur Verhinderung von Stammschäden durch Hitzeeinwirkung sollten an hitzeexponierten Standorten mit starker Sonneneinstrahlung keine anfälligen Bäume verwendet werden. Ein weiterer wichtiger Punkt zur Vermeidung von hitzebedingten Stammschäden ist die Versorgung mit Wasser in den Sommermonaten während der Anwuchsphase der Bäume in den ersten drei bis fünf Jahren.

Des Weiteren hat sich die Verwendung von Stammschutzmaterialien bei gefährdeten Baumarten bewährt. Es stehen verschiedene Produkte zur Verfügung. Darunter Matten aus Schilfrohr und Bambussplit, die möglichst locker um den Stamm gewickelt werden sollten. Damit können die Stämme über einen Zeitraum von drei bis fünf Jahren geschützt werden. Die Fa. Flügel, Osterode bietet mit ARBO-FLEX einen Schutzanstrich, der den Baum vor Rindenschäden schützt. Alle genannten Verfahren bieten auch einen Schutz zur Vermeidung von Frostrissen im Winter.

Matte aus Bambussplit.

Mehrlagiger Schutzanstrich mit ARBO-FLEX.

2.7.7 Hagelschäden

Auf der Rinde von Laubgehölzen befinden sich aufgeplatzte rundliche Stellen mit einer Größe von ca. 0,5–1 cm. Nachfolgend setzt Kallusbildung ein. Besonders empfindlich auf Hagelschläge reagieren *Alnus*-Arten und *Acer pseudoplatanus*. Wesentlich robuster sind dagegen *Carpinus betulus*, *Tilia*- und *Quercus*-Arten.
Nadelgehölze zeigen zunächst ein einseitiges Verkahlen der Zweige. Die Nadeln werden regelrecht abgeschlagen. Rindenschäden sind selten zu finden. Besonders empfindlich für Hagelschläge ist die Gattung *Pseudotsuga*, während *Picea*-, *Pinus*- und *Abies*-Arten seltener Schäden zeigen.

Hagelschäden an *Alnus glutinosa*.

Hagelschaden am Blatt einer Rose.

Hagelschäden an *Picea abies*.

Streusalzschaden am Spitzahorn.

Streusalzschaden an *Aesculus*.

Streusalzschaden an *Tilia*.

2.7.8 Streusalzschäden

Die Anwendung von Streusalz auf Straßen und Wegen während der Wintermonate kann bei Pflanzen zu erheblichen Schäden führen. Enthalten sind überwiegend die Bestandteile Natrium und Chlorid. Natrium hat in erster Linie negative Auswirkungen auf den Bodenzustand. Die Bodenverdichtung nimmt zu und somit der Sauerstoffgehalt ab. An Bodenteilchen angelagerte Nährstoffionen von Kalium, Calcium und Magnesium können durch Natriumionen verdrängt werden und die Nährstoffe unterliegen dann verstärkt der Auswaschung.
Chlorid und Natrium werden von der Pflanze aufgenommen. Die größere Schadwirkung geht bei den meisten Pflanzen allerdings vom Chlorid aus. Gehölze zeigen eine unterschiedliche Toleranz gegenüber Streusalz. Nadelgehölze sind generell empfindlicher als Laubgehölze. Weiterhin können erhebliche Unterschiede bei den Arten einer Gattung beobachtet werden. So gilt der Feldahorn als tolerant und Spitz- und Bergahorn als empfindlich gegenüber Streusalz. Bei der Kiefer gilt die Schwarzkiefer als toleranter als die Legföhre (*Pinus mugo*).

- **Beispiele für empfindliche Pflanzen sind:**
  Acer platanoides, A. pseudoplatanus, Aesculus, Carpinus, Corylus-Arten, Larix-Arten, *Picea*-Arten, *Sorbus*-Arten, *Tilia*-Arten
- **Beispiele für tolerante Pflanzen sind:**
  Acer campestre, Alnus glutinosa, Ginkgo, Hippophae rhamnoides, Quercus-Arten, *Rosa rugosa, Tamarix*-Arten, *Taxus baccata, Ulmus*-Arten

Stark geschädigte Nadeln von *Pinus mugo* durch Streusalz.

2.8 Algen und Flechten

Auf vielen Pflanzen sind Algen, Flechten und Moose zu finden. Sie führen zu keinerlei Beeinträchtigung des Pflanzenwachstums. Bei starkem Auftreten sind Produzenten und Gehölzliebhaber aber dennoch beunruhigt. Das gilt u. a. für Rotalgen der Gattung *Trentepohlia* auf Baumstämmen im unteren Bereich und am Stammgrund. Sie haben in den vergangenen Jahren stark zugenommen. An den Anblick von grün gefärbten Algen, wie z. B. der Gattung *Apatococcus*, ist der Gartenliebhaber eher gewöhnt und daher nicht sonderlich beunruhigt. Algen auf Bäumen entziehen den Pflanzen keine Nährstoffe oder Feuchtigkeit. Auf den Nadeln von Gehölzen sind sie nur in sehr dichten Beständen zu finden und fast immer nur ein optischer Makel einer Pflanze.
Bei den Flechten handelt es sich um eine Lebensgemeinschaft (Symbiose) aus Pilzen und Algen. Sie zeigen eine breite Farb- und Formenpalette und entziehen den Bäumen ebenfalls keine Nährstoffe oder Feuchtigkeit.

Starker Belag von Rotalgen auf dem Stamm einer Eiche.

Gelbe und graue Flechten auf dem Stamm von Ahorn.

Grünalgen auf dem Stamm eines Ahorns.

Rindenläuse mit Marienkäfer auf der Rinde von *A. nordmanniana*.

Weißtannentriebläuse an jungem Austrieb der Nordmannstanne.

Weißtannentrieblaus – Schadbild im Spätsommer.

3 Schadbilder an Nadelgehölzen

3.1 *Abies* – Tanne

Schadbild: Im Frühjahr sind große (3–5 mm) dunkelbraune Läuse auf der Rinde zu sehen. Sie sitzen meist dicht gedrängt am Leittrieb der Pflanze. Bei stärkerem Auftreten kann es zur Vergilbung von Nadeln kommen.

Schaderreger:
Baumläuse, Rindenläuse (*Cinara*-Arten u. a.)

Verbreitung: Die jeweiligen Arten unterscheiden sich in ihrem Entwicklungskreislauf. Es werden mehrere Generationen pro Jahr gebildet. Die Überwinterung kann als Ei und als Insekt erfolgen.

Vorkommen: Vorwiegend an *A. nordmanniana* bei der Kultur von Weihnachtsbäumen und auch an Baumschulkulturen zu finden.

Abwehr: Schäden an den Pflanzen sind nur bei stärkerem Befall zu erwarten. Bei Bedarf können Präparate gegen saugende Insekten eingesetzt werden.

Schadbild: An den Unterseiten von jungen Austrieben sind ab Anfang Juni grünliche bis bläuliche Läuse zu finden. Später kommt es auch zu stärkeren Wachsabscheidungen. Nadeln befallener Triebe sind nach oben gebogen.

Schaderreger:
Europäische Weißtannentrieblaus (*Mindarus abietinus*)

Vorkommen: Neben *Abies nordmanniana* auch an *A. alba*, *A. concolor* u. a.

Abwehr: Bei stärkerem Auftreten Anwendung von Präparaten gegen Blattläuse.

Schadbild: Nadeln junger Triebe im April bis Juni verkümmert oder nach unten gebogen und mit zahlreichen dunklen Läusen (ca. 2 mm) mit weißem Wachspuder versehen, bei starkem Befall völlige Vernichtung der Maitriebe.

Schaderreger:

Tannentrieblaus (*Dreyfusia* sp.)

Verbreitung: Überwinterung als Larve am Stamm und Eiablage im Frühjahr an der Basis der Knospen.

Vorkommen: *Abies alba, Abies nordmanniana, Abies balsamea.*

Vergleich Trieb mit (oben) und ohne (unten) Befall.

Schadbild während der Vegetationsruhe.

Schadbild: Auf dem oberen Teil der Nadeln bilden sich zunächst rotbraune Flecken, anschließend verfärbt sich der gesamte Bereich braun und fällt ab. Teilweise sind kleine schwarze Sporenlager auf den Nadeln zu finden.

Schaderreger:

Nadelbräune (*Kabatina abietis*, Syn. *Sydowia polyspora*)

Verbreitung: In Lagen mit hoher Luftfeuchtigkeit und in Jahren mit häufigen Niederschlägen sind die Kulturen besonders gefährdet. Eine Verwechslung des Schadbildes mit anderen Ursachen (Sonnenbrand, Calcium-Mangel, Herbizidschäden usw.) ist leicht möglich. Daher sollte immer eine genaue Untersuchung erfolgen.

Vorkommen: Vorwiegend an *Abies nordmanniana* in Weihnachtsbaumkulturen und Baumschulen sowie an *A. grandis* zu finden.

Abwehr: Meidung von feuchten Lagen, bei Bedarf Anwendung von Fungiziden. Der mögliche Bekämpfungserfolg durch Fungizide wird bei diesem Erreger in der Praxis aber sehr kontrovers diskutiert.

Befallsbild an *A. nordmanniana.*

Rotbraune Verfärbung einzelner Pflanzen von *A. procera* nach Befall mit *Fusarium*.

Schadbild: Einzelne Pflanzen zeigen auf dem Verschulbeet zunächst eine fahlgraue Farbe, später werden die Nadeln rotbraun.

Schaderreger:

Fusarium-Welke (*Fusarium oxysporum* und andere Erreger)

Verbreitung: Der Erreger bildet Dauersporen im Boden und besiedelt geschwächte Pflanzen über die Wurzel. Ungünstige Standortbedingungen, wie Staunässe, fördern die Ausbreitung.

Vorkommen: Fast ausschließlich an *Abies procera* auf Verschulbeeten zu finden. Des Weiteren auch auf vielen Nadelholzsaatbeeten.

Abwehr: Regelmäßige Desinfektion von Betriebseinrichtungen und Kulturflächen.

Tannennadelrost an *A. nordmanniana*.

Schadbild: Auf der Unterseite der Nadeln bilden sich im Sommer gelbliche bis orangefarbene längliche Sporenlager.

Schaderreger:

Tannennadelrost (*Pucciniastrum epilobii*)

Verbreitung: Erreger ist wirtswechselnd zwischen Tanne und Weidenröschen, d. h., er wechselt im Sommer von der Tanne zum Weidenröschen.

Vorkommen: Problematisch, da vorwiegend auf Weihnachtsbäumen von *A. nordmanniana*.

Abwehr: Konsequente Bekämpfung des Weidenröschens ist nur bedingt erfolgreich.

Schadbild: Der weiche, krautige Austrieb der Pflanzen im Frühjahr wird plötzlich braun, der frische Trieb hängt herab. Bei späterem Befall sind nur die Nadeln betroffen. Bei anhaltend feuchter Witterung bildet sich ein mausgrauer Pilzrasen. Befallene Triebe fallen später ab.

Schaderreger:

Grauschimmel (*Botrytis cinerea*)

Hinweis: Das Schadbild kann leicht mit Spätfrostschäden verwechselt werden. Betroffene Triebe verbleiben bei Spätfrostschaden aber an der Pflanze.

Vorkommen: Problematisch, da vorwiegend an *Abies nordmanniana.*

Abwehr: Vermeidung dichter Bestände auf dem Saat- und Verschulbeet. Windoffene Lagen bevorzugen.

Anfangsstadium von Grauschimmel an *A. nordmanniana.*

Schadbild: In einzelnen Nadeln sind kleine Miniergänge zu finden, später verbräunt die Nadel oberhalb des Einbohrlochs. Der Bereich der Nadelbasis verbleibt grün.

Schadursache:

Tannennadelmotte (*Argyresthia fundella*)

Verbreitung: Die Motte legt im April/Mai ihre Eier an die Nadelbasis ab. Daraus entwickeln sich Larven, die im Inneren der Nadel fressen. Es wird nur eine Generation pro Jahr gebildet.

Vorkommen: Befallen wird *A. alba, A. nordmanniana* und *A. grandis.*

Abwehr: Bei stärkerem Befall Anwenden von Präparaten gegen minierende Raupen.

Schadbild an Nordmannstanne mit typischer Öffnung.

Gelbfärbung der Nadel aufgrund von Eisenmangel.

Schadbild: Nadeln zeigen insgesamt eine gelbliche Farbe, wobei in einem Bestand die Intensität der Gelbfärbung unterschiedlich ausgeprägt sein kann.

Schadursache:

Hoher pH-Wert, Eisenmangel, ungeeigneter Standort.

Vorkommen: Das Schadbild ist häufig zu finden auf lehmigen oder tonigen Standorten mit einem pH-Wert des Bodens über pH 6. Es kommt dabei zu einer mangelnden Verfügbarkeit und einer Festlegung von Eisen (auch Eisenmangelchlorose genannt) im Boden. Eine Verwechslung mit Stickstoffmangel ist möglich. Daher sollte eine Bodenuntersuchung auf Nährstoffe erfolgen.

Abwehr: Auswahl geeigneter Standorte vor der Pflanzung inkl. einer Bodenuntersuchung. Eine Ausgleichsdüngung mit sogenannten Eisenchelat-Düngern ist ebenfalls möglich und seit einigen Jahren wird auch eine Gabe mit Schwefeldüngern (Schwefellinsen) zur Senkung des pH-Werts praktiziert.

Schadbild Kali- und Magnesiummangel an Nordmannstanne.

Schadbild: Nadeln des Neutriebes verfärben sich ab den Sommermonaten zunächst gelb, im Extremfall kommt es zur Braunfärbung der Nadeln, stets von den Nadelspitzen beginnend.

Schadursache:

Nährstoffmangel, insbesondere Kalium und Magnesium

Vorkommen: Die Pflanzennährstoffe Kalium und Magnesium unterliegen in starkem Maß der Auswaschung. Das gilt besonders für sandige Standorte. Eine Verwechslung mit anderen Schaderregern wie z. B. der Kabatina-Nadelkrankheit ist möglich.

Abwehr: Eine regelmäßige Überprüfung der Nährstoffversorgung in Form von Boden- oder Nadelproben ist daher ratsam. Eine Ausgleichsdüngung kann nur mit Chlorid-freien oder -armen Düngern wie z. B. Patentkali erfolgen.

Schadbild: Abgebrochene kleine Zweige, Schäden auf der Rinde und abgefallene Nadeln.

Schadursache:

Hagelschaden

Vorkommen: Abgesehen von kleineren Pflanzen gibt es eine Ausrichtung der Schäden in eine Himmelsrichtung, d. h. z. B., die Schäden sind nur auf der Westseite der Pflanze zu sehen. Hagelschäden haben insgesamt eine zunehmende Bedeutung im Agrarsektor.

Abwehr: Hagelschutznetze mit entsprechenden Unterbauten sind aufwendig und stören oft die Arbeitsabläufe auf den Feldern. In Regionen mit hohem Hagelrisiko sollte über eine Versicherung nachgedacht werden.

Hagelschaden an Weißtanne.

Schadbild: Jungpflanzen zeigen im Bereich des Wurzelhalses unterschiedlich geformte Verdickungen.

Schadursache:

Wahrscheinlich Herbizidschaden

Verbreitung: Das Phänomen tritt in einzelnen Jahren stärker auf, z. B. nach der Anwendung von Kerb (Wirkstoff: Propyzamid) oder der neuen Formulierung von Stomp Aqua (Wirkstoff: Pendimethalin) im Saatbeet. Im Anschnitt ist das Pflanzengewebe weiß und frei von Hinweisen auf tierische Schaderreger.

Vorkommen: Besonders anfällig scheint *Abies procera* zu sein, aber häufiger auch an Douglasien und Fichten zu finden, selten an Laubgehölzen.

Abwehr: Meidung verschiedener herbizider Wirkstoffe auf dem Aussaatbeet bei der Anzucht in der Baumschule. Nach Auffassung des Autors verwächst sich dieser Schaden.

Wurzelverdickungen nach Herbizidbehandlung auf dem Saatbeet.

Abgestorbene Triebspitze durch Befall mit Grauschimmel.

3.2 *Araucaria* – Schmucktanne

Schadbild: Triebspitzen verfärben sich bräunlich und sterben ab. Der Schaden tritt meist während der Wachstumsphase auf.

Schaderreger:

Grauschimmel (*Botrytis cinerea*)

Verbreitung: Der Erreger breitet sich rasch bei feuchter Witterung aus, junges Pflanzengewebe ist besonders anfällig. Allgemein sind Nadelkrankheiten an *Araucaria* besonders häufig in der Jugendphase bei der Anzucht in der Baumschule zu sehen. Daher sollte die Kulturführung möglichst trocken im Gewächshaus erfolgen.

Abwehr: Bei Bedarf Verwendung von Präparaten gegen Grauschimmelfäule und trockene Kulturführung beachten.

Braun gefärbte Rinde am Wurzelhals durch Befall mit *Phytophthora*.

Schadbild: Nadeln zeigen eine stumpfe graugrüne Farbe und werden später braun.

Schaderreger:

Wurzelfäule (*Phytophthora-Arten*)

Verbreitung, Vorkommen: Dauerfeuchte Substrate fördern die Entwicklung des Schaderregers. Vorbeugend sollten daher die Kulturbedingungen optimiert werden. Bei Betrieben mit Wasserrecycling sollte eine Gießwasserdesinfektion erfolgen.

Abwehr: Trockene Kulturführung und Optimierung der Betriebshygiene beachten.

Weitere häufig vorkommende **Schaderreger:**
Frostschäden

3.3 *Chamaecyparis* – Scheinzypresse

Schadbild: Triebspitzen stocken im Wachstum, sind teilweise verdickt und zeigen braune Nekrosen.

Verbräunte Triebspitzen durch Befall mit Gallmilben.

Schaderreger:

Triebspitzengallmilbe *(Trisitacus juniperinus)*

Verbreitung: Aufgrund der geringen Größe sind die Milben nur mit einer guten Lupe und etwas Erfahrung im Aufspüren von Gallmilben zu finden. Es werden mehrere Generationen pro Jahr gebildet. Eine Verwechslung mit dem Schadbild der braunen Spitzen bei *Chamaecyparis lawsoniana* 'Ellwoodii' ist möglich. Hierbei handelt es sich um ein nicht geklärtes Problem der Nährstoffversorgung.

Vorkommen: Häufiger auch an *Juniperus*-Arten zu finden, insbesondere an *J. horizontalis*.

Abwehr: Bei Befall hat sich die Anwendung von Präparaten gegen Gallmilben bewährt, eine gute Wirkung von Netzschwefel ist ebenfalls gegeben.

Schadbild: Einzelne Pflanzen im Bestand werden fahl im Erscheinungsbild, Rinde im Wurzel- und Wurzelhalsbereich ist braun verfärbt. Zur Bestätigung Schnittprobe durchführen.

Schaderreger:

Stamm- und Wurzelfäule (*Phytophthora cinnamomi*)

Verbreitung: Die Verbreitung der Sporen erfolgt in der Regel über das Wasser. In geschlossenen Beregnungssystemen besteht die Gefahr der Verbreitung über das Gießwasser.

Vorkommen: Als besonders anfällig gilt u. a. *Cham. law.* 'Ellwoodii'. Neben *Chamaecyparis*- werden auch *Juniperus*-Arten häufig befallen.

Abwehr: Optimierung der Bewässerung, Verwendung durchlässiger Substrate.

Fortlaufende Befallsentwicklung an *Chamaecyparis*.

Triebverbräunung durch Zweigsterben an *Juniperus*. (Foto: B. Schaefer)

3.4 *Juniperus* – Wacholder

Schadbild: Absterben einzelner Triebspitzen des letztjährigen Triebes, Nadeln verfärben sich zunächst grau und anschließend braun.

Schaderreger:

Zweigsterben (*Phomopsis juniperovora* und andere Arten)

Vorkommen: Der Erreger verbreitet seine Sporen fast während der gesamten Vegetationsperiode. Mit stärkerem Befallsdruck ist während des Frühjahrs und des Herbstes zu rechnen. Eine Verwechslung des Schaderregers mit *Kabatina thujae* oder Rindenfraß von Rüsselkäfern (siehe unter *Thuja*) ist möglich. Eine Laboruntersuchung ist sinnvoll.

Abwehr: Feuchte Bedingungen fördern die Ausbreitung des Erregers. Daher sollten dichte Pflanzenbestände vermieden werden.

Zweigsterben an *Juniperus* im Frühjahr.

Schadbild im Anschnitt – gesundes und erkranktes Gewebe ist klar getrennt.

Schadbild: Auf den Ästen und Zweigen bilden sich polsterartige Sporenlager in den Farben gelb, braun oder orange. Bei anhaltend feuchter Witterung sind diese oft schleimig, sonst hart. Befallene Triebe sterben manchmal erst nach Jahren ab.

Schaderreger:

Wacholderrost (*Gymnosporangium*, verschiedene Arten)

Verbreitung: Die Erreger sind je nach Art wirtswechselnd mit unterschiedlichen Laubholzarten, u. a. mit *Pyrus*, aber auch mit *Crataegus, Sorbus* usw.

Vorkommen: Auf verschiedenen Arten von *Juniperus*, vor allem an *J. sabina-*, *J. chinensis-* und *J. media*-Sorten. Nach Untersuchungen in der Schweiz sind *J. horizontalis* und *J. squamata* weniger anfällig. Die Anfälligkeit erscheint laut diesen Untersuchungen eher sorten- als artspezifisch.

Abwehr: Räumliche Trennung der Wirtspflanzen hat in der Regel nur begrenzte Wirkung.

Fruchtkörper des Wacholderrosts an *Juniperus*.

3.5 *Larix* – Lärche

Schadbild: An der Basis einjähriger Triebe sind ab dem Spätsommer 0,5 bis 1 cm große Verdickungen mit Harzfluss erkennbar. Werden diese Stellen aufgeschnitten, sind darin Fraßgänge zu sehen.

Schaderreger:

Lärchengallenwickler (*Laspeyresia zebeana*)

Verbreitung: Der Wickler legt seine Eier im Frühsommer an der Basis einjähriger Triebe ab. Daraus entwickeln sich gelblich gefärbte Larven mit brauner Kopfkapsel. Diese fressen sich in die Rinde ein. Im Folgejahr kommt es zur Bildung von Gallen mit einem Durchmesser bis zu 1,5 cm.

Vorkommen: Befallen werden besonders jüngere Lärchenbestände.

Abwehr: Ist nur bei starkem Befallsdruck sinnvoll mit Präparaten gegen minierende Raupen.

Lärchengallenwickler-Schadbild an Larix.

Schadbild an Lärche mit winzigen Ausgangslöchern der Larve.

Schadbild: Nadeln von der Spitze her durch kleine Raupen ausgehöhlt, erscheinen in der oberen Hälfte hell und durchsichtig, Wuchshemmung der Pflanzen nur bei stärkerem Befall.

Schaderreger:

Lärchenminiermotte (*Coleophora laricella*)

Verbreitung: Eiablage einzeln an Lärchennadeln im Mai/Juni, geschlüpfte Raupen bohren sich in Nadeln ein, fressen deren Spitzen aus oder beißen diese ab. Überwinterung als Raupe an Triebknospen in leeren Nadelhüllen, im Frühjahr nach Knospenfraß Verpuppung an Nadeln, Falterflug ab Mai.

Vorkommen: Lärchen in allen Altersklassen, gelegentlich auch an *Douglasie* sowie *Tsuga heterophylla*.

Schadbild der Lärchenschütte an *L. decidua*.

Schadbild: Während der frühen Sommermonate färben sich zunächst einzelne Nadeln im unteren Bereich der Pflanze braun. Ein Teil davon wird abgeworfen.

Schaderreger:

Lärchenschütte (*Meria laricis*)

Verbreitung: Die Infektion der Lärche erfolgt zum Beginn des Sommers. Feuchte Perioden fördern die Entwicklung des Erregers.

Vorkommen: Besonders häufig in Baumschulen an der Europäischen Lärche (*L. decidua*), selten an der Japanischen Lärche (*L. kaempferi*) und den Hybriden zu finden.

Abwehr: Enge Pflanzabstände vermeiden.

Schadbild: An den Nadeln sind deutlich sichtbare klebrige Wachsbällchen zu finden. Darin befinden sich Läuse.

Schaderreger:

Rote Fichtengallenlaus *(Adelges laricis)*

Verbreitung, Vorkommen: Die Läuse überwintern als Larve an den Knospen. Nach Abschluss der Entwicklung legen sie Eier, aus denen sich geflügelte und ungeflügelte Stadien entwickeln. Die geflügelten Stadien wandern zur Fichte und die ungeflügelten verbleiben an der Lärche und vermehren sich dort unter starker Wachsabscheidung weiter. Eine Verwechslung mit der Grünen Fichtengallenlaus (*Adelges virides*, siehe unter *Picea*), die ebenfalls einen Wirtswechsel zur Fichte vollzieht, ist möglich.

Abwehr: Bei starkem Befall Anwendung von Präparaten gegen Wollläuse.

Rote Fichtengallenläuse an der Lärche.

3.6 *Picea* – Fichte

Schadbild: Nadeln sind von mattgrauer Farbe, fein gesprenkelt und teilweise mit einem feinen Gespinst überzogen. Das Wachstum der Pflanzen gerät ins Stocken.

Schaderreger:

Nadelholzspinnmilbe (*Oligonychus ununguis*)

Verbreitung: Spinnmilben können mit bloßem Auge beobachtet und werden. Sie sind meist von rötlicher oder gelber Farbe. Die Überwinterung erfolgt i. d. R. im Eistadium. Die Vermehrung kann bei Wärme sehr rasant erfolgen. insbesondere in Gewächshäusern.

Vorkommen: Besonders an *P. pungens* und *P. glauca* 'Conica' zu finden.

Abwehr: Bei Bedarf mehrfache Anwendung von Präparaten gegen Spinnmilben. Dabei ist ein Wechsel der Wirkstoffe inklusive der Resistenzgruppe notwendig.

Feine Sprenkelung der Nadel durch Befall mit Spinnmilben.

Kotkrümel und klebrige Harztropfen an Fichte durch Zünslerlarve.

Schadbild: In den Terminalknospen und Achselknospen fressen ab den Sommermonaten graubraune, etwa 2 cm lange Larven. Die Triebspitzen sind mit braunem Kot und klebrigem Harz übersät.

Schaderreger:

Fichtenzapfenzünsler (*Dioryctria abietella*)

Verbreitung: Der Zünsler befällt u. a. die Zapfen sowie die Gallen von gallenbildenden Läusearten. In Baumschulen und Weihnachtsbaumkulturen ist der Schaden an der Terminalspitze von Bedeutung. Der Zünsler legt etwa zur Jahresmitte seine Eier an die Befallsstellen. Nach dem Schlupf fressen die Raupen im Pflanzengewebe. Die Überwinterung erfolgt am Boden.

Vorkommen: Befallen werden die Gattungen *Picea, Abies, Larix* und *Pinus*.

Abwehr: Je nach Jahreszeit und Befallsgrad ist ein Absammeln der Larven möglich.

Schadbild der Fichtenröhrenlaus an Blaufichte im Sommer.

Schadbild: An den Nadeln zunächst gelbliche Flecken, die schnell braun werden, Nadelfall. Saugschäden zuerst an unteren, inneren Zweigen, grundsätzlich an alten Nadeln durch ca. 2 mm große Läuse mit roten Augen.

Schaderreger:

Fichtenröhrenlaus, Sitkalaus (*Elatobium abietinum*, Syn. *Liosomaphis abietina*)

Verbreitung: Blattläuse überwiegend ungeflügelt vermehrt im Frühjahr, geflügelte vorwiegend bis Mitte Juni, Überwinterung in Form schwarzer Wintereier an Trieben, Massenvermehrung in milden Wintern.

Vorkommen: Reihenfolge des Befalls: *Picea pungens* 'Glauca', *Picea glauca* 'Conica', *Picea abies* 'Nidiformis', *Picea omorika*.

Abwehr: Einschätzung des Befalls durch Klopfprobe mit weißem Papier besonders ab Ende März, Nährstoffmangel der Bäume verhindern.

Schadbild: Grüne, 20-füßige Afterraupe frisst Nadeln des Maitriebs bis auf die Stümpfe ab, Nadelreste werden rot und fallen im Herbst ab, Minderung des Zuwachses.

Schaderreger:

Kleine Fichtenblattwespe (*Pristiphora abietina*)

Verbreitung: Blattwespe legt Eier an Nadeln austreibender Maitriebe ab, Eientwicklung 2–5 Tage, die der Larven bis 27 Tage. Im Juni geht die Larve in den Boden zur Überwinterung.

Schadbild der Kleinen Fichtenblattwespe an *Picea pungens* 'Glauca'. (Foto: K. Lange)

Schadbild: Der frische Maitrieb weist zunächst eine ungewöhnliche Gelbfärbung im unteren Bereich auf. Anschließend zeigt der Trieb Welkeerscheinungen. Die braunen Nadeln im oberen Bereich des befallenen Triebes bleiben haften.

Schaderreger:

Triebsterben (*Sirococcus conigenus*)

Verbreitung: Der Erreger bildet seine Fruchtkörper und überdauert auf den befallenen Pflanzenteilen. Eine Verwechslung mit Grauschimmel und *Phomopsis*-Triebsterben ist möglich. Daher sollte eine Laboruntersuchung erfolgen.

Vorkommen: Befallen werden *Picea pungens, P. sitchensis,* weniger betroffen ist *P. engelmannii* und *P. glauca*.

Abwehr: Befallene Pflanzen/Pflanzenteile sollten aus dem Bestand entfernt werden. Eine gute Durchlüftung der Bestände verringert den Befall. Im Bedarfsfall können Präparate gegen Blattfleckenpilze zum Zeitpunkt des Austriebs verwendet werden.

Abgestorbener Maitrieb durch Befall mit *Sirococcos*.

Typische Nadelverfärbung im Sommer nach Befall durch Rost.

Schadbild: Auf den Nadeln der jungen Triebe bilden sich im Frühjahr kleine gelbe Punkte, später zeigen sich auf der Unterseite die Sporenlager des Pilzes.

Schadbild:

Fichtennadelrost (*Chrysomyxa abietis* und andere Arten)

Verbreitung, Vorkommen: Der Erreger infiziert den neuen Nadeljahrgang zum Zeitpunkt des Austriebes. Er wechselt seinen Wirt nicht, sondern verbleibt ganzjährig auf der Fichte. Andere Rostarten an der Fichte führen einen Wirtswechsel z. B. zu *Rhododendron* durch.

Abwehr: Für bessere Durchlüftung der Bestände sorgen.

Schadbild des Knospensterbens an Seitentrieben der Blaufichte.

Schadbild: Knospen, vorwiegend bei *P. pungens*, treiben nicht aus, sind ungewöhnlich verdickt.

Schaderreger:

Knospensterben (*Gemmamyces piceae*)

Hinweis: Neben diesem pilzlichen Erreger werden auch noch andere Möglichkeiten, wie z. B. Spätfröste und Herbizide, als Ursache diskutiert.

Verbreitung: Hauptsächlich in *Picea pungens*.

Abwehr: Befallene Pflanzenteile entfernen, frostgefährdete Lagen meiden, zurückhaltender Umgang mit Herbiziden.

Schadbild: An den Trieben bilden sich ananasförmige Gallen, die zunächst grün gefärbt sind und später verbräunen.

Schaderreger:

Rote u. Grüne Fichtengallenläuse (*Adelges laricis* u. *Sacchiphantes viridis*)

Vorkommen, Verbreitung: Sogenannte Lärchenwollläuse sind eigentlich Fichtengallenläuse, die im Rahmen ihrer Entwicklung einen Wirtswechsel von der Fichte zur Lärche vollziehen. Die Besiedelung erfolgt im Sommer. Da ein Teil der Läuse keinen Wirtswechsel vornimmt und einfach auf der Lärche verbleibt, ist ein Befall auch schon im Frühjahr möglich.

Abwehr: Ist nur bei starkem Befall erforderlich.

Braun gefärbte Galle einer Fichtengallenlaus an *Picea*.

Schadbild: Nadeln an den Triebspitzen verfärben sich extrem gelb und braun. Teilweise fallen die Nadeln ab.

Schadursache:

Chloridschaden

Verbreitung, Vorkommen: Chloridhaltige Düngemittel werden von Gehölzen nicht vertragen. Daher sollten alle verwendeten Dünger chloridfrei bzw. chloridarm sein. Besonders bei der Versorgung der Pflanzen mit Kalium können Probleme auftreten. Kaliumchloridhaltige Dünger sind preiswerter als kaliumsulfathaltige Produkte. Eine Verwechslung mit Kali- oder Magnesiummangel ist möglich. Daher sollte eine Bodenuntersuchung auf Nährstoffe erfolgen.

Abwehr: Durch Winterniederschläge und eine intensive Bewässerung kann das Chlorid aus dem Boden gewaschen werden.

Schadbild eines Chloridschadens an der Fichte (rechts), links gesunder Trieb im Vergleich.

3.7 *Pinus* – Kiefer

Wachsausscheidungen am Austrieb einer Kiefer durch Befall mit der Kiefernwolllaus.

Schadbild: Im Sommer an den Maitrieben mit weißer Wachswolle bedeckte Läuse. Nadeln können infolge der Saugtätigkeit knicken und später abfallen (Spitzendürre).

Schaderreger:

Kiefernwolllaus (*Pineus pini*)

Verbreitung: Überwinterung auf der Rinde der jüngsten Kiefernzweige, die Ausbreitung erfolgt durch geflügelte Generationen.

Vorkommen: Auf *Pinus silvestris* und seltener auf *P. montana*, in Baumschulen durch starke Verseuchung oft erhebliche Verluste.

Abwehr: Auf günstige Standortverhältnisse achten.

Schaden durch Kiefernknospentriebwickler am jungen Trieb von *Pinus*.

Schadbild: Im Juli Nadeln angefressen, während des Winters Harzaustritt aus den Knospen, im Frühjahr kein Knospenaustrieb oder Triebverkümmerung („Posthorn"-Bildung), Knospen sind ausgefressen durch rotbraune Raupe, Trieb vertrocknet und stirbt ab.

Schaderreger:

Kieferntriebwickler, Kiefernknospentriebwickler (*Rhyacionia buoliana*)

Verbreitung: Im Juni/Juli legt der Falter Eier an Nadelscheiden von Terminalknospen, nach ca. drei Wochen fressen Larven im unteren Bereich der Nadeln, im Herbst bohren sich die Raupen nach Bildung von Gespinsten in die Quirlknospen ein, im darauffolgenden Frühjahr werden sämtliche Triebe der befallenen Knospe befressen, Verpuppung der Raupe in ausgehöhlter Knospe, Puppenruhe 2–3 Wochen.

Vorkommen: Gefürchteter Schädling an jüngeren Kiefernkulturen von *Pinus mugo*, *P. mugo mughus* und *P. silvestris*, hohe Wintersterblichkeit bei tiefen Temperaturen.

Schadbild: An Triebspitzen werden Nadeln paarweise gelb, später braun und sind kürzer als normal. Das verfärbte Nadelpaar ist an der gemeinsamen Basis angeschwollen und miteinander verwachsen. In der knollenartigen Auftreibung findet man nach Öffnung eine ca. 3 mm große orangerote Larve. Im Winter fallen die Nadeln ab.

Schaderreger:

Kiefernnadelscheidengallmücke
(*Thecodiplosis brachytera*)

Verbreitung: Anfang Mai legt die etwa 2,5 mm große Mücke ein oder mehrere Eier zwischen gerade austreibende Nadeln. Die geschlüpften Larven dringen in die Nadelscheide ein und verursachen dort gallenartige Verwachsungen, Überwinterung der Larve meist außerhalb der Galle.

Vorkommen: In Befallsjahren merklicher Nadelverlust an *Pinus silvestris, P. montana* und *P. nigra*.

Typische Verbräunung einzelner Nadelbüschel durch Befall mit der Kiefernnadelscheiden-Gallmücke.

Schadbild: Gelblich grüne Larven fressen gesellig im Frühjahr die Nadeln des Vorjahrestriebes bis auf einen kurzen Stumpf ab und hinterlassen braune Kotkrümel in einem Gespinst. Ab der zweiten Jahreshälfte werden auch die neuen Nadeln gefressen. Die Terminaltriebe bleiben verschont.

Schaderreger:

Kiefernbuschhornblattwespe (*Diprion pini*)

Verbreitung: Die Blattwespe legt die Eier an den Vorjahrestrieb. Es werden ein bis zwei Generationen pro Jahr gebildet.

Vorkommen: Vorwiegend an zweinadeligen Kiefern, aber auch an *Pinus strobus* zu finden.

Abwehr: Bei starkem Befall Anwendung von Präparaten gegen beißende Insekten.

Abgefressene Nadeln und braune Kotkrümel im Gespinst der Blattwespe.

Befallsbild bei der Anzucht im Topf.

Schadbild: An den Wurzeln sind kleinere Kolonien von weißen, wachsüberzogenen Läusen zu finden. Besonders auffällig bei Containerpflanzen, wenn die Töpfe entfernt werden.

Schaderreger:

Wurzelläuse (*Stagona pini, S. crataegi*)

Verbreitung: Die Art ist wirtswechselnd zwischen *Crataegus* und *Pinus*-Arten. Die Läuse sind ca. 1,5 bis 2 mm groß und ohne Hilfsmittel deutlich zu sehen.

Vorkommen: Vielfach nur bei der Anzucht in Topf- bzw. Containerkulturen zu finden.

Abwehr: Derzeit sind keine Insektizide in Deutschland im Gießverfahren zugelassen. Daher ist eine Bekämpfung nicht möglich. Die Trennung Wirtspflanzen *Crataegus* und *Pinus* bringt keinen Erfolg.

Deutlich sichtbare Läuse an Kiefernwurzeln.

Schadbild: Der Neuaustrieb ist gestaucht oder stark gekrümmt, Nadeln verfärben sich braun. Häufig sind nur einzelne Spitzen betroffen.

Schaderreger:

Triebspitzensterben (*Sphaeropsis sapinea*, Syn. *Diplodia pinea*)

Verbreitung: Befallen werden die Knospen und der Austrieb im Frühjahr. Daher kann das Schadbild variieren. Bei späterem Befall entwickeln sich die Nadeln noch vollständig, bei früherem Befall ist der Neuaustrieb gekrümmt. Eine Verwechslung mit dem *Scleroderris*-Triebsterben ist möglich. Daher sollte im Zweifelfall eine Laboruntersuchung erfolgen.

Vorkommen: Betroffen sind i. d. R. nur die zweinadeligen *Pinus*-Arten, insbesondere *P. sylvestris* und *P. nigra*. Selten oder gar nicht an drei- oder fünfnadeligen Kiefern zu finden.

Abwehr: Rückschnitt befallener Triebe bei geringem Befall. Vorbeugend sollte der Standort optimiert werden.

Triebspitzensterben an *Pinus leucodermis*.

Schadbild: Auf den Nadeln befinden sich einzelne Wachsflecken mit einem Durchmesser von 1–2 mm, häufig mit dunklem Punkt im Zentrum.

Ursache:

Wachsflecken

Vorkommen, Verbreitung: Einzelne Kiefernarten wie z. B. *Pinus aristata* zeigen diese Flecken sehr häufig. Diese sind allerdings typisch für die Art und beruhen nicht auf einem Schaderreger.

Schadbild an *Pinus strobus* im Folgejahr.

Wachsflecken an *Pinus aristata*.

Schadbild: An Zweigen oder Stamm, häufig in der Nähe von Astquirlen, treten im Frühjahr Anschwellungen (10–20 cm) auf, im Frühsommer brechen dort hellgelbe Blasen hervor, diese platzen auf und stäuben Sporenpulver aus. Rissige Rinde zeigt starken Harzfluss, oberhalb der Befallsstelle stirbt der Trieb schließlich ab. Vorgang kann sich über zehn Jahre hinziehen.

Schaderreger:

Weymouthkiefernblasenrost (*Cronartium ribicola*)

Verbreitung: Pilz ist wirtswechselnd zwischen *Pinus*- und *Ribes*-Arten, Infektion der Kiefer im Herbst über die Nadeln. Als Folge frühestens nach zwei Jahren Blasenbildung (Aecidienlager).

Vorkommen: An fünfnadeligen Kiefern, besonders anfällig: *P. strobus, P. lambertiana, P. monticola,* weniger anfällig: *P. cembra, P. peuce,* widerstandsfähig: *P. wallichiana*.

Abwehr: Erkrankte Bäume vernichten, Befallskontrolle bei Pflanzeneinkauf, kein Anbau in der Nähe von *Ribes,* ältere Kiefern sind widerstandsfähiger.

Deutlich sichtbare Sporenlager des Weymouthskiefernblasenrosts im Befallsjahr.

Nadelverbräunung durch einen Befall mit Kiefernschütte an *Pinus mugo.* (Foto: B. Schaefer)

Hellbraune Sporenkissen auf einer Kiefernnadel. (Foto: P. Heydeck)

Kiefernzweig mit Befall von Kiefernnadelrost. (Foto: P. Heydeck)

Schadbild: Nadeln junger Kiefern bekommen im Herbst/ Winter braune Flecken, Verstärkung dieser Erscheinung im Frühjahr mit Absterben der ganzen Nadeln. Ende April, besonders im Mai, werden abgestorbene Nadeln abgeworfen (Schütte), Neuaustrieb ist nicht geschädigt, durch Nadelverlust Zuwachseinbußen.

Schaderreger:

Kiefernschütte (*Lophodermium seditiosum*)

Verbreitung: Der Pilz produziert seine Verbreitungsorgane (Sporen) auf den abgestorbenen Nadeln. Im Lauf des Sommers führen die Sporen nach Verbreitung durch Wasserspritzer und Luftströmung zu Neuinfektionen an gesunden Nadeln.

Vorkommen: Günstige Infektionsbedingungen im August/ September bei feuchter Witterung; befallen werden: *Pinus silvestris, P. montana, P. nigra, P. cembra* und *P. banksiana.*

Abwehr: Gleichmäßige und ausreichende Wasserversorgung der Pflanzen im Spätsommer, Vermeidung enger Pflanzungen und Kontrolle des Gras- und Unkrautwuchses.

Schadbild: Auf den Nadeln des Vorjahres von 2-nadeligen Kiefern bilden sich im Frühjahr orangefarbene Sporenlager. Im November des Vorjahres sind bereits kleine dunkle Punkte zu sehen, die meist in kleinen Gruppen angeordnet sind.

Schaderreger:

Kiefernnadelrost (*Coleosporium tussilaginis* u. a. Arten)

Verbreitung: Der Erreger ist wirtswechselnd. Von der Kiefer wechselt er im Frühjahr zu verschiedenen Kreuzkrautarten und dem Huflattich. Im Spätsommer/Herbst erfolgt dann die Rückkehr zur Kiefer.

Vorkommen: Befallen werden i. d. R. 2-nadelige Kiefern, insbesondere *P. silvestris*. Im Wald ist der Erreger häufiger zu finden. An Baumschulkulturen wird seit einigen Jahren ein stärkeres Auftreten beobachtet.

Abwehr: Bei festgestellter Gefährdung sollte an Baumschulkulturen ab dem Spätsommer eine Behandlung mit systemischen Fungiziden gegen Rostpilze erfolgen. Vorrangig sollte aber die Ausschaltung des Zwischenwirts im näheren Umkreis erfolgen.

3.8 *Pseudotsuga* – Douglasie

Schadbild: Auf den diesjährigen Nadeln sind Läuse mit starken Wachsabscheidungen deutlich zu sehen. Bei frühem Befall krümmen sich die jungen Nadeln.

Schaderreger:

Douglasienwolllaus (*Gilletteella cooleyi, G. coweni*)

Verbreitung, Vorkommen: Besonders stark geschädigt wird der Maitrieb auf Anzuchtflächen. Am Endstandort sind die Schäden meist gering. Es werden zwei Arten unterschieden: Eine Art führt einen Wirtswechsel zu *Picea*-Arten durch.

Abwehr: Bei stärkerem Befall des Maitriebes auf Anzuchtflächen Verwendung von Präparaten gegen Blattläuse.

Gekrümmte Nadeln durch Befall mit Wollläusen.

Schadbild: Nadeln zeigen im Sommer zunächst gelbliche Flecken, die sich später rötlich bis bräunlich verfärben. Nicht befallene Bereiche der Nadeln behalten die natürliche Farbe. Im zweiten Jahr der Infektion bilden sich die Fruchtkörper an den Nadeln, anschließend Nadelfall.

Schaderreger:

Rostige Douglasienschütte
(*Rhabdocline pseudotsugae*)

Verbreitung: Sporenflug und Infektion der Nadeln erfolgt bereits von Mai bis Juni. Nasse und feuchte Witterung begünstigt die Entwicklung.

Vorkommen: Als anfällig gelten vor allem *P. menziesii var. glauca* und *caesia*, während die *Varietät viridis* weniger befallen wird.

Abwehr: Dichter Bestand und feuchte Standorte in der Produktion vermeiden.

Verfärbung der Nadeln durch Befall mit der Rostigen Douglasienschütte. (Foto: O. Schröder)

Eulenraupen an Douglasien.

Schadbild: Auf den Anzuchtbeeten werden ab dem Frühsommer einzelne Pflanzen abgefressen und teilweise auch in kleine Löcher im Erdboden gezogen.

Schaderreger:

Eulenraupen (*Agrotis segetum* und andere Arten)

Verbreitung: Während des Tages verstecken sich die Raupen in der Erde und fressen nur nachts und in den späten Abendstunden. Bei Gefahr oder Störungen rollen sich die Raupen ein. Je nach Witterungsverlauf und Art des Schaderregers werden ein bis zwei Generationen pro Jahr gebildet.

Vorkommen: Häufiger auf Anzuchtflächen von Laub- und insbesondere Nadelgehölzen in den Sommermonaten zu finden.

Großer Brauner Rüsselkäfer.

Schadbild: Rundliche oder längliche Fraßstellen mit Harzfluss an der Rinde von aufgepflanzten Nadelgehölzen im Wald. Der Käfer ist nur selten zu finden.

Schaderreger:

Großer Brauner Rüsselkäfer (*Hylobius abietis*)

Verbreitung: Käfer ist ca. 8–13 mm lang, dunkelbraun gefärbt mit rostgelben Flecken auf dem Rücken. Die Käfer fressen an der Rinde während der gesamten Vegetationszeit, besonders stark in den Monaten Mai oder August. Die Larven ernähren sich von Totholz und haben daher keine Schadwirkung.

Vorkommen: Häufig an Nadelgehölzen, insbesondere an Aufpflanzungen von Douglasie, Lärche, Sitka-Fichte und einfacher Fichte im Wald zu finden. Schäden an Laubgehölzen sind selten.

Abwehr: Genaue Kontrolle der Bestände ein bis zwei Jahre nach der Pflanzung im Wald. Gegebenenfalls Einsatz von Präparaten gegen Dickmaulrüssler. Alternativ besteht die Möglichkeit zur Anbringung von Wachs oder Papphüllen als mechanische Barriere für den Käfer oder waldbaulicher Maßnahmen vor der Pflanzung.

Starker Fraßschaden an der Douglasie durch Großen Braunen Rüsselkäfer.

Schadbild: Kleine Sämlinge auf dem Saatbeet zeigen Welkeerscheinungen und die Nadeln verfärben sich braun, teilweise sind die Pflanzen mit einem Pilzrasen überzogen.

Schaderreger:

Grauschimmel (*Botrytis cinerea*)

Verbreitung, Vorkommen: Der Erreger ist häufiger an Jungpflanzen zu finden, insbesondere während kühler und nasser Perioden in dichten Pflanzenbeständen, die schlecht abtrocken.

Abwehr: Vermeidung von dichten Pflanzenbeständen, bei Befall Anwendung von Präparaten gegen Grauschimmel.

Grauschimmel-Schadbild an Sämlingen.

3.9 *Sequoiadendron* – Mammutbaum

Schadbild: Einzelne junge Triebe zeigen Welkeerscheinungen und verfärben sich braun. Manchmal ist ein mausgrauer Pilzbelag zu finden.

Schaderreger:

Grauschimmel (*Botrytis cinerea*)

Verbreitung, Vorkommen: Häufiges Problem in der Anzucht und Jugendphase von *Sequoiadendron* in der Baumschule. Feuchte Bedingungen fördern die Ausbreitung des Erregers. Eine Verwechslung mit dem Triebsterben *(Pestalotiopsis funerea)* ist möglich. Die Gattung ist in der Jugendphase sehr empfindlich gegenüber weiteren pilzlichen Schaderregern und sollte regelmäßig kontrolliert werden.

Abwehr: Optimierung der Kulturführung, dichte Pflanzen bestände sollten vermieden werden. Bei Befall Anwendung von Präparaten gegen Grauschimmel.

Welkeerscheinung durch Befall mit Grauschimmel.

3.10 *Taxus* – Eibe

Verdickte Winterknospen durch Befall mit Gallmilben.

Schadbild: Triebe und Nadeln sind verkümmert und verdreht, Knospen sind verdickt, treiben verspätet oder gar nicht aus und sterben teilweise ab. Das Erscheinungsbild ähnelt vom Schadbild her einem Schaden mit wuchsstoffhaltigen Herbiziden.

Schaderreger:
Knospengallmilbe (*Cecidophyopsis psilaspis*)

Verbreitung: Während der Vegetationsruhe befinden sich die Milben in den Knospengallen. Bei warmer Witterung nach Austrieb der Pflanzen verlassen sie diese und befallen neue Knospen. Eine sinnvolle Bekämpfung ist nur nach dem Verlassen der Gallen und vor der erneuten Gallenbildung möglich.

Abwehr: Verwendung gesunden Ausgangsmaterials, Rückschnitt befallener Pflanzenteile.

Schadbild von freilebenden Gallmilben an *Taxus*.

Schadbild: Auf den Nadeln und jungen Trieben befinden sich die bräunlichen Schildläuse, die in Form, Farbe und Größe den Knospenschuppen der Pflanze ähneln. Bei stärkerem Befall bildet sich ein Belag mit schwarzen Rußtaupilzen auf dem von den Schildläusen abgesonderten Honigtau.

Schaderreger:
Eibennapfschildlaus (*Parthenolecanium pomeranicum*)

Verbreitung: Unter den Deckeln werden die Eier im Frühjahr abgelegt. Daraus entwickeln sich die beweglichen Stadien, die während der Sommermonate die frischen Triebe und Nadeln besiedeln. Die Larven sind bis zum Frühjahr des Folgejahrs beweglich.

Abwehr: Gute Bekämpfungsergebnisse werden nur gegen die beweglichen Stadien erzielt. Bewährt hat sich die Anwendung von Ölpräparaten in der zweiten Märzhälfte und die Anwendung von systemischen Insektiziden gegen saugende Insekten im Juni/Juli.

Braune Napfschildläuse an *Taxus*, kleine weiße Punkte sind die neue Generation (sogenannte Crawler). (Foto: B. Zielke)

Schadbild: Unter den Nadeln befinden sich deutlich sichtbare weißliche Läuse mit starker Wachsausscheidung. Ein Befall zeigt sich i. d. R. zunächst im unteren Teil der Pflanze.

Schaderreger:

Wollsackschildlaus (*Chloropulvinaria floccifera*)

Verbreitung: Im Freiland tritt eine Generation pro Jahr auf. Die Larven überwintern an den Trieben. Ab Mai schwellen die weiblichen Tiere an und legen zahlreiche Eier im Eisack. Die Larven schlüpfen Ende Juni. Weiße Reste der Eisäcke bleiben häufig bis ins nächste Jahr an den Pflanzen haften.

Vorkommen: Besonders an *Taxus*-Arten, aber auch an großlaubigen *Ilex*-Arten stark zunehmend.

Abwehr: Siehe unter Eibennapfschildlaus

Deutlich sichtbare, weißliche Wollsackschildläuse auf der Nadelunterseite. (Foto: D. Bartels)

Schadbild: Typischer Buchtenfraß an einzelnen Nadeln, besonders häufig in der zweiten Jahreshälfte zu sehen.

Schaderreger:

Dickmaulrüssler (*Otiorhynchus sulcatus* und andere Gattungen und Arten)

Verbreitung: Der Käfer legt seine Eier überwiegend in der zweiten Jahreshälfte ab. Die daraus schlüpfenden Larven fressen an den Wurzeln und überwintern so im Boden. Die Verpuppung erfolgt im Frühjahr mit anschließender Eiablage durch den sich entwickelnden Käfer.

Vorkommen: Neben *Taxus*-Arten werden auch gern *Euonymus* und *Rhododendron* angefressen.

Abwehr: Frühzeitige Behandlung der Käfer im Sommer mit Präparaten gegen den Dickmaulrüssler. Eine biologische Bekämpfung der Larven ist ebenfalls möglich (siehe auch unter Rhododendron).

Typischer Buchtenfraß durch den Käfer des Gefurchten Dickmaulrüsslers.

Gefurchter Dickmaulrüssler.

Triebsterben an *Taxus*.

Schadbild: Einzelne kleine Triebe an einer Pflanze verfärben sich braun, Nadeln werden nicht abgeworfen.

Schaderreger:

Triebsterben (*Phomopsis juniperovora*)

Verbreitung, Vorkommen: Das Schadbild ist auf Anzuchtflächen und am Endstandort häufiger zu finden. Der Pilz infiziert den diesjährigen Austrieb. Dieser verfärbt sich inklusive der Nadeln braun. Gesundes und krankes Pflanzengewebe sind scharf voneinander abgegrenzt. Eine Verwechslung mit dem Rindenfraß einiger Dickmaulrüssler-Käferarten ist möglich, aber anhand des Schadbildes leicht zu unterscheiden.

Abwehr: Nur bei stärkerem Befall notwendig.

Braunrote Nadelverfärbung an Eiben durch Staunässe.

Schadbild: Ganze Pflanzen kümmern, Nadeln verfärben sich insgesamt braunrot.

Schadursache:

Staunässe

Verbreitung: Die Gattung *Taxus* ist sehr anfällig gegenüber stauender Nässe. Für die Produktion sollten nur durchlässige oder gut dräinierte Flächen verwendet werden.

Abwehr: Sorgfältige Auswahl von Produktionsflächen und Standorten.

3.11 *Thuja* – Lebensbaum

Schadbild: Im Frühjahr erst Blattschuppen, dann einjährige Triebe von der Spitze her gelb bis dunkelbraun, erkranktes Gewebe ist scharf abgegrenzt zum gesunden, auf abgestorbenen Partien schwarze Punkte.

Schaderreger:

Triebsterben (*Kabatina thujae*)

Verbreitung: Durch das Aufreißen der Epidermis werden Sporenlager (Acervuli) sichtbar.

Abwehr: Entfernen der Infektionsquellen, erkrankte Triebe bis ins gesunde Holz zurückschneiden.

Triebsterben an *Thuja plicata*.

Schadbild: An unteren Astpartien verfärben sich die Blattschuppen erst gelb, dann braun, die erkrankte Zone ist zum gesunden Triebteil hin scharf abgegrenzt. Im Spätherbst fallen junge befallene Seitentriebe ab, dadurch Verkahlung der Langtriebe.

Schaderreger:

Nadelbräune (*Didymascella thujina*)

Verbreitung: Auf der Oberseite brauner Nadeln werden dunkelbraune oder schwarze Fruchtkörper (Apothecien) gebildet, im nächsten Frühjahr werden die Sporen (Ascosporen) ausgeschleudert, Sporentransport durch Wasserspritzer und Luftströmungen. Fruchtkörper fallen ab und hinterlassen Löcher.

Vorkommen: Besonders an Hecken von *Thuja occidentalis* und *T. plicata*.

Abwehr: Befallene Zweige abschneiden, Feuchtigkeit und schlecht belüfteter Stand begünstigen die Krankheit.

Absterben einzelner Blattschuppen durch Befall mit Nadelbräune an *Thuja*.

Larve der *Thuja*-Miniermotte an Knospenschuppe. (Foto: P. Mertens)

Schadbild: Zunächst einzelne Schuppen der Pflanze gelblich bis bräunlich verfärbt, innen bis ca. 5 cm lange, mit Kot gefüllte winzige Fraßgänge, dazwischen befinden sich 3–4 mm große Raupen.

Schaderreger:

***Thuja*-Miniermotte** (*Argyresthia thuiella*)

Verbreitung: Der cremefarbene Falter beginnt im Juli/August eines Jahres mit der Eiablage an den Schuppen der Pflanze, worin die Larven später auch überwintern.

Vorkommen: An *Thuja*- und *Chamaecyparis*-Arten.

Schadbild nach Befall mit *Thuja*-Miniermotte.

Verursachter Schaden durch den *Thuja*-Borkenkäfer. (Foto: M. Lehmann)

Schadbild: Bei befallenen Pflanzen verbräunen im Sommer zunächst einzelne Seitentriebe im oberen Bereich der Pflanze, die später abfallen. In und unterhalb der Rinde sind Bohrgänge und ca. 2–2,6 mm große Larven zu finden. Ein Befall wird häufig durch Austritt von Bohrmehl erkannt.

Schaderreger:

***Thuja*-Borkenkäfer** (*Phloeosinus aubei*)

Verbreitung: Seit einigen Jahren verstärkte Ausbreitung in Ost- und Süddeutschland. Häufiger in öffentlichen Grünanlagen und auf Friedhöfen zu finden.

Vorkommen: An vielen *Chamaecyparis-*, *Juniperus-* und *Thuja*-Arten zu finden.

Abwehr: Befallen werden insbesondere Pflanzen auf trockenen Standorten, daher ist eine gute Wasserversorgung ratsam. Zur Absicherung des Befundes sollte eine Fachberatung eingeschaltet werden.

Schadbild: Verschiedene Rüsselkäfer fressen im Spätsommer an einjährigen Zweigen, ca. 10–15 cm unterhalb der Spitze. Der Bereich oberhalb der Fraßstelle verbräunt und stirbt in der Regel später ab.

Schaderreger:

Rüsselkäfer (*Otiorhynchus* und andere Gattungen und Arten)

Verbreitung: Der Befall erfolgt ab Juli eines Jahres. Im Freiland ist das Schadbild häufiger zu finden als in Containerkulturen.

Vorkommen: Vorwiegend an *Thuja*-Arten, selten an *Chamaecyparis* zu sehen.

Abwehr: Rückschnitt bis ins gesunde Holz, bei Bedarf Verwendung von Präparaten gegen beißende Insekten.

Deutlich sichtbarer Rindenfraß führt zum Absterben der darüber befindlichen Pflanzenteile.

Schadbild: In den unteren Bereichen der Pflanze wird diese in der Farbe blass und gräulich. Bei genauer Betrachtung (Lupe) sind Spinnmilben zu erkennen.

Schaderreger:

Nadelholzspinnmilbe (*Oligonychus ununguis*)

Verbreitung: Während der Sommermonate breiten sich die Spinnmilben bei warmer und trockener Witterung im Bestand schnell aus. Es werden 4–8 Generationen pro Jahr gebildet.

Vorkommen: Seit einigen Jahren ist ein verstärktes Auftreten in Baumschulen zu beobachten. Das gilt auch für Freilandkulturen.

Abwehr: Mehrfache durchdringende Anwendung von Präparaten gegen Spinnmilben (siehe Anhang).

Gräuliche Verfärbungen an *Thuja* nach Befall von Nadelholzspinnmilben. (Foto: R. Zühlke)

Feine Sprenkelung der Nadeln durch Spinnmilben. (H. Nennmann)

Verbräunungen im unteren Teil der Pflanze durch Befall mit der Zypressenlaus. (Foto: K. Schrameyer)

Zypressenrindenlaus an *Thuja*. (Foto: K. Schrameyer)

Weibliche *Juniperus*-Schildlaus an *Thuja*.

Schadbild: Im unteren Bereich der Pflanzen zeigen sich Verbräunungen. Oft tritt das Schadbild an Hecken nur nesterweise auf.

Schaderreger:

Zypressenrindenlaus (*Cinara cupressi*)

Verbreitung: Die Überwinterung erfolgt als Ei an befallenen Pflanzen. Mit einer Größe von ca. 4 mm ist die Laus eigentlich leicht zu sehen. Sie wechselt aber häufiger den Standort.

Standort: Als sicheres Indiz für einen Befall ist die schwarze Verfärbung von Zweigen im inneren Teil der Pflanze, da die Läuse Honigtau absondern, auf denen sich schwarze Rußtaupilze ansiedeln.

Vorkommen: Besonders betroffen scheint die Sorte *Thuja* 'Smaragd'. An anderen Arten und Sorten verursacht diese Rindenlaus selten Schaden.

Abwehr: Da keine speziellen Abwehrmaßnahmen bekannt sind, sollte die Anwendung von Präparaten gegen Läuse erfolgen.

Schadbild: Auf den Nadelschuppen sind kleine weiß gefärbte Schildläuse zu finden. Sie können rundlich oder länglich geformt sein.

Schaderreger:

Juniperus-Schildlaus (*Carulaspis juniperi*)

Verbreitung: Die Schilde der Weibchen haben eine runde Form mit einem Durchmesser von 1–1,5 mm. Die Männchen sind länglich geformt und kleiner (0,5–1 mm). Die Eiablage erfolgt im Frühjahr unter den Deckeln. Anschließend wandern die Larven auf der Suche nach geeigneten Pflanzen umher. Eine Verwechslung mit anderen Arten (*C. minima*) ist leicht möglich.

Vorkommen: Häufiger an Nadelgehölzen der Gattungen *Chamaecyparis, Cupressus, Juniperus, Thuja* und *Sequoiadendron*.

Abwehr: Stark befallene Pflanzen sollten entfernt werden. Die Bekämpfung dieser Deckelschildläuse sollte sich auf die beweglichen Stadien im Sommer mit Präparaten gegen Schildläuse konzentrieren.

Schadbild: Einzelne Nadelschuppen zeigen eine hellbraune Farbe, meist nicht betroffen sind die Triebspitzen.

Schadursache:

Salzschaden durch überhöhte Düngergaben

Vorkommen: Das Schadbild ist besonders bei der Sorte *Thuja* 'Smaragd' zu finden, andere Sorten scheinen weniger empfindlich zu sein. Bei der Nachdüngung mit sogenannten „kompaktierten Düngern" können Gase freigesetzt werden. Diese führen aber zu einer Schwarzfärbung oberhalb der Ablagestelle des Düngers. Eine Verwechslung der Schadbilder mit verschiedenen pilzlichen Nadelkrankheiten ist möglich. Daher sollte eine Laboruntersuchung erfolgen.

Abwehr: Pflanzen stark gießen und überschüssige Nährsalze auswaschen.

Schadbild: überhöhte Düngergabe an *Thuja* 'Smaragd'.

Einseitige Nadelverbräunung oberhalb der Düngerplatzierung, teilweise werden Nadeln durch „ausgasen" von Dünger auch schwarz.

Hellbraune Nadelverfärbung an *Thuja* kann mit pilzlichen Schaderregern verwechselt werden.

Gelbliche bis rötliche Ausstülpungen auf Blättern von *Acer* durch Gallmilben.

Laubholzbockkäfer, ohne weiße Zeichnungen am Hals und mit glatter Flügeldecke. (Foto: Stadtgärtnerei Winterthur)

Bohrloch vom Laubholzbockkäfer am Stamm mit einem Durchmesser von ca. 1 cm. (Foto: Stadtgärtnerei Winterthur)

4 Schadbilder an Laubgehölzen

4.1 *Acer* – Ahorn

Schadbild: Auf Blattoberseite erst grüne, später rot gefärbte zipfelartige Beutelgallen (3–4 mm lang), meist in großer Anzahl.

Schaderreger:

Gallmilben (*Eriophyes* spp.)

Verbreitung: Gallen entstehen durch das Saugen der Milben blattunterseits. Milben verlassen im Frühsommer die Gallen, weitere Verbreitung durch Wind, Spritzwasser, arbeitende Personen, durch den Pflanzenversand. Überträger von Viruskrankheiten.

Vorkommen: An *Acer*. Andere Gallmilben verursachen Blattgallen an: *Alnus, Amelanchier, Cotoneaster, Crataegus, Cydonia, Fagus, Juglans, Malus, Pyrus, Sorbus, Tilia* und *Viburnum*.

Abwehr: Selten erforderlich.

Schadbild: Etwa 1 cm große Bohrlöcher mit Bohrspänen an Gehölzen. Darin befinden sich bis zu 6 cm lange weißliche Larven.

Schaderreger:

Laubholzbockkäfer (*Anoplophora glabripennis*)
Bohrlöcher befinden sich eher im oberen Teil des Stammes, in Astgabeln und dickeren Ästen. Käfer haben keine Flecken am Halsschild und glatte Flügeldecken.

Citrusbockkäfer (*Anoplophora chinensis*)
Bohrlöcher befinden sich eher im unteren Teil des Baumes, im Stammfuß und in dickeren aufliegenden Wurzeln. Käfer haben zwei helle Flecken am Halsschild und gekörnte Flügeldecken, siehe auch Bild Mitte.

Verbreitung: Mit Pflanzen (Citrusbockkäfer) und Verpackungsmaterial (Laubholzbockkäfer) wurden die beiden Arten aus China seit Anfang der 1990er-Jahre nach Europa eingeschleppt. Einzelne Funde konnten rechtzeitig entdeckt und beseitigt werden. Eine Verwechslung mit heimischen Arten, wie z. B. den Larven vom Blausieb, Moschusbock und Pappelbock, ist leicht möglich.

Vorkommen: Befallen werden alle Laubholzbaumarten, insbesondere Ahorn, Pappel, Weide und Ulme.

Abwehr: Zur Verhinderung der weiteren Ausbreitung wurden die Käfer als Quarantäneschaderreger mit Meldepflicht eingestuft mit sehr weitreichenden Konsequenzen (Baumfällungen, regelmäßige Kontrollen usw.) an den Befallsorten. Weitere Informationen sind unter www.jki.bund.de oder beim Pflanzenschutzdienst der Länder erhältlich.

Larve des Laubholzbockkäfers. (Foto: Stadtgärtnerei Winterthur)

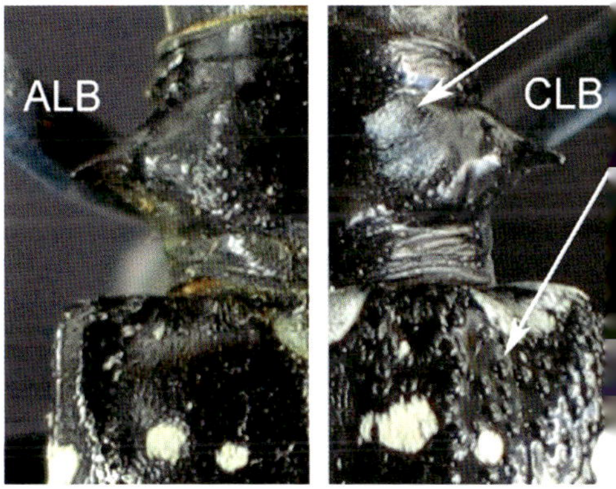

Unterscheidungsmerkmale Laubholzbockkäfer (ALB) und Citrusbockkäfer (CLB). (Foto: Th. Schröder, JKI)

Schadbild: An den jungen Blättern sind Deformationen des Blattes zu sehen, und z. T. sind Blattpartien auch gefaltet und verdreht. Darin befinden sich gelblich und später rötlich gefärbte Gallmückenlarven.

Schaderreger:

Ahornfaltengallmücke (*Dasineura irregularis*)

Verbreitung: Das Schadbild ist besonders beim Bergahorn (*Acer pseudoplatanus*) zu finden, aber auch andere Ahornarten werden befallen. Ein ähnliches Schadbild verursacht *Contarinia acerplicans*, die Blätter sind dabei aber eher zusammen gezogen.

Abwehr: Nur bei stärkerem Befall mit Präparaten gegen Gallmückenlarven erforderlich.

Schadbild am Bergahorn.

Weißlicher Belag durch Befall mit Echtem Mehltau. (Foto: D. Bartels)

Schadbild: Auf den Blattoberseiten bilden sich im Sommer mehlige Beläge, teilweise sind auch die Blattunterseiten betroffen. Im Frühjahr sind die Befallstellen zunächst entlang der Blattadern zu finden.

Schaderreger:

Echter Mehltau (*Uncinula tulasnei, U. bicornis*, Syn. *Sawadaea tulasnei*)

Verbreitung: Ein Befall ist in erster Linie am Spitzahorn (*Acer platanoides*) und dessen Sorten zu finden. Die Anfälligkeit der Sorten ist sehr unterschiedlich. Als weniger anfällig gilt z. B. die Sorte 'Cleveland'. In den vergangenen Jahren hat der Erreger zunehmend an Bedeutung gewonnen und ist derzeit an vielen Ahornarten zu finden.

Abwehr: Der Echte Mehltau ist vorwiegend in jungen und stark wachsenden Beständen zu finden. Am Endstandort ist die Bedeutung wesentlich geringer.

Dunkle Flecken auf *Acer* durch Befall mit Teerfleckenkrankheit.

Schadbild: Ab Juni auf Blattoberseite etwa 1 cm große, zunächst gelbliche, zum Herbst hin schwarz werdende Flecken; bei starkem Befall nach Vergilben der Blätter erfolgt Blattabwurf.

Schaderreger:

Teerfleckenkrankheit (*Rhytisma acerinum*)

Verbreitung: Infektion im Frühjahr ausgehend vom abgefallenen Laub.

Abwehr: Beseitigung des Herbstlaubes.

Schadbild: Plötzliches Welken einzelner Baum- bzw. Astpartien während der Vegetationsperiode. Beim Durchschneiden des Holzkörpers zeigt sich ein graubrauner bis bläulicher Ring im Gewebe. Der Befall bei Jungbäumen tritt meist erst im zweiten Jahr nach der Pflanzung auf.

Schaderreger:

***Verticillium*-Welke** (*Verticillium alboatrum, V. dahliae*)

Verbreitung: Der Welkeerreger dringt über die Wurzel in die Leitbündelsysteme der Pflanze ein. Befallene Flächen sollten nachfolgend nicht mit anfälligen Kulturen bepflanzt werden. Das gilt auch für den Anbau von Kartoffeln, die auch als Vorkultur ungeeignet sind.

Vorkommen: Hochgradig anfällig sind u. a. *Acer, Catalpa, Cotinus, Tilia*.

Nicht befallen werden u. a. alle Nadelgehölze und Gehölze aus der Familie der *Rosaceae* (*Amelanchier, Crataegus, Malus, Pyrus, Sorbus* usw.) sowie die Laubholzgattungen *Betula, Buxus, Celtis, Cercidiphyllum, Cornus, Fagus, Gleditsia, Ginkgo, Ilex, Liquidambar, Morus, Platanus, Quercus, Salix, Zelkova* u. a.

Abwehr: Verwendung gesunder Jungware, Meidung verseuchter Flächen.

Deutlich sichtbare Verfärbung im Holzquerschnitt von *Acer* durch *Verticillium.*

Welkesymptome und Braunfärbung der Blätter nach Befall durch *Verticillium.* (Foto: S. Even)

Schadbild: Am Stamm sind kleine Nekrosen und Schleimflecken zu finden. Bei starker Trockenheit treten Welkeerscheinungen und das Absterben ganzer Äste auf. Es bilden sich großflächige, dunkel gefärbte Sporenlager.

Schaderreger:

Rußrindenkrankheit (*Cryptostroma corticale*)

Verbreitung: Der Schaderreger ist in Nordamerika bekannt. In Europa konnten Nachweise in England, Österreich, Schweiz und Deutschland erfolgen. Der Erreger ist eigentlich ein Schwächeparasit und kann besonders in Trockenjahren zu Schäden führen.

Vorkommen: Betroffen sind in erster Linie der Berg- und Spitzahorn am Endstandort im städtischen Bereich oder im Wald. Bei anderen Ahornarten ist der Erreger selten zu beobachten.

Abwehr: Vernichtung befallener Pflanzen sollte durch geschulte Fachleute erfolgen, da allergische Reaktionen ausgelöst werden können.

Befallsbild am Stamm. (Foto: M. Heupel, LWK NRW)

Manganmangel am Blatt von *Acer rubrum.*

Schadbild: Blätter des Rotahorns (*Acer rubrum*) verfärben sich ab der Jahresmitte gelblich, die Blattadern verbleiben grün.

Schadursache:

Manganmangel

Verbreitung: Tritt nur auf Standorten mit höherem pH-Wert ab pH 6 des Boden auf. Betroffen sind sowohl Sämlingspflanzen als auch die vegetativ vermehrten Sorten. Dabei gilt die Selektion 'Red Pointe' als toleranter gegenüber höheren pH-Werten.

Abwehr: Auf Standorten mit höherem pH-Wert sollte die Hybride *Acer ×freemannii*, z. B. die Sorte 'Autumn Blaze' Verwendung finden. Eine Düngung mit einem manganhaltigen Blattdünger zeigt in der Regel nur geringe Effekte.

Typische Blattrandnekrosen durch Wurzelaufnahme von Chlorid.

Schadbild: Blattränder verfärben sich während der Sommermonate zunächst gelb und später braun. Es bilden sich sogenannte Blattrandnekrosen. Häufig ist ein vorzeitiger Blattfall zu beobachten.

Schadursache:

Streusalzschäden

Verbreitung, Vorkommen: Streusalz enthält Natrium und Chlorid. Beide Stoffe können Schäden an Gehölzen verursachen. Insbesondere das Chlorid spielt dabei eine zentrale Rolle. Während der Anzucht in der Baumschule kann es auch zu Schäden durch Verwendung chloridhaltiger Kaliumdünger kommen.

Abwehr: Pflanzen von anfälligen Ahornarten in weniger belasteten Bereichen und Minimierung der Streusalzanwendung im städtischen Bereich durch Ausbringung von Alternativprodukten. In stärker belasteten Zonen sollten nur salztolerante Bäume gepflanzt werden. Entsprechende Übersichten sind in vielen Baumschulkatalogen oder im Internet verfügbar.

Weitere häufig vorkommende **Schaderreger**: siehe Kapitel 2:
Rotpustel (*Nectria cinnabarina*)

4.2 *Actinidia* – Kiwi

Schadbild: Auf den Blattunterseiten sind länglich geformte, weißliche Schmierläuse mit einer Länge von ca. 0,8 cm zu sehen. Häufig damit verbunden ist die Schwarzfärbung der Blätter durch Rußtaupilze.

Schaderreger:

Hortensienwollschildlaus (*Pulvinaria hydrangeae*)

Verbreitung: Die Weibchen legen im Frühsommer ihre Eier ab und sterben danach. Ab Juni sind die beweglichen Stadien vorhanden. Sie sind von gelblicher Farbe, klein und daher schlecht zu sehen. Eine Verwechslung mit der Wolligen Napfschildlaus (*Pulvinaria regalis*) ist möglich. Diese ist als ausgewachsenes Tier in der Regel aber nicht auf Blättern zu finden.

Vorkommen: Häufig auch an den Blättern von *Acer, Cornus, Hydrangea* und vielen anderen Laubgehölzen.

Abwehr: Die Entfernung der Schmierläuse von Hand bringt meist nur begrenzten Erfolg. Besser ist die Anwendung von Läusepräparaten gegen die beweglichen Stadien im Frühsommer.

Befall auf Kiwiblättern. (Foto: H. Nennmann)

Schadbild: Auf den Blättern sind braune, eckige Blattflecken zu finden, die meist mit einem gelben Rand versehen sind. Auf der Rinde bilden sich nässende Stellen mit weißem bis rotbrauner Schleim. Bei starkem Befall treten Welkesymptome auf.

Schaderreger:

Kiwikrebs (*Pseudomonas syringae pv. actinidiae*)

Verbreitung, Vorkommen: Der bakterielle Erreger der Krankheit ist erstmalig 1992 in Italien entdeckt worden. Zwischenzeitlich wurden auch in Deutschland Pflanzen mit einem Befall gefunden. Die Bakterien dringen über Wunden (z. B. Schnittwunden, Insektenstiche, Frostrisse) in die Pflanze. Alle Arbeitswerkzeuge sollten daher desinfiziert werden.

Abwehr: Befallene Pflanzen sollten aus den Beständen entfernt und vernichtet werden. Es handelt sich um eine meldepflichtige Quarantänekrankheit. Eine direkte Bekämpfung ist nicht möglich.

Schadbild vom Kiwikrebs am Blatt einer *Actinidia*. (Foto: M. Adamo)

Schaden an *Aesculus* durch Befall mit der Kastanienminiermotte.

Verbräunungen des Blattes von *Aesculus* durch Befall mit der Blattfleckenkrankheit.

4.3 *Aesculus* – Kastanie

Schadbild: Auf den Blättern befinden sich graugrüne bis ockerfarbene Flecken. Bei Betrachtung gegen das Licht transparente Flecken. Auch Larven und Kotkrümel dann sichtbar. Flecken durch Blattadern begrenzt. Verbräunung des ganzen Blattes bei starkem Befall.

Schaderreger:

Kastanienminiermotte (*Cameraria ohridella*)

Bis 4 mm lange Larven, die in den Blättern minieren, wobei die Epidermis des Blattes selten zerstört wird. Die Verpuppung findet im Blatt statt.

Vorkommen: Erste stärkere Befallsherde in Süddeutschland seit 1993, stärkere Verbreitung in Mittel- und Südeuropa. Überwiegend an *Aesculus hippocastanum*.

Abwehr: Entfernen des Herbstlaubes. *A. carnea* (CK) und Sorten werden weniger befallen.
Positive Ergebnisse konnten auch mit Pheromonfallen gewonnen werden. Dabei werden die Männchen mit Sexualduftstoffen gelockt und abgefangen.

Schadbild: Ab Frühsommer Bildung braungelber Flecken auf den Blättern, die sich bei starkem Befall einrollen können.

Schaderreger:

Blattfleckenkrankheit (*Guignardia aesculi*)

Hinweis: Verwechslung mit dem Schadbild der Kastanienminiermotte ist möglich.

Verbreitung: Der Pilz überdauert im Winterlaub und infiziert so die Pflanzen im Folgejahr.

Vorkommen: Vorwiegend auf *Aesculus hippocastanum*, weniger auf *A. parviflora*.

Abwehr: Entfernen des Herbstlaubs.

Schadbild: An den Stämmen zeigen sich dunkelbraun bis schwarz verfärbte Rindenzonen, aus denen eine dunkle Flüssigkeit austritt. Bei fortgeschrittenem Befall ist die Blattmasse reduziert und einzelne Äste sterben ab.

Schaderreger:

Stammfäule (*Pseudomonas syringae* pv. *aesculi*)

Verbreitung: Der bakterielle Erreger wird durch Schnittwerkzeuge und Insekten übertragen.

Vorkommen: Neuere Untersuchungen aus den Niederlanden zeigen, dass das Bakterium alle gängigen *Aesculus*-Arten befallen kann. Für *A. flava* und *A. glabra* liegen noch keine ausreichenden Erkenntnisse vor.

Abwehr: Eine sorgfältige Desinfektion von Schnittwerkzeugen sollte erfolgen. Eine neue Art der direkten Bekämpfung wird derzeit in den Niederlanden erprobt. Dabei wird der Stamm erwärmt.

Austreten dunkler Flüssigkeit nach Befall.

Schadbild: Einseitige vorzeitige Borkenbildung und ein Ablösen der Rinde in den Bereichen, die am späten Nachmittag mit Sonne beschienen sind.

Schadursache:

Sonnenbrand, Sonnenbrandnekrosen

In Phasen mit schlechter Wasserversorgung der Pflanze aufgrund von Trockenheit bzw. mangelnder Etablierung am Standort kann die Pflanze nicht ausreichend Wasser zur Kühlung bereitstellen.

Verbreitung: Häufig an frisch gepflanzten Alleebäumen im städtischen Bereich.

Vorkommen: Eine Verwechslung mit *Verticillium*-Befall oder Frosteinwirkung ist möglich. In der Baumschule auch in Frühjahrsverschulungen von *Alnus* und *Carpinus* häufiger zu finden.

Abwehr: Verwendung von Matten aus Schilfrohr und hellen Schutzanstrichen im städtischen Bereich. Ausreichende und frühzeitige Bewässerung in der Baumschule. Bei extremer Hitze mit Temperaturen über 30 °C kann auch eine kühlende Bewässerung sinnvoll sein, wie sie seit einigen Jahren im Obstbau bei empfindlichen Apfelsorten wie z. B. Cox Orange praktiziert wird.

Schadbild im fortgeschrittenen Stadium in der Baumkrone.

Typische Borkenbildung am Stamm von *A. carnea*.

Typische Blattrandnekrosen durch Wurzelaufnahme von Chlorid.

Schadbild: Blattränder verfärben sich während der Sommermonate zunächst gelb und später braun. Es bilden sich sogenannte Blattrandnekrosen. Häufig ist ein vorzeitiger Blattfall zu beobachten.

Schadursache:

Streusalzschäden

Verbreitung, Vorkommen: Streusalz enthält Natrium und Chlorid. Beide Stoffe können Schäden an Gehölzen verursachen. Insbesondere das Chlorid spielt dabei eine zentrale Rolle. Während der Anzucht in der Baumschule kann es auch zu Schäden durch Verwendung chloridhaltiger Kaliumdünger kommen.

Abwehr: Pflanzung der Rosskastanie in weniger belastete Bereiche und Minimierung der Streusalzanwendung im städtischen Bereich durch Ausbringung von Alternativprodukten. In stärker belasteten Zonen sollten nur salztolerante Bäume gepflanzt werden. Entsprechende Übersichten sind in vielen Baumschulkatalogen oder im Internet verfügbar.

4.4 *Alnus* – Erle

Wachsbüschel mit daruntersitzenden Blattflöhen.

Schadbild: An den Blättern befinden sich im Frühjahr grünliche Larven. Sie sind mit weißer Wachswolle umgeben.

Schaderreger:

Erlenblattfloh (*Psylla alni*)

Verbreitung, Vorkommen: Die Überwinterung erfolgt im Eistadium am Holz. Im Frühjahr schlüpfen die Larven und saugen an Blättern und krautigen Stängeln. Ab Mitte des Jahres bilden sich die adulten Stadien, die später mit der Eiablage beginnen.

Abwehr: Ist nur bei starkem Auftreten in der Baumschule erforderlich.

Schadbild: Auf der Blattoberseite bilden sich zunächst grünlich, später rötlich gefärbte Ausstülpungen mit einem Durchmesser von 2–4 mm.

Schaderreger:

Gallmilben (*Eriophyes* spp., *Aceria* spp.)

Verbreitung: Durch das Saugen der Gallmilben auf der Blattunterseite entstehen entsprechende Verdickungen auf dem Blatt. Andere Arten verursachen weißliche Verfärbungen auf dem Blatt, unterseits des Blattes bildet sich dort ein Filz. Daher auch Filzmilben genannt. Beide Schaderreger können auch gemeinsam auf einem Blatt vorkommen.

Abwehr: Nur bei starkem Befallsdruck erforderlich. Die Anwendung von Pflanzenschutzmitteln sollte sehr frühzeitig beim Aufbrechen der Knospen erfolgen.

Aufwölbungen und rötlich gefärbte Verdickungen auf dem Blatt durch Gallmilben.

Schadbild: Bläulich bis grünlich metallic glänzende Käfer fressen an den Blättern.

Schaderreger:

Erlenblattglanzkäfer (*Agelastica alni, Melasoma aenea*)

Verbreitung: Die Überwinterung erfolgt als Käfer, es werden in der Regel zwei Generationen pro Jahr gebildet.

Abwehr: Nur bei starkem Auftreten in der Baumschule erforderlich.

Typischer Lochfraß durch Erlenblattglanzkäfer.

Larven des Erlenblattglanzkäfers.

Blattdeformationen durch Befall mit der Kräuselkrankheit an *Alnus*.

Schadbild: Die Blätter zeigen beim Austrieb blasige Verkrümmungen mit gelbroter Verfärbung, anschließend werden die Blätter braun und fallen ab.

Schaderreger:
Kräuselkrankheit (*Taphrina tosquinetti*)

Verbreitung: Der Erreger überwintert in den Knospenschuppen und infiziert die Pflanzen beim Austrieb.

Vorkommen: Unterschiedliche Anfälligkeit einzelner *Alnus*-Arten ist nicht bekannt.

Abwehr: Behandlung in der Baumschule ist in der Regel nicht erforderlich.

Deutlich sichtbare Sporenlager auf Blattunterseiten von *A. incana*.

Schadbild: Auf den Blattunterseiten bilden sich im Sommer deutlich sichtbare gelblich orange Pusteln.

Schaderreger:
Erlen-Rost (*Melampsoridium alni, M. hiratsukanum*)

Vorkommen: Seit einigen Jahren ist ein verstärktes Auftreten an *Alnus glutinosa* und *A. incana* in Baumschulen zu beobachten.

Abwehr: Am Endstandort kein wirkliches Problem, in der Baumschule sollten Präparate gegen Rostpilze eingesetzt werden.

Blasige Aufwölbungen am Holz von *A. glutinosa* nach Befall mit der Krötenhautkrankheit.

Schadbild: Auf der Rinde befinden sich größere, rötlich verfärbte Partien, die teilweise blasig aufgewölbt sind.

Schaderreger:
Krötenhaut (*Tubercularia vulgaris*), Nebenfruchtform von **Rotpustel** (*Nectria cinnabarina*)

Verbreitung: Schwächeparasit, der offene Wunden (Hagelschäden, Frostrisse, Schnittstellen) als Eintrittspforte benötigt.

Vorkommen: Vorwiegend an *Alnus*- und *Tilia*-Arten.

Abwehr: Wundverschluss, ausgewogene Düngung und schonende Behandlung der Bäume.

Schadbild: An größeren Bäumen treten im unteren Bereich der Stämme zunächst dunkle Verfärbungen auf, aus denen später auch Flüssigkeit austritt. In Baumschulen zeigen befallene Pflanzen eine bräunliche Verfärbung der Rinde und ein Absterben der Wurzeln.

Schadbild auf Saatbeet von *A. glutinosa*.

Schaderreger:

Erlen-Phytophthora (*Phytophthora alni*)

Verbreitung: In den vergangenen Jahren hat der Befall in der freien Landschaft in ganz Europa stark zugenommen.

Vorkommen: Vor allem entlang von Flüssen und Bachläufen sind befallene Bäume zu finden, da die Sporen des Erregers mit dem Wasser verbreitet werden.

Abwehr: Verwendung von gesundem Ausgangsmaterial. Keine Nutzung von Wasser aus Bächen und Flüssen zur Bewässerung in Baumschulen.

Phytophthora-Schadbild am Stamm von *A. glutinosa*.

Schadbild: An den Wurzeln der Pflanze befinden sich kleine, rundlich geformte Verdickungen.

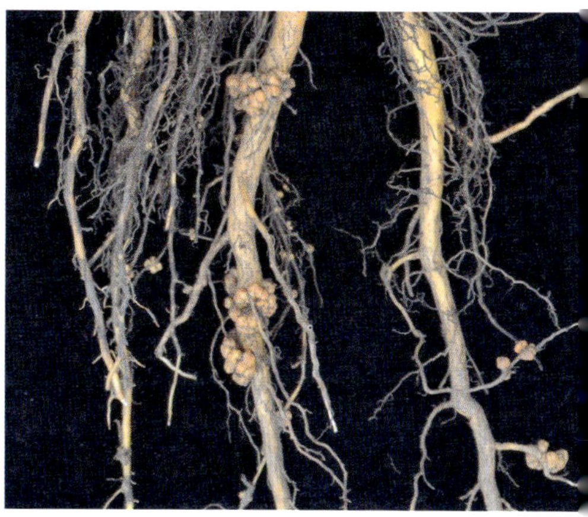

Knöllchenbildung an der Wurzel von *Alnus* nach Besiedelung mit *Frankia*.

Ursache:

Wurzelknöllchen (*Frankia alni*)

Verbreitung, Vorkommen: Das Bakterium ist in der Lage, den Stickstoff der Luft zu binden und der Pflanze verfügbar zu machen. Es bildet eine Lebensgemeinschaft mit der Pflanze und verursacht keinerlei Schäden. Häufig zu finden an allen *Alnus*-Arten in der baumschulischen Produktion und vielfach falsch gedeutet als Befall mit Wurzelkropf oder zystenbildenden Nematoden.

Deutlich sichtbarer Belag auf den Blättern durch Befall mit Echtem Mehltau.

4.5 *Amelanchier* – Felsenbirne

Schadbild: Auf den Blättern bildet sich gleich nach dem Austrieb ein weißlicher Belag.

Schaderreger:

Echter Mehltau (*Podosphaera* spp., *Phyllactinia* spp.)

Verbreitung: Die Sporen des Erregers werden über größere Entfernungen mit dem Wind übertragen. Der Erreger überdauert in sogenannten Kleistothecien (schwarze Fruchtkörper, siehe Bild) auf dem Falllaub und in den Knospen der Pflanzen, somit ist eine rasche Wiederbesiedlung im Frühjahr möglich.

Abwehr: Betroffen sind besonders Pflanzen in der Baumschule. Eine ausgewogene Düngung und geringere Gaben von stickstoffhaltigen Düngern können den Befall mindern. Über die Anfälligkeit der Arten und Sorten liegen nur wenige Erkenntnisse vor.

Braunverfärbung einzelner Bereiche durch Befall mit Triebfäule.

4.6 *Andromeda* – Lavendelheide

Schadbild: Absterben einzelner oder mehrerer Zweige, meist während der Vegetationsperiode.

Schaderreger:

***Phytophthora*-Triebfäule** (*Phytophthora cactorum* und andere Arten)

Verbreitung: Die Sporen des Erregers sind im Wasser beweglich. Eine Gefahr der Übertragung besteht insbesondere in Baumschulen mit Wasserrecycling (siehe auch unter *Rhododendron*). Über die Anfälligkeit der einzelnen Sorten liegen keine Erkenntnisse vor. Ist die ganze Pflanze betroffen, ist eine Wurzelfäule wahrscheinlich.

Abwehr: Trockene Kulturführung und betriebliche Hygienemaßnahmen optimieren. Recyclingwasser filtern.

4.7 *Aucuba* – Aucube

Schadbild: Braun oder schwarz gefärbte Flecken auf den Blättern, häufig auch vom Blattrand beginnend.

Schaderreger:

Blattfleckenkrankheit (*Phyllosticta aucubae*)

Vorkommen, Verbreitung: Der Erreger verbreitet sich verstärkt unter feuchten Witterungsbedingungen. Bei starkem Auftreten kann es auch zu Blattfall kommen.

Abwehr: Bei stärkerem Auftreten Verwendung von Präparaten gegen Blattfleckenkrankheiten.

Dunkle Blattflecken am Rand und in der Blattmitte.

Schadbild: Einzelne Blätter, aber auch ganze Triebe sind im Frühjahr schwarz verfärbt und abgestorben.

Schadursache:

Frostschaden

Verbreitung: *Aucuba japonica* ist in Nordeuropa nur sehr begrenzt winterhart und sollte daher nur an geschützten Standorten in klimatisch begünstigten Regionen gepflanzt werden. Das gilt besonders für Sorten mit gelb- bzw. weißbunter Belaubung.

Leichter Frostschaden an *Aucuba*.

Echter Mehltau an *B. thunbergii* 'Atropurpurea'. (Foto: H. Nennmann)

Rostpusteln vom Getreideschwarzrost an Berberis. (Foto: G. Bedlahn)

4.8 *Berberis* – Berberitze, Sauerdorn

Schadbild: Vorwiegend auf den Blattoberseiten bildet sich während der Vegetationsperiode ein weißlicher, mehliger Belag, der z. T. auch an den jungen, noch krautigen Trieben zu finden ist.

Schadursache:

Echter Mehltau (*Microsphaera berberidis*)

Verbreitung: Der Erreger wird mit dem Wind über größere Entfernungen verbreitet. Zur Überwinterung werden Dauersporen gebildet.

Abwehr: Eine Behandlung am Endstandort der Pflanze ist in der Regel nicht erforderlich. In der baumschulischen Produktion können erhebliche Wachstumsbeeinträchtigungen auftreten. Über die Anfälligkeit der Arten und Sorten liegen nur wenige Informationen vor. Nach Mertens (2006) sind die laubabwerfenden Arten *B. thunbergii*, *B. x ottawensis*, und *B. vulgaris* anfällig. Die immergrünen Arten, wie z. B. *B. verruculosa* und *B. julianae*, sind nicht anfällig.

Schadbild: Auf den Blättern bilden sich im Frühjahr zunächst kleine, rundlich geformte Flecken von rötlicher Farbe. Auf der Blattunterseite bilden sich dann deutlich sichtbare, bräunliche Fruchtkörper.

Schaderreger:

Getreideschwarzrost (*Puccinia graminis*)

Verbreitung: Der Erreger wechselt von *Berberis*, insbesondere *B. vulgaris*, zu Getreidearten, an denen er große Ernteausfälle verursachen kann. Daher war der Rostpilz über viele Jahrhunderte sehr gefürchtet. Da der Verbreitungszyklus nur über den Wirtswechsel zu einer Getreideart möglich ist, bestand ein Anpflanzverbot für *B. vulgaris* in der Umgebung von Getreidefeldern.

Abwehr: Eine Behandlung ist nur während der baumschulischen Produktion notwendig. Als anfällig gilt insbesondere *B. vulgaris*. *B. thunbergii* und immergrüne Arten bleiben verschont.

4.9 *Betula* – Birke

Schadbild: Blätter oberseits gelblich gesprenkelt, auf den Unterseiten befinden sich bräunliche Pusteln.

Schaderreger:

Birkenrost (*Melampsoridium betulinum*)

Verbreitung: Als wirtswechselnder Rostpilz beginnt der Entwicklungskreislauf zunächst im Frühjahr auf *Larix*, bevor der Wechsel zu *Betula* erfolgt.

Vorkommen: Besonders an *Betula pendula* und *Betula nana*.

Abwehr: Möglichst räumliche Trennung der Wirtspflanzen.

Weitere häufig vorkommende **Schaderreger** an *Betula*:

Hornissen (*Vespa crabro*), siehe unter *Fraxinus*.

Rostpusteln auf den Blättern von *Betula*.

4.10 *Buddleja* – Sommerflieder

Schadbild: Junge Austriebe im Frühjahr zeigen sich unregelmäßig deformiert, Blätter können sortenuntypisch schmal sein und die Blattränder sind untypisch geformt. Auf einzelnen Blättern sind gelbliche Mosaikmuster zu finden.

Schaderreger:

Viren (*Gurken-Mosaikvirus* und andere Arten)

Verbreitung: siehe auch unter 2.4 Viren und Phytoplasmen

Abwehr: Verwendung von virusfreiem Material ist die einzige vorbeugende Maßnahme. Bei Ziergehölzen steht geprüftes Material in der Regel allerdings nicht zur Verfügung.

Blatt mit Virusbefall (links) und ohne Befall (rechts) im Vergleich.

Klebrige Tropfen am Stängel und an den Blattunterseiten durch den Befall mit *Pseudomonas*.

Klebrige Tropfen auf Blattunterseite durch Befall mit *Pseudomonas*.

Schadbild: Auf den Blättern und Trieben bilden sich dunkle, klebrige Tropfen.

Schaderreger:

Bakterienkrankheit (*Pseudomonas syringae, P. viridiflava*)

Verbreitung: Das Schadbild ist häufig bei angetriebenen Mutterpflanzen im Gewächs- und Folienhaus für die Stecklingsvermehrung zu finden. Dichte Pflanzenbestände und die feuchtwarmen Kulturbedingungen fördern die Ausbreitung des Erregers.

Vorkommen: Bisher wurde das Schadbild nur an Sorten von *Buddleja davidii* beobachtet. Über die Anfälligkeit der einzelnen Sorten liegen keine Erkenntnisse vor. Das Schadbild und die Erreger wurden in Deutschland an *Buddleja* bisher nicht beschrieben. In der Literatur sind diesbezüglich keine Informationen verfügbar.

Abwehr: Sorgfältige Betriebshygiene, bei festgestellter Gefährdung der Kulturen können Behandlungen mit Kupferpräparaten ausgeführt werden.

Blattflecken an *Buddleja* durch Befall mit Blattälchen.

Schadbild: Auf den Blättern befinden sich zunächst gelbgrüne, später dunkle Flecken, die von den Blattadern begrenzt sind.

Schaderreger:

Blattälchen (*Aphelenchoides ritzemabosi*)

Hinweis: Schadbild kann mit einem Befall mit Falschem Mehltau verwechselt werden.

Vorkommen: Nach Aussage von Praktikern wird die Sorte 'Pink Delight' als besonders anfällig betrachtet.

Abwehr: Verwendung von gesundem Vermehrungsmaterial.

Schadbild: Auf den Blättern befinden sich unregelmäßig geformte Flecken, die bräunlich gefärbt sind. Auf der Unterseite sind nur manchmal Sporenträger sichtbar.

Schaderreger:

Falscher Mehltau (*Peronospora harioti*)

Hinweis: Schadbild kann mit einem Befall durch Blattälchen verwechselt werden.

Verbreitung: Erreger ist wirtsspezifisch, Übertragung auf andere Wirtspflanzen ist in der Regel nicht möglich.

Vorkommen: Besonders in Vermehrungs- und Container. betrieben.

Abwehr: Trockene Kulturführung.

Verbräunung am Blatt von *Buddleja* durch Befall mit Falschem Mehltau.

Schadbild: Blätter zeigen zunächst entlang der Blattadern eine feine Sprenkelung.

Schaderreger:

Spinnmilben (*Tetranychus urticae* u. a.)

Vorkommen: Insbesondere im geschützten Anbau unter Glas und Folientunnel kommt es zu rasanter Vermehrung.

Abwehr: Die Verwendung von Raubmilben hat unter Glas und in Folienhäusern größere Bedeutung erlangt. Beim Einsatz von Präparaten gegen Spinnmilben ist nicht nur der Wechsel der Wirkstoffe, sondern auch der Wechsel der Resistenzgruppen (siehe Anhang: Behandlung von Schaderregern) zu beachten.

Deutlich sichtbare Sprenkelung auf der Blattoberseite durch starken Befall mit Spinnmilben.

Weitere häufig vorkommende **Schaderreger**: siehe Kapitel 2:

Spinnmilben (*Tetranychus urticae*)

Typische Bildung dunkler Flecken im Frühstadium der Infektion.

Starker Blattfall an *Buxus* nach Befall mit Triebsterben.

4.11 *Buxus* – Buchsbaum

Schadbild: Zunächst bilden sich dunkle Flecken auf den Blättern der jungen Triebe, anschließend setzt Blattfall ein. Unter den Blättern sind weißliche Sporenlager zu finden. Der Befall breitet sich mit rasanter Geschwindigkeit aus.

Schaderreger:

Triebsterben (*Calonectria henricotiae*, Syn. *Cylindrocladium buxicola*)

Hinweis: Eine Verwechslung mit dem Buchsbaumkrebs (*Volutella buxi*) ist möglich. Dieser bildet im Gegensatz zum Triebsterben aber rosa gefärbte Sporenlager aus.

Verbreitung: Insbesondere auf Friedhöfen seit einigen Jahren verstärkt anzutreffen.

Vorkommen: Die Anfälligkeit der Arten und Sorten wird derzeitig intensiv geprüft. Als besonders anfällig hierfür gilt der Einfassungs-Buchsbaum (*B. sempervirens* 'Suffruticosa'). Grundsätzlich können aber alle Arten und Sorten befallen werden.

Abwehr: Verwendung von gesundem Ausgangsmaterial. Umfangreiche Untersuchungen zur Anfälligkeit von Arten und Sorten wurden in den vergangenen Jahren von H. Beltz an der Lehr- und Versuchsanstalt in Rostrup ausgeführt. Dabei zeigte sich eine höhere Anfälligkeit der kleinwüchsigen Arten und Sorten.
Als generelle Alternativen zu *Buxus* werden derzeit eine Reihe von Sorten der Gattungen *Euonymus, Ilex, Lonicera* und *Taxus* angeboten. Allerdings ist hierbei eine vergleichbare Winterhärte und Schnittverträglichkeit nicht immer gegeben.

Schadbild: Blätter an den Triebspitzen gekräuselt, verkrüppelt und z. T. abgestorben. Die gesamte Pflanze zeigt Wuchsdepressionen.

Schaderreger:

Triebspitzengallmilbe (*Eriophyes unguiculatus*)

Verbreitung: Die Milben verlassen im Frühjahr bei warmer Witterung ihre Winterplätze zur Besiedlung neuer Triebe und Pflanzen. Bekämpfungsmaßnahmen sind besonders in dieser Zeit erfolgreich. Frei lebende Gallmilben sind aufgrund ihrer geringen Größe nur mit stärkeren Vergrößerungsgläsern sichtbar.

Abwehr: Verwendung gesunder Jungpflanzen bzw. gesunden Vermehrungsmaterials.

Verkrüppelungen der Triebspitzen von *Buxus* durch Befall mit der Triebspitzengallmilbe.

Schadbild: Blätter wölben sich an den Triebspitzen löffelartig nach innen, darauf befinden sich mit weißer Wachswolle bedeckte Larven und ca. 4 mm große Blattflöhe.

Schaderreger:

Buchsbaumblattfloh (*Psylla buxi*)

Verbreitung: Ab Mitte Mai befällt der Buchsbaumblattfloh die Pflanzen und verursacht die typisch löffelartig nach innen gebogenen Blätter. Es treten 1–3 Generationen pro Jahr auf.

Sogenannte „Löffelblättrigkeit" an *Buxus* durch Befall mit dem Buchsbaumblattfloh.

Wachsabscheidung durch Buchsbaumblattfloh.

Larve des Buchsbaumzünslers. (Foto: K. Schrameyer)

Deutlich sichtbare feine Sprenkelung auf den Blättern durch Befall mit der Buchsbaumspinnmilbe.

Sprenkelung und beginnende Braunfärbung der Blätter durch Befall mit Buchsbaumspinnmilbe.

Schadbild: An Blättern und jungen Trieben fressen gelbgrün gestreifte und mit schwarzen Punkten versehene Raupen, vereinzelt sind Gespinste mit Kotkrümeln zu finden.

Schaderreger:

Buchsbaumzünsler (*Cydalima perspectalis*)

Verbreitung: Die Überwinterung erfolgt als Raupe im Gespinst an den Blättern. Je nach Witterung sind 2–3 Generationen pro Jahr zu erwarten. Ein Befall kann zum Kahlfraß ganzer Bestände führen.

Vorkommen: Der Zünsler wurde erstmalig 2007 in Süddeutschland nachgewiesen. Zwischenzeitlich ist die Ausbreitung über ganz Deutschland erfolgt. Befallen wird *Buxus microphylla* und *B. sempervirens*.

Abwehr: Sorgfältige Kontrolle der Bestände, da die Raupen aufgrund der geringen Größe von 2–15 mm oft übersehen werden. Ein starker Rückschnitt in den Wintermonaten führt zur Befallsreduzierung. Ansonsten können Präparate gegen beißende Insekten eingesetzt werden.

Schadbild: Auf den Blättern wird eine feine helle Sprenkelung sichtbar. Das ist besonders im inneren Teil der Pflanze zu sehen. Damit verbunden ist oft auch eine Braunfärbung der Blätter, die bei *Buxus* allerdings auch vielfach ein Zeichen von Nährstoffmangel ist.

Schaderreger:

Buchsbaumspinnmilbe (*Eurytetranychus buxi*)

Verbreitung: Die Überwinterung erfolgt im Eistadium. Ab April/Mai erfolgt der Schlupf aus den Eiern. Es werden mehrere Generationen pro Jahr gebildet. Meistens sind die Milben nur auf der Blattunterseite zu finden. Gespinste werden kaum gebildet. Aufgrund der geringen Größe der Milben (ca. 0,4 bis 0,5 mm) werden sie leicht übersehen. Die adulten Stadien sind im Vergleich zu anderen Spinnmilben sehr mobil.

Vorkommen: *Buxus sempervirens* wird wesentlich stärker und häufiger befallen als Sorten von *B. microphylla*.

Abwehr: Eine Behandlung gegen die Eistadien ist mit Ölpräparaten vor Austrieb gut möglich. Anschließend können Präparate gegen Spinnmilben verwendet werden.

Schadbild: Im Spätsommer werden gelbliche Flecken auf den Blättern sichtbar, diese sind dann blattunterseits blasig gewölbt.

Schaderreger:

Buchsbaumgallmücke (*Monarthropalpus flavus*, Syn. *M. buxi*)

Verbreitung: Die Eiablage erfolgt im Mai/Juni auf den diesjährigen Blättern. Die Mücken sind dann oft in ganzen Schwärmen an Buxus zu finden. Sie haben nur eine geringe Lebensdauer. Etwa drei Wochen nach der Eiablage schlüpfen die Larven und beginnen ihren Fraß im Inneren des Blattes. Sie werden ca. 3 mm groß. In einem Blatt können sich mehrere Larven befinden. Die Verpuppung der Larven erfolgt in den Wintermonaten. Es wird nur eine Generation pro Jahr gebildet.

Abwehr: Bei geringem Befall im Privatgarten ist das Absammeln der Blätter sinnvoll. Die Anwendung von Insektiziden sollte möglichst frühzeitig nach einem Befall erfolgen.

Gelbliche orange Larven und Puppen im aufgeschnittenen Blatt von *Buxus*.

Weibliche Buchsbaumgallmücke an *Buxus*. (Foto: K. Schrameyer)

Schadbild: An Trieben und teilweise auch an älteren Blättern befinden sich leicht kommaartig gebogene Schildläuse. Die Schilde haben eine Länge von etwa 2–3 mm.

Schaderreger:

Kommaschildlaus (*Lepidosaphes ulmi*)

Verbreitung: Die Überwinterung der Laus erfolgt als Ei unter den Deckeln der gestorbenen weiblichen Tiere. Daraus entwickeln sich im Frühjahr die beweglichen Stadien, die neue Pflanzenteile besiedeln.

Vorkommen: Überwiegend in älteren Beständen zu finden, seltener in jungen Baumschulbeständen.

Abwehr: Der Rückschnitt befallener Pflanzenteile zeigt gute Wirkung. Gegen die jungen Larven hat sich eine Behandlung im Frühjahr mit Ölpräparaten und Insektiziden bewährt. Weniger wirksam ist die Anwendung während der Wintermonate, da die Eier unter den weiblichen Schilden geschützt sind.

Starker Befall mit Kommaschildlaus.

Rosa Sporenlager durch Befall mit *Volutella* an *Buxus*.

Schadbild: Blätter und junge Triebe zeigen Welkeerscheinungen und fallen ab. Im Inneren der Pflanze sind auf Blattunterseiten vereinzelt rosa gefärbte Sporenlager zu finden.

Schaderreger:

Buchsbaumkrebs (*Volutella buxi*)

Verbreitung: Der Erreger ist seit vielen Jahren in Europa an *Buxus* bekannt und häufig auch gleichzeitig an Pflanzen mit einem Befall vom *Cylindrocladium*-Triebsterben zu finden. Als wesentliches Unterscheidungsmerkmal gilt die Farbe der Sporenlager, die bei *Cylindrocladium buxifolia* weißlich gefärbt sind.

Vorkommen: Konkrete Versuchsergebnisse zur Anfälligkeit von Arten und Sorten liegen bei diesem Erreger nicht vor.

Abwehr: Im Privatgartenbereich ist die Entfernung der abgefallenen Blätter sicherlich hilfreich.

Sporenlager des Rostpilzes an *Buxus*.

Schadbild: Auf den Blattunterseiten befinden sich ca. 1–2 mm große dunkelbraune Pusteln in ungleichmäßiger Verteilung.

Schaderreger:

Buchsbaumrost (*Puccinia buxi*)

Verbreitung: Der Erreger ist in der baumschulischen Produktion seltener zu finden, sondern eher an größeren Pflanzen im öffentlichen Grün und auf Friedhöfen. Der Erreger gehört in die Gruppe der nicht wirtswechselnden Rostpilze.

Vorkommen: Befallen wird vorwiegend die Art *Buxus sempervirens* und deren Sorten.

Abwehr: Spezielle Abwehrmaßnahmen sind nicht bekannt. Daher bleibt nur der Einsatz von Präparaten gegen Rostpilze.

Schadbild: Blätter sind insbesondere im Frühjahr oder im Spätsommer bräunlich gefärbt.

Schadursache:

Nährstoffmangel

Verbreitung: Die Gattung *Buxus* hat einen hohen Nährstoffbedarf, der in der gärtnerischen Praxis und im Privatgartenbereich vielfach unterschätzt wird.

Vorkommen: Betroffen sind *Buxus* häufig in der Produktion und in der Anwachsphase, wenn das Wurzelwerk noch nicht so ausgebreitet ist. Eine Ausnahme ist die Sorte *B. microphylla* 'Faulkner', die im Frühjahr sehr stark zu einer sortentypischen Braunfärbung neigt.

Abwehr: Regelmäßige Kontrolle der Nährstoffversorgung und bei Bedarf entsprechende Düngung der Kulturen.

Typische Braunfärbung an *Buxus* im Frühjahr aufgrund von Nährstoffmangel. (Foto: H. Beltz jun.)

Schadbild: Blattränder sind in einer Breite von 1–3 mm vom Blattrand meist gelblich verfärbt. Das Schadbild zeigt sich weniger an den jungen Blättern und ist häufig nach dem Verpflanzen zu sehen.

Schadursache:

Physiologische Störung unbekannter Ursache

Abwehr: Schonende Behandlung der Pflanzen und eine ausgewogene Düngung im Jahresverlauf. Meist verliert sich das Schadbild nach 1–3 Jahren.

Gelblich verfärbte Blattränder an *Buxus*.

Welkeerscheinungen an *Calluna* durch Befall mit dem Triebspitzensterben. (Foto: H. Beltz)

Verbräunung an Trieben und Pflanzen durch Befall mit der Stängelgrundfäule.

4.12 *Calluna* – Besenheide

Schadbild: An den Triebspitzen zeigen sich dunkelbraune bis rotbraune Verfärbungen, hakenförmige Verkrüppelung und Absterben der Triebspitzen.

Schaderreger:

Triebspitzensterben (*Glomerella cingulata*)

Hinweis: Eine Verwechslung des Schadbildes mit einem Triebsterben, durch *Phytophthora citricola* oder *Botrytis cinerea* verursacht, ist möglich. Unter Umständen ist eine Laboruntersuchung zweckmäßig.

Verbreitung: Besonders unter feuchtwarmen Witterungsbedingungen und nach Rückschnitt der Pflanzen kann eine Infektion erfolgen.

Abwehr: Verwendung von gesundem Ausgangsmaterial und sofortiges Entfernen befallener Pflanzen aus dem Bestand. Eine unterschiedliche Anfälligkeit einzelner Sorten konnte bislang nicht beobachtet werden.

Schadbild: Pflanzen zeigen zunächst fahle, stumpfe und später braune Belaubung. Bei Betrachtung (Anschnitt) zeigen sich bräunliche Verfärbungen der Rinde am Wurzelhals und an den Wurzeln.

Schaderreger:

Stängelgrundfäule (*Cylindrocladium scoparium*)
Wurzelfäule (*Phytophthora cinnamomi*)

Hinweis: Beide Erreger ähneln sich sehr im Schadbild. Für eine Behandlung ist aber eine genaue Diagnose des Erregers notwendig, daher sind Laboruntersuchungen in der Regel erforderlich. Der Erreger der Stängelgrundfäule überdauert selbst längere und starke Frostperioden schadlos, was beim Erreger der Wurzelfäule nicht der Fall ist.

Abwehr: Verwendung von gesundem Vermehrungsmaterial, sofortiges Entfernen befallener Pflanzen aus dem Bestand und ausreichende Betriebshygiene.

4.13 *Camellia* – Kamelie

Schadbild: Blätter an der ganzen Pflanze sind gelblich verfärbt. Das Schadbild ist vielfach am Endstandort nach langen niederschlagsreichen Wintern zu finden.

Schadursache:

Nährstoffmangel, ungeeigneter Standort

Abwehr: Ausgewogene Düngung, in Zweifelsfällen eine Nährstoffanalyse des Standorts durch ein Speziallabor ausführen lassen. Zur Standortoptimierung kann mit Torf abgedeckt werden. Kamelien benötigen einen absonnigen Standort mit niedrigem pH-Wert, möglichst unter pH 5.

Gelbfärbung der Blätter durch Nährstoffmangel.

Schadbild: Auf der Blattunterseite befinden sich vorwiegend entlang der Mittelrippe bräunlich gefärbte Schilde, die Blattoberseite ist oft mit einem schwarzen Belag überzogen.

Schaderreger:

Schildläuse (*Coccus hesperidum* und andere Arten)

Verbreitung: An Kamelien sind Schildläuse und Schmierläuse (weißlich, länglich geformt) häufig zu finden. Eine Behandlung der hartnäckigen Schaderreger sollte während der Vegetation mehrfach und mit guter Benetzung erfolgen, siehe auch Anhang.

Schildläuse auf der Blattunterseite.

Schwarze Rußtaupilze auf der Blattoberseite.

Verdrehte Blätter durch Befall mit Gallmilben.

4.14 *Carpinus* – Hainbuche

Schadbild: Während der Sommermonate beginnen die Blätter sich zu verdrehen und zu falten.

Schaderreger:

Gallmilben (*Aceria macrotricha*)

Verbreitung: Aufgrund der Blattdeformationen ist das Schadbild leicht zuzuordnen. Häufiger sind aber weitere Gallmilbenarten an *Carpinus* zu finden, die kein eindeutiges Schadbild verursachen. Ihre Saugtätigkeit führt zu einer Braunfärbung der Blattunterseite und Wachstumsstockungen während der baumschulischen Anzucht. Schadverursacher sind u. a. *Eriophyes*- und *Aculus*-Arten. Dieses Schadbild wird häufiger mit Stickstoffmangel verwechselt.

Vorkommen: Häufiger in mehrjährigen Kulturen zu finden.

Abwehr: Bei Befall können mehrfache Behandlungen mit Netzschwefel erfolgen.

Weißlicher Belag auf dem Blatt durch Befall mit Echtem Mehltau

Schadbild: Auf den Blättern bildet sich in den Sommermonaten ein weißlicher Belag.

Schaderreger:

Echter Mehltau (*Phyllactinia guttata*)

Verbreitung, Abwehr: Ein Befall mit dem Echten Mehltau ist in Baumschulen häufig. Die Behandlung kann u. a. mit Schwefelpräparaten erfolgen. Gleichzeitig erfolgt so eine gute Wirkung gegen frei lebende Gallmilben.

4.15 *Caryopteris* – Bartblume

Schadbild: Auf den älteren Blättern im unteren Bereich der Pflanze bilden sich ungleichmäßig geformte braune Flecken.

Schaderreger:
Blattflecken (*Alternaria* sp. und andere Arten)

Verbreitung, Vorkommen: Der Erreger ist häufiger in dichten Pflanzenbeständen zu finden. Alle Maßnahmen zur Vermeidung von Blattfeuchte wirken der Ausbreitung entgegen. Über die Anfälligkeit der Sorten liegen keine Erkenntnisse vor.

Abwehr: Vermeidung von dichten Pflanzenbeständen, nur bei stärkerem Auftreten Verwendung von Präparaten gegen Blattfleckenerreger.

Ungleichmäßig auf dem Blatt verteilte Blattflecken. (Foto: H. Nennmann)

4.16 *Castanea* – Esskastanie, Marone

Schadbild: An den Blättern bilden sich im April/Mai zunächst 2–4 mm große Verdickungen, die rötlich verfärbt sind. Darin befinden sich weißliche Larven. Bis zum Spätsommer erreichen die Gallen eine Größe von mehreren cm Durchmesser.

Schaderreger:
Japanische Esskastaniengallwespe
(*Dryocosmus kuriphilus*)

Verbreitung: Der Schädling wurde ursprünglich aus China eingeschleppt. Erste Nachweise sind in Südeuropa seit 2002 und seit 2013 auch in Süddeutschland zu finden. Die Gallwespe bildet eine Generation pro Jahr und überwintert als Puppe in den Gallen. Gallen können bis zu zwei Jahre am Baum verbleiben.

Abwehr: Ein Befall muss der regionalen Pflanzenschutzdienststelle gemeldet werden, da es sich um einen Quarantäneschaderreger handelt. Im Befallsgebiet in Norditalien wird seit einigen Jahren versucht, den natürlichen Gegenspieler der Gallwespe (*Torymus sinensis*) zu etablieren.

Deutlich sichtbare Blattgallen an *Castanea*. (Foto: Kösti)

Befallsherd am Stamm. (Foto: Kösti)

Schadbild: Auf der Rinde junger Bäume bilden sich zunächst Verbräunungen, deren Größe mehrere cm erreichen kann. Darüber liegende Pflanzenteile zeigen Welkesymptome.

Schaderreger:

Esskastanienrindenkrebs (*Cryphonectria parasitica*)

Verbreitung: Der Erreger überdauert an den Befallsstellen. Für Neuinfektionen sind feuchte Bedingungen notwendig. Offene Wunden erleichtern das Eindringen des Pilzes. Die Sporenübertragung kann durch Wasser, Wind und Insekten erfolgen.

Abwehr: Ein Befall ist den regionalen Pflanzenschutzdienststellen zu melden. Saatgut aus Befallsgebieten sollte für die Aussaat in Baumschulen nicht verwendet werden. Rinde oder Holzprodukte aus Befallsgebieten dürfen ebenfalls nicht verbracht werden. Die Rosskastanie (*Aesculus*-Arten) wird nicht befallen.

Kleine braune Flecken mit gelber Umrandung sind typisch für die Blattfleckenkrankheit. (Foto: Kösti)

Schadbild: Auf den Blättern bilden sich kleine braune Punkte mit gelber Umrandung.

Schaderreger:

Blattfleckenkrankheit (*Mycosphaerella maculiformis*)

Verbreitung, Vorkommen: Der Erreger tritt besonders in der Baumschule auf dem Saat- bzw. Verschulbeet auf. Dichte Pflanzenbestände sollten vermieden und die Stickstoffdüngung optimiert werden.

Abwehr: Während der Anzuchtphase in der Baumschule ist ein Fungizideinsatz sinnvoll und manchmal notwendig. Am Endstandort sind meistens keine Maßnahmen erforderlich.

4.17 *Catalpa* – Trompetenbaum

Schadbild: Auf beiden Seiten der Blätter bildet sich ein deutlich sichtbarer weißer Belag.

Schaderreger:

Echter Mehltau (*Phyllactinia guttata*)

Verbreitung, Abwehr: Junge Pflanzen mit starkem vegetativem Wachstum sind überdurchschnittlich betroffen, eine regelmäßige Behandlung ist daher erforderlich. Die mäßige Düngung mit Stickstoff vermindert zwar den Befall, verhindert ihn aber nicht.

Weitere häufig vorkommende **Schaderreger:**

***Verticillium*-Welke** (siehe unter *Acer*)

Maulbeerschildlaus (siehe unter *Morus*)

Starker Mehltaubelag auf den Blättern.

4.18 *Clematis* – Waldrebe

Schadbild: Ganze Pflanzen bzw. Pflanzenteile welken plötzlich, obwohl Boden oder Substrat ausreichend Feuchtigkeit enthalten.

Schaderreger:

Clematiswelke (verschiedene pilzliche Erreger als sekundärer Befall)

Verbreitung: Die Erscheinung tritt in Baumschulen häufig beim Ausräumen der Pflanzen aus dem Gewächs- bzw. Folienhaus auf. Veredelte Pflanzen gelten in der Praxis als weniger anfällig.

Vorkommen: Besonders bei Hybriden aus der *Jackmannii*-Gruppe, Wildarten werden seltener befallen.

Abwehr: Stressfaktoren für die Pflanzen minimieren.

Partielles Absterben von Blättern und Trieben durch Befall mit Clematiswelke. (Foto: H. Nennmann)

Schadbild an *C. vitalba*.

Schadbild: Auf den Blättern entwickeln sich deutlich sichtbare Blattminen mit zunehmendem Durchmesser.

Schaderreger:

Minierfliege (*Phytomyza kaltenbachi*)

Vorkommen, Verbreitung: Die Überwinterung erfolgt als Puppe im Boden. Nach der Eiablage miniert die Larve einen schlängelnden Gang über das gesamte Blatt. Darin sind schwarze Kotkrümel sichtbar. Es werden 1–2 Generationen gebildet. Häufiger an *Clematis vitalba* zu finden.

Abwehr: Eine Behandlung ist nur bei stärkerem Auftreten notwendig mit Präparaten gegen Blattminierer.

Weitere häufig vorkommende **Schaderreger**:

Echter Mehltau, insbesondere an Sorten aus der Texensis-Gruppe.

4.19 *Cornus* – Hartriegel

Fleckenbildung bei *Cornus* 'Kelsey' durch Befall mit der Blattfleckenkrankheit.

Schadbild: Auf den Blättern bilden sich im Verlauf der Vegetationsperiode bräunliche bis schwärzliche Flecken, die meist rundlich geformt sind.

Schaderreger:

Blattfleckenkrankheit (*Septoria*- und *Ascochyta*-Arten)

Verbreitung: Die Erreger überwintern vorwiegend auf abgefallenen Blättern.

Vorkommen: Besonders an *C. stolonifera* 'Kelsey', aber auch an anderen Arten häufiger.

Abwehr: Trockene Kulturführung, anfällige Sorten meiden. Herbstlaub entfernen.

Schadbild: Während der Wintermonate kommt es zum Absterben ganzer Zweige. Auf den abgestorbenen Zweigen sind 2–4 mm große Knubbel zu finden, bei feuchter Witterung auch ein grauer Pilzrasen.

Schaderreger:

Sclerotinia (*Sclerotinia sclerotiorum, S. minor*)

Verbreitung: Der Erreger befällt Pflanzen besonders bei Überwinterung in feuchter Umgebung. Die gut sichtbaren großen Fruchtkörper des Pilzes haben der Krankheit in der niederländischen Sprache den treffenden Namen „Rattenkeutelziekte", wörtlich übersetzt mit Rattenkotkrankheit gegeben. Im Frühjahr bildet sich auf den befallenen Trieben ein mausgrauer Belag. Daher wird der Erreger oft mit *Botrytis* verwechselt.

Vorkommen: Betroffen sind besonders die Sorten von *Cornus alba* (z. B. 'Aurea', 'Gouchaultii', 'Sibirica'), teilweise auch *C. mas*.

Abwehr: Überwinterung in feuchten Folientunneln vermeiden, vorbeugend Anwendung von Kontaktfungiziden im Spätherbst.

Gut sichtbare dunkle Fruchtkörper auf den abgestorbenen Zweigen von *Cornus mas* nach Befall mit *Sclerotinia*.

Schadbild: An den Blättern des neuen Austriebs bilden sich schwarze Flecken, häufig mit gelber Umrandung. Z. T. werden die Blätter ganzflächig schwarz.

Schaderreger:

Bakterielle Blattfleckenkrankheit (*Pseudomonas* spp.)

Verbreitung: Besonders anfällig ist *Cornus mas*, insbesondere bei anhaltend feuchter und kalter Witterung im Frühjahr. Das Schadbild kann mit einem Befall von pilzlichen Blattfleckenerregern (braune Flecken, aber ohne gelbliche Umrandung) oder auch mit einem Spätfrostschaden verwechselt werden.

Abwehr: Meidung dichter Pflanzabstände in der Produktion, Anwendung von Kupferpräparaten ab Befallsbeginn.

Blattflecken an *Cornus mas* durch Befall mit *Pseudomonas*.

Weißlicher Belag mit roter Umrandung durch Befall mit Echtem Mehltau.

Blattdeformationen an *C. kousa* durch Befall mit Weichhautmilben.

Schadbild: Auf und unterhalb der Blätter bilden sich weißliche Flecken, die meist mit einer roten Umrandung versehen oder unterlegt sind.

Schaderreger:

Echter Mehltau (*Microsphaera tortilis*)

Verbreitung: Seit einigen Jahren ein zunehmendes Problem bei vielen Arten. Erkenntnisse über die Anfälligkeit von Sorten liegen nur in geringem Umfang vor. So gelten u. a. *C. florida* und *C. nuttallii* sowie deren Sorten anfälliger als beispielsweise *C. kousa*.

Abwehr: Mäßige Düngung mit Stickstoff und eine ausgewogene Pflanzenernährung mindern den Befall. Im Bedarfsfall Einsatz von Präparaten gegen Echte Mehltaupilze.

Schadbild: Die Blätter an den Triebspitzen sind deformiert und rollen sich ein. Blätter fühlen sich untypisch hart und spröde an.

Schaderreger:

Weichhautmilben (*Tarsonemus pallidus*)

Verbreitung: Als Schadursache werden Weichhautmilben aufgrund der geringen Größe (0,2 mm) zunächst oft nicht erkannt. Die Ausbreitung erfolgt bei Wärme und hoher Luftfeuchtigkeit sehr rasch.

Abwehr: Rückschnitt und Vernichtung stark befallener Pflanzen ist meist sinnvoll. Befallene Bestände sollten nicht mehr für die Vermehrung genutzt werden. Die Verwendung von Präparaten gegen Spinnmilben mit Nebenwirkung auf Weichhautmilben ist sinnvoll, aber nur bei konsequenter Umsetzung in kurzen Abständen von 6–10 Tagen erfolgreich.

Weitere häufig vorkommende **Schaderreger**:

Anthraknose (*Discula distructiva*)

Der pilzliche Erreger ist seit vielen Jahren in den USA bekannt und verursacht auch in Europa seit einigen Jahren Probleme in Form von Nekrosen an *Cornus florida* und Sorten; *C. kousa* und die meisten Hybriden mit *C. florida* sind nicht betroffen. Da es leicht zu einer Verwechslung mit Blattfleckenerregern kommen kann, sollte im Bedarfsfall eine Abklärung durch einen Fachmann erfolgen.

4.20 *Corylus* – Haselnuss

Schadbild: Ballonartig angeschwollene und auffallend vergrößerte Winterknospen besonders im Triebspitzenbereich, Knospen treiben nicht aus.

Schaderreger:
Knospengallmilbe (*Phytocoptella avellanae*)

Verbreitung: Überwinterung von weißlichen Milben (0,2 mm lang) in Knospe, dadurch Saugschäden, zweite Besiedlung der Knospen im Sommer möglich.

Vorkommen: *Corylus*, andere Arten befallen auch *Taxus*, *Prunus* und *Pinus*.

Nicht austreibende verdickte Knospen durch Befall mit Gallmilben an der Haselnuss.

Schadbild: In der zweiten Jahreshälfte zeigen sich weiße Beläge, vorwiegend auf den Blattunterseiten.

Schaderreger:
Echter Mehltau (*Phyllactinia guttata*)

Verbreitung, Vorkommen: Der Erreger überwintert auf dem Falllaub. Das Schadbild ist besonders in wärmeren Regionen Süddeutschlands zu finden.

Abwehr: Nur bei starkem und früh einsetzendem Befall erforderlich. Die Verwendung von Schwefelpräparaten hat sich bewährt.

Weißer Belag und Fruchtkörper in brauner und schwarzer Farbe an Haselnuss.

Welkesymptome nach Befall mit *Verticillium*.

4.21 *Cotinus* – Perückenstrauch

Schadbild: Teilweises Absterben einzelner Pflanzen bzw. Pflanzenteile im Bestand. Im Querschnitt des Holzes zeigen sich ringförmig angeordnete Verfärbungen.

Schaderreger:
***Verticillium*-Welke** (*Verticillium albo-atrum*)

Verbreitung: Der Welkeerreger dringt über die Wurzel in die Leitbündelsysteme der Pflanze ein. Die Dauerorgane des Pilzes, die sogenannten Mikrosclerotien, verbleiben viele Jahre im Boden. Befallene Flächen sollten daher nicht mit anfälligen Kulturen bepflanzt werden (siehe unter *Acer*).

Vorkommen: Flächen mit den Vorkulturen Kartoffel und Erdbeere sollten generell für den Anbau gemieden werden. Der Befallsgrad ist mittels einer Bodenprobe zu ermitteln.

Abwehr: Verwendung von gesundem Ausgangsmaterial, besonders geeignet ist das Pflanzenmaterial aus Gewebevermehrung.

Feuerbrand an *C. bullatus*.

4.22 *Cotoneaster* – Zwergmispel

Schadbild: Blüten, Blätter und krautige Triebe verfärben sich schwarz, Triebe hängen hakenförmig nach unten.

Schaderreger:
Feuerbrand (*Erwinia amylovora*)

Verbreitung: Der Erreger dringt vorwiegend über die Blüten ein. Als Überträger dienen u. a. Insekten. Triebinfektionen sind in Baumschulen während der Monate August/September bei feuchtwarmer Witterung das größte Problem.

Vorkommen: Anfälligkeit der Arten und Sorten ist sehr unterschiedlich. Nach Zeller, 1980, gelten *C. salicifolius* var. *floccosus* 'Herbstfeuer' und *C. Watereri*-Hybriden als besonders anfällig. Nur geringe Anfälligkeit weisen *C. acutifolius, divaricatus, horizontalis* und *multiflorus* auf.

Abwehr: Vernichten befallener Pflanzen/Pflanzenteile. Meldepflichtige Krankheit.

4.23 *Crataegus* – Weißdorn

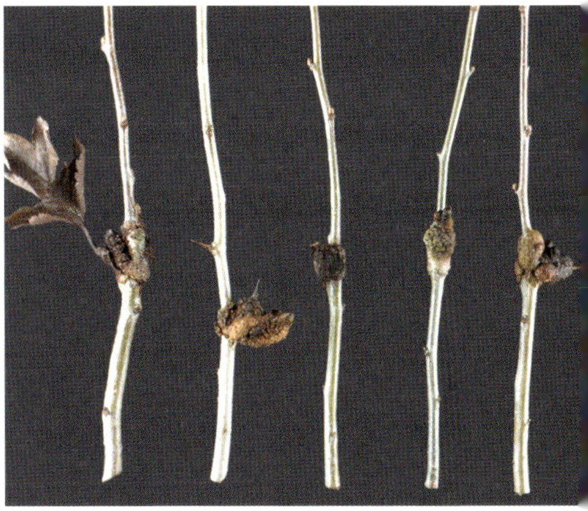

Sporenlager an Trieben von *Crataegus* durch Befall mit Rostpilzen. (Foto: D. Bartels)

Schadbild: Vorwiegend an einjährigen Trieben befinden sich im Spätsommer und Herbst 2–4 cm lange Verdickungen. Befall der Blätter (braune Pusteln auf der Unterseite) ebenfalls möglich.

Schaderreger:

Rost (*Gymnosporangium clavariiforme*)

Verbreitung: Der Erreger ist wirtswechselnd mit verschiedenen *Juniperus*-Arten.

Vorkommen: Besonders an *C. laevigata* 'Pauls Scarlet'.

Abwehr: Räumliche Trennung der Wirtspflanzen bringt nur teilweise Erfolg, Entfernung befallener Triebe aus dem Bestand.

Befall an *Crataegus* im Sommer.

Schadbild: Auf den Blättern bilden sich während der Vegetationsperiode bräunliche bis schwärzliche Flecken, die unterschiedlich geformt sein können. Ein besonderes Merkmal ist außerdem ein vorzeitiger Blattfall. Ganze Bäume können bereits im August entblättert sein.

Schaderreger:

Blattfallkrankheit (*Diplocarpon maculatum*)

Vorkommen: Besonders an *C. laevigata* 'Pauls Scarlet'. Alle anderen *Crataegus*-Arten scheinen gegenüber dem Erreger resistent zu sein.

Abwehr: Entfernung des Herbstlaubes.

Kleine Blattflecken auf *Crataegus* durch Befall mit der Blattfallkrankheit.

Schadbild an Triebspitze von *Crataegus monogyna*.

Schadbild: Triebspitzen der Pflanzen wirken gestaucht und verkrüppelt. Die jungen Blätter sind nach innen gedreht. Darin befinden sich weißliche Maden, später erfolgt auch die Bildung von Gallen.

Schaderreger:

Weißdorngallmücke (*Dasineura crataegi*)

Vorkommen, Verbreitung: Die Gallmücke ist häufig in Baumschulen zu finden und kann dort größere Schäden anrichten. Die Überwinterung erfolgt als Puppe im Boden. Während der Vegetationsperiode werden mehrere Generationen gebildet.

Abwehr: Notwendig mit Präparaten gegen Gallmücken während der Anzucht in der Baumschule, da sich sonst ungewollt mehrere Spitzentriebe entwickeln können.

Echter Mehltau an Weißdorn.

Schadbild: Auf den Blättern bildet sich ein weißlicher Belag, der rötlich unterlegt bzw. umrahmt ist. Der Befall setzt meist recht früh ein.

Krankheitserreger:

Echter Mehltau (*Phyllactinia mespili, Podosphaera clandestina*)

Verbreitung: Der Erreger überwintert in den Knospen. Der Befall setzt daher sehr zeitig ein.

Vorkommen: *Chaenomeles, Cotoneaster, Crataegus, Malus, Pyracantha, Pyrus, Sorbus intermedia, Stranvaesia* u. a.

Abwehr: Während der baumschulischen Produktion ist eine regelmäßige Behandlung erforderlich. Dabei sollten nach Möglichkeit keine azolhaltigen Fungizide wie z. B. Folicur (Wirkstoff: Tebuconazol) verwendet werden, da die Pflanzen diese Präparate schlecht vertragen.

Schadbild: In den Triebspitzenregionen verfärben sich die Blätter, plötzlich im Frühjahr und Sommer werden sie braun, hängen abgestorben am Trieb, werden nicht abgetrennt. Tote Blüten und evtl. abgestorbene Fruchtmumien bleiben bis in den Winter am Baum, ganze Pflanzen sterben ab.

Absterbeerscheinungen an *Crataegus* durch den Befall mit Feuerbrand.

Krankheitserreger:

Feuerbrand (*Erwinia amylovora*)

Verbreitung: Übertragung des Bakteriums durch Wasserspritzer, Einschleppung durch Tiere, den Menschen und Transport kranker Pflanzen. Bakterien infizieren durch natürliche Öffnungen, Blüten und Wunden.

Vorkommen: *Chaenomeles, Cotoneaster, Crataegus, Malus, Pyracantha, Pyrus, Sorbus intermedia, Stranvaesia* u. a.

Abwehr: Sofortige Meldung beim Pflanzenschutzdienst, großzügige Vernichtung von befallenen Beständen, Pflanzung weniger anfälliger Gehölzgattungen, Beachtung des Warndienstes.

4.24 *Cydonia* – Quitte

Schadbild: Triebspitzen welken und hängen herab, Blätter werden braun. Teilweise sind klebrige Tropfen von Bakterienschleim zu finden.

Welkesymptome und Verbräunungen des Blattes durch Befall mit dem Bakterium.

Schaderreger:

Feuerbrand (*Erwinia amylovora*)
Verbreitung: Übertragung des Bakteriums durch Wasserspritzer, Einschleppung durch Tiere, den Menschen und den Transport kranker Pflanzen. Bakterien infizieren durch natürliche Öffnungen, Blüten und Wunden.

Abwehr: Feuerbrand ist eine meldepflichtige Erkrankung. Befallene Pflanzenteile sind sofort zu entfernen und zu vernichten. Über die Anfälligkeit der Sorten liegen nur geringe Erkenntnisse vor. Die Sorte 'Cydora Robusta' gilt auch gegenüber den beiden weiteren Erkrankungen der Quitte (Blattflecken, Echter Mehltau) als widerstandsfähig.

Weitere häufig vorkommenden **Schaderreger:**

Blattfleckenerreger (*Diplocarpon* spp.)

4.25 *Cytisus* – Ginster

Partielles Triebsterben an Ginster durch Befall mit *Fusarium*. (Foto: D. Bartels)

Schadbild: Anfang des Sommers sterben plötzlich ganze Mitteltriebe auf einer Länge von 10–15 cm oberhalb des Erdbodens ab. Die darüber befindlichen Pflanzenteile verfärben sich gelblich. Sind die Triebe nur gelblich verfärbt und das Gewebe nicht zerstört, besteht der Verdacht auf Eisenmangelchlorose, die bei *Cytisus* häufig zu finden ist.

Schaderreger:

Fusarium-Welke (*Fusarium roseum, Fusarium oxysporum*)

Hinweis: Ein Befall mit *Phytophthora* kann zu vergleichbaren Absterbeerscheinungen führen.

Verbreitung: Der Welkeerreger tritt an *Cytisus* besonders von Juni bis August auf und wird durch feuchte Witterungsperioden gefördert.

Abwehr: Vernichten befallener Pflanzen. Verwendung weniger anfälliger Sorten wie z. B. 'Burkwoodii', 'Butterfly', 'Lena', 'Luna'.

Gelbfärbung von Ginster aufgrund von Eisenmangel.

Schadbild: An Blättern und krautigen Trieben bilden sich zunächst schwarze Flecken, bei fortgeschrittenem Befall verfärben sich ganze Triebe.

Schaderreger:

Stängelfleckenkrankheit (*Pleiochaeta setosa*)

Verbreitung: Der Erreger ist häufiger in dichten und stark wachsenden Pflanzenbeständen in Baumschulen zu finden, die schlecht abtrocknen. Nur selten ist ein Befall in Privatgärten zu finden.

Vorkommen: Über die Anfälligkeit von Sorten liegen keine gesicherten Erkenntnisse vor. Neben *Cytisus* werden auch andere Gattungen aus der Familie der Leguminosen, wie z. B. die Lupine, von diesem Erreger befallen.

Abwehr: Für eine gute Durchlüftung der Pflanzenbestände sorgen und trockene Kulturführung.

Abgestorbene Triebe und Stängelflecken durch Befall mit *Pleiocheata*.

4.26 *Elaeagnus* – Ölweide

Schadbild: An den Blättern im oberen Bereich der Triebe befinden sich kleine braunorange Larven in weiße Wachswolle gehüllt.

Schaderreger:
Ölweidenblattsauger (*Cacopsylla fulguralis*)

Verbreitung: Der Schaden wird vorwiegend durch die Larven verursacht. Es kommt zu einer starken Honigtau- und damit auch zur Bildung von Rußtau.

Vorkommen: Vorwiegend an *E. xebbingei*, nicht an *E. angustifolia* und *E. multiflora*.

Abwehr: Bei starkem Befall Verwendung von Präparaten gegen saugende Insekten.

Schadbild an Ölweide.
(Foto: L. v. Remoortere)

4.27 *Erica* – Winterheide

Schadbild: Zunächst welken nur einzelne Triebe. Sie zeigen anfänglich eine mattgrüne Farbe. Später verfärben sich die Pflanzen inklusive der Wurzeln braun. Meistens sind nur einzelne Pflanzen im Bestand betroffen.

Schaderreger:
Wurzelfäule (*Phytophthora*-Arten)

Verbreitung, Vorkommen: Der Erreger infiziert die Pflanzen besonders unter feuchten Bedingungen und in Stresssituationen wie z. B. bei erhöhten Salzkonzentrationen. Die Ausbreitung im Bestand erfolgt häufig über das Gießwasser. Eine Verwechslung mit der Stängelgrundfäule (*Cylindrocladium scoparium*) ist möglich. Im Zweifelsfall sollte immer eine Laboruntersuchung erfolgen.

Abwehr: Befallene Pflanzen aus dem Bestand entfernen, betriebliche Hygienemaßnahmen verbessern und trockene Kulturführung einhalten.

Entwicklungsstadien der Wurzelfäule an Erica, links gesunde Pflanze.

Einzelne Pflanze mit Befall der Wurzelfäule im Bestand.

Triebsterben an *Erica*.

Schadbild: Einzelne Triebspitzen werden im Hochsommer braun, teilweise hängen sie herunter.

Schaderreger:

Triebsterben (*Glomerella cingulata* und andere Schaderreger)

Verbreitung, Vorkommen: Häufiges Problem in Anzuchtbetrieben während der Sommermonate. Stresssituationen für die Pflanzen sollten möglichst vermieden werden. Bei der Versorgung der Pflanzen mit Flüssigdüngern sollte der Dünger abgespült werden.

Abwehr: Dichte Pflanzenbestände vermeiden und für eine schnelle Abtrocknung der Pflanzen sorgen, bei Bedarf Verwendung von Fungiziden.

Fraß von Gespinstmotten an Pfaffenhütchen.

4.28 *Euonymus* – Pfaffenhütchen, Spindelstrauch

Schadbild: Gelbliche Raupen mit schwarzen Punkten fressen die Pflanzen kahl. Dabei entwickeln sie starke Gespinste, oft wie Zelte aufgebaut.

Schaderreger:

Pfaffenhütchengespinstmotte
(*Yponomeuta cognatellus*, Syn. *Y. cagnagella*)

Verbreitung, Vorkommen: Die Überwinterung erfolgt als Raupe. Sie fressen sehr frühzeitig am neuen Austrieb und verpuppen sich später an den Pflanzen. Ab etwa Juli beginnen die Falter mit der Eiablage. Der Schaderreger befällt nur *Euonymus europaeus*, nur selten ist er auch an *E. fortunei* zu finden.

Abwehr: Bei stärkerem Auftreten in Anzuchtflächen sollte eine Behandlung mit Präparaten gegen beißende Insekten erfolgen.

Schadbild: Stängel im Wurzelhalsbereich verbräunt, Triebe welken und sterben ab. Auf der Bodenoberfläche bildet sich ein grobes Pilzmycel, das ohne Hilfsmittel sichtbar ist.

Schaderreger:
Rhizoctonia-Stängelgrundfäule (*Rhizoctonia solani*)

Verbreitung, Vorkommen: Der Erreger bildet ein grobes Pilzgeflecht auf dem Boden aus und ist dort gut zu sehen. Häufiger in Anzuchtbeeten von *E. fortunei* und *E. japonica* und generell auf Vermehrungsflächen von Stecklingen im Gewächshaus zu finden. Die Bedeutung des Schaderregers hat in den vergangenen Jahren abgenommen, wobei die Ursache unklar ist.

Abwehr: Trockene Kulturführung verringert das Infektionsrisiko.

Deutlich sichtbare Pilzfäden von *Rhizoctonia solani*

Schadbild: Auf den Blättern befindet sich ein weißlicher Belag, anfänglich auch nur einzelne Flecken.

Schaderreger:
Echter Mehltau (*Microsphaera euonymi*)

Verbreitung: Der Erreger ist spezialisiert auf einzelne Arten. Ein Übergreifen auf Pflanzen aus anderen Pflanzenfamilien findet nicht statt.

Vorkommen: Die Anfälligkeit der Arten und Sorten ist unterschiedlich. Die laubabwerfende Art *Euonymus europaeus* gilt als recht anfällig. Generell werden immergrüne Arten weniger befallen.

Abwehr: Bei stärkerem Befall können Präparate gegen Echte Mehltaupilze eingesetzt werden.

Echter Mehltau an immergrüner *Euonymus*-Art

Echter Mehltau an *E. europaeus*

Typische tumorartige Wucherung an *Euonymus*.

Schadbild: An den Stängeln im erdnahen Bereich bilden sich tumorartige Verdickungen mit einem Durchmesser von mehreren cm.

Schaderreger:

***Rhizobium* – Bakterienkrankheit** (*Rhizobium radiobacter,* Syn. *Agrobacterium tumefaciens*)

Verbreitung: Das Bakterium findet insbesondere in Gewächs- und Folienhäusern optimale Entwicklungsmöglichkeiten.

Vorkommen: Über die Anfälligkeit einzelner Arten und Sorten liegen keine Erkenntnisse vor.

Abwehr: Regelmäßige Desinfektion von Kultureinrichtungen und Schnittwerkzeugen sowie Verwendung von gesundem Ausgangsmaterial und möglichst trockene Kulturführung als vorbeugende Maßnahmen.

Nahaufnahme mit typischem Abgrenzungsbereich zum gesunden Gewebe.

Schadbild an *E. fortunei* 'Emerald Gaiety'.

Schadbild: Auf den Blättern bilden sich kleine braune, häufig feuchte Flecken. Diese sind deutlich vom gesunden Blattgewebe abgegrenzt. Junge krautige Triebe sterben ab und verfärben sich braun.

Schaderreger:

***Pseudomonas* – Bakterienkrankheit** (*Pseudomonas syringae*)

Verbreitung: Im Rahmen der vegetativen Vermehrung im Gewächshaus findet der Erreger in feuchter und warmer Umgebung optimale Ausbreitungsmöglichkeiten.

Vorkommen: An immergrünen, bodendeckenden Arten im Gewächshaus in dichten Pflanzenbeständen häufiger zu sehen. In der Fachliteratur an dieser Pflanze kaum beschrieben.

Abwehr: Regelmäßige Desinfektion von Kultureinrichtungen und Schnittwerkzeugen sowie Verwendung von gesundem Ausgangsmaterial und möglichst trockene Kulturführung als vorbeugende Maßnahmen.

4.29 *Fagus* – Rotbuche

Schadbild: Blätter der Pflanzen sind gekräuselt und Ränder löffelartig nach unten gekrümmt, Braunverfärbung, blattunterseits weiße wollige Wachsausscheidungen, unter denen Läuse sitzen (ca. 2 mm groß). Schäden auch an krautigen Trieben möglich.

Schaderreger:
Buchenblatt-Baumlaus (*Phyllaphis fagi*)

Verbreitung: Überwinterung als Eier an den Knospen, im Frühjahr mehrere Generationen ungeflügelte, im Frühsommer geflügelte Läuse.

Abwehr: Die Bekämpfung der Laus gestaltete sich in den vergangenen Jahren zunehmend schwieriger, da die vorhandenen Präparate keine ausreichende Wirkung mehr zeigen.

Deutlich sichtbare Läuse mit Wachsausscheidungen.

Schwarze Wintereier auf einem Buchenzweig.

Schadbild: Terminal- und andere Knospen verbräunen und sterben während der Vegetationsperiode ab, Gefahr der Zwieselbildung.

Schaderreger:
Knospengallmücken (*Contarinia fagi* u. *Phegomyia fagicola*)

Verbreitung: Der Kenntnisstand über den Schädling ist momentan noch gering. Starkes Auftreten in manchen Jahren, häufig erst im Spätsommer, kann zur vollständigen Vernichtung der Terminalknospe führen.

Abwehr: Präparate aus der Gruppe der Neonicotinoide (Calypso, Confidor WG 70, Mospilan SG u. a.) zeigen keine Wirksamkeit gegenüber dieser Gallmückenart. Daher sind im Bedarfsfall Präparate aus der Gruppe der Pyrethroide (z. B. Karate Zeon) zu verwenden.

Befall der Gallmücke führt zum Absterben der Terminalknospe und Förderung der Seitentriebe.

Starker Befall an *F. nitida*.

4.30 *Fargesia* – Schirmbambus (inkl. *Phyllostachys* – Bambus u. a. Arten)

Schadbild: An den Nodien befinden sich dicht gedrängt madenartig wirkende, fleischfarbene Läuse.

Schaderreger:

Wolllaus (*Trionymus bambusae, T. isfarensis*)

Verbreitung: Erst vor etwa 15 Jahren wurde diese Art nach Nordeuropa eingeschleppt. Probleme ergeben sich vor allem bei der Kultur in Gewächshäusern, nicht so sehr im Freiland.

Vorkommen: Besonders betroffen sind Bambusarten, die sich nur langsam aus der Halmscheide lösen.

Abwehr: Im Bedarfsfall Behandlung mit systemischen Präparaten aus der Gruppe der Neonicotinoide (z. B. Confidor WG 70, Mospilan SG). Andere Produkte zeigen nur eine geringe Wirksamkeit.

Gleichmäßige Sprenkelung des Blattes durch Befall mit Gallmilben.

Schadbild: Blätter zeigen sehr feine braune bis schwarze Sprenkelung, mehr oder weniger gleichmäßig über das Blatt verteilt. Das Pflanzenwachstum ist stark reduziert.

Schaderreger:

Gallmilben (Gattung und Art noch unbekannt)

Verbreitung: Die frei lebenden Gallmilben sind aufgrund der geringen Größe nur mit einer guten Lupe zu erkennen. Im Vergleich zur Bambus-Spinnmilbe ist das Schadbild nicht fleckig, sondern gleichmäßig über das Blatt verteilt.

Abwehr: Anwendung von Präparaten gegen Gallmilben. Die Anwendung von Schwefelpräparaten hat sich auch im Privatgarten bewährt.

Blatt mit und ohne Thripsbefall im Vergleich.

Schadbild: Die Blätter sind relativ grob weißlich bis gelblich gesprenkelt. Bei stärkerem Befall sind Blattpartien insgesamt betroffen.

Schaderreger:

Thripse, Fransenflügler (verschiedene Arten)

Verbreitung: Das Insekt ist ca. 1 mm groß, von länglicher Form, gelblich bis bräunlich gefärbt und oft mit Querstreifen versehen. Thripse bevorzugen warme und trockene Bedingungen und treten daher besonders unter Gewächshausbedingungen auf.

Abwehr: Die Befallskontrolle ist mit sogenannten „Blautafeln" möglich. Neben chemischen Präparaten hat sich auch die biologische Bekämpfung mit Raubmilben der Gattung *Amblyseius cucumeris* etabliert.

Nahaufnahme von Thrips an Zierpflanzen, stark vergrößert. (Foto: C. Hoyer)

Schadbild: Auf den Blättern im mittleren und unteren Bereich der Pflanze bilden sich 0,5 bis 1 cm große Aufhellungen auf der Blattoberseite. Auf der Blattunterseite sind an diesen Stellen abwischbare Gespinste zu finden.

Schadursache:

Bambus-Spinnmilbe (*Schizotetranychus celarius, Sch. bambusea*, Syn. *Stigmaeopsis longus*)

Verbreitung: Die Milbe wurde mit Pflanzenimporten Anfang der 90er-Jahre aus China eingeschleppt und hat sich aufgrund der kurzen Generationsfolge seither rasch vermehrt. Besonders verbreitet ist sie bereits im mediterranen Bereich und in Süddeutschland.

Abwehr: Anwendung von Produkten gegen Spinnmilben.

Rundliche Flecken durch Befall mit der Bambus-Spinnmilbe.

Blattschäden durch Frosteinwirkung im Winter.

Schadbild: Ausgangs des Winters zeigen die Blätter von der Spitze beginnend Verbräunungen, teilweise sind auch die Halme betroffen.

Schadursache:

Frostschaden

Verbreitung: Leichte Frostschäden an den Blättern verschiedener Sorten sind häufig zu sehen, die weitere Pflanzenentwicklung wird dadurch in der Regel aber nicht nachhaltig beeinträchtigt. Die Frosthärte der Sorten ist sehr unterschiedlich. Bei der Arten- und Sortenwahl sollte dieser Gesichtspunkt Berücksichtigung finden.

Abwehr: Neben der Standortwahl und Sortenauswahl besteht natürlich auch die Möglichkeit zum Winterschutz. Pflanzen in Kübeln auf der Erde stehend sind immer stärker gefährdet als in der Erde.

4.31 *Forsythia* – Goldglöckchen

Wulstbildung und Verkrüppelung von Trieben durch Befall mit Bakterienkrebs.

Schadbild: An den Trieben vorwiegend älterer Pflanzen bilden sich größere, kropfartige Gallen mit einem Durchmesser von mehreren Zentimetern.

Schaderreger:

Bakterienkrebs (*Rhodococcus fascians*)

Verbreitung: Die Ausbreitung des Erregers erfolgt mit Wind, Wasser und Vermehrungsmaterial.

Abwehr: Abschneiden und Vernichtung befallener Pflanzenteile.

Absterbeerscheinungen an Blättern und jungen Trieben durch Befall mit der Bakterienseuche.

Schadbild: Im Frühjahr entwickeln sich Blätter mit kleinen braunen Flecken. Bei starkem Befall werden die Blätter und Blattstiele schwarz.

Schaderreger:

Bakterienseuche (*Pseudomonas syringae*)

Hinweis: Das Schadbild kann mit einem Spätfrostschaden verwechselt werden.

Verbreitung: Die Ausbreitung des Erregers erfolgt mit Wind, Wasser und Vermehrungsmaterial.

Vorkommen: Als besonders anfällig gilt die Sorte 'Spectabilis'.

Abwehr: Windige, feuchte und frostgefährdete Standorte meiden, Verwendung von gesundem Ausgangsmaterial.

Schadbild an der Sorte *Forsythia* 'Weekend'.

Schadbild: Auf den Blättern bilden sich im Sommer Aufhellungen von 1-2 cm Durchmesser. Später kommt es zu einer teilweisen bis ganzen Verbräunung des Blattes, vorzeitiger Blattfall ist möglich.

Schaderreger:

Blattfleckenkrankheit (*Cladosporium* sp.)

Verbreitung: Der Schaderreger wird erst seit 3–4 Jahren in Deutschland wahrgenommen. Nach ersten Beobachtungen sind schwächer wachsende Sorten stärker betroffen. Der Schaderreger wurde zunächst als *Fusicladium* bestimmt. Nach neueren Erkenntnissen soll er zur Gattung *Cladosporium* gehören.

Schadbild auf der Blattunterseite in unterschiedlichen Entwicklungsstadien.

Abwehr: Nach Möglichkeit keine Überkronenbewässerung ausführen, da die Dauer der Blattnässe großen Einfluss auf die Infektion hat. In Produktionsbetrieben kann eine Behandlung mit Präparaten gegen Blattflecken erfolgen.
Am Endstandort tritt der Erreger weniger stark auf.

Schadbild: Auf den jungen Blättern befinden sich kleine Löcher, bei stärkerem Befall treten Blattdeformationen auf.

Schaderreger:

Blattwanzen (verschiedene Gattungen)

Kleine Löcher im Blatt von Forsythia durch Befall mit Wanzen.

Verbreitung: Schäden durch Wanzen werden häufig falsch diagnostiziert, da das Insekt nur sehr selten zu sehen ist. Die unscheinbar gefärbten Blattwanzen stechen die Knospen und das junge Gewebe an. Dadurch kommt die weitere Entwicklung des Blattes zum Stocken, es bilden sich Verkrüppelungen. Häufig auch an Äpfeln und Johannisbeeren zu finden.

Abwehr: Direkte Bekämpfungsmaßnahmen sind nur selten erforderlich. Sie sollten allerdings ganz früh in den Morgenstunden erfolgen, da das Insekt dann noch träge ist und sich nicht, wie sonst üblich, bei Gefahr zu Boden fallen lässt.

Blattverkrümmungen von *Fraxinus* durch Befall mit Gallmilben.

4.32 *Fraxinus* – Esche

Schadbild: Terminal- und andere Endknospen der Pflanzen sind verbräunt, treiben gar nicht, verspätet oder ungleichmäßig aus. Bereits voll entwickelte Blätter zeigen auf der Unterseite untypische Verbräunungen auf der gesamten Blattspreite. Die Pflanzen zeigen starke Wuchsdepressionen.

Schaderreger:
Gallmilben (*Aculus epiphyllus*)

Verbreitung: Winzig kleine Milben saugen am Pflanzengewebe. Sie sind nur bei starker Vergrößerung sichtbar.

Abwehr: Behandlungen sind i. d. R. nur in der Baumschule erforderlich und können mit Präparaten gegen Gallmilben erfolgen. Außerdem hat sich die Behandlung mit Schwefelpräparaten während der Sommermonate bewährt.

Blattdeformationen und Verfärbungen durch Befall mit Eschen-Blattfloh.

Schadbild: Blätter verfärben sich weißlich bis weinrot und verdrehen sich dabei. Darauf befinden sich wachsbedeckte Insekten.

Schaderreger:
Eschenblattfloh (*Psylopsis fraxini*)

Verbreitung: In den eingerollten Blättern entwickeln sich die Larven. Etwa zur Jahresmitte erscheinen dann die geflügelten (adulten) Blattflöhe. Die Überwinterung erfolgt im Eistadium an der Pflanze.

Vorkommen: Befallen werden alle Eschen-Arten. In der baumschulischen Produktion ist ein verstärktes Auftreten zu beobachten.

Abwehr: Nur bei starkem Befall, am Endstandort wie z. B. im öffentlichen Grün nicht erforderlich.

Schadbild: An ein- und zweijährigen Zweigen wird in den Sommermonaten die Rinde abgefressen. Häufig kann man Hornissen dabei beobachten. Sie benötigen die Rinde für den Bau ihrer Nester.

Schaderreger:

Hornissen (*Vespa crabo* u. a.)

Verbreitung: Zunehmendes Problem in der Baumschulproduktion.

Vorkommen: Schäden konnten bisher nur bei *F. excelsior* beobachtet werden. Da vielfach auch der Mitteltrieb der Bäume betroffen ist, sind befallene Pflanzen wertlos. Häufig auch an der Sandbirke zu finden.

Abwehr: Eine Bekämpfung ist nicht erlaubt, da Hornissen zu den geschützten Arten (Rote Liste) gehören.

Fraßschäden von Hornissen an *Fraxinus*.

Schadbild: Pflanzen zeigen im Spätsommer zunächst Welkeerscheinungen am einjährigen Holz. Die Blätter verfärben sich dunkelbraun, verbleiben aber zunächst an den Pflanzen. Im Winterzustand sind äußerlich am Holz hell- bis dunkelbraune Verfärbungen sichtbar. Im Querschnitt der Zweige werden starke Verbräunungen sichtbar.

Schaderreger:

Eschentriebsterben (*Chalara fraxinea*)

Hauptfruchtform: *Hymenoscyphus pseudoalbidus*

Verbreitung: Der pilzliche Erreger ist in den vergangenen 20 Jahren von Schweden und Polen westwärts gewandert und hat mittlerweile auch England und Irland erreicht. Die Infektion der Pflanze erfolgt im Sommer. Auf den abgefallenen Blattstielen von erkrankten Bäumen des Vorjahrs entwickelt sich ein kleiner Becherpilz, das sogenannte „Falsche Weiße Becherchen", woraus die neue Infektion erfolgt.

Vorkommen: Vorwiegend befallen werden *F. excelsior* und deren Sorten. Prüfungen der Sortenanfälligkeit zeigen deutliche Unterschiede, eine Toleranz bzw. Resistenz einzelner

Welkeerscheinungen im Spätsommer nach Befall mit Eschentriebsterben.

Bräunliche bis gelbliche Verfärbung der Rinde durch Befall mit Eschentriebsterben.

Deutlich sichtbare Verfärbungen im Holzquerschnitt nach Befall mit Eschentriebsterben.

Blattverfärbungen und Absterbeerscheinungen an *Gaultheria* durch Befall mit dem Triebsterben. (Foto: H. Nennmann)

Sorten konnte nicht beobachtet werden. Stark anfällig ist die Sorte 'Westhoff's Glorie'.
F. angustifolia 'Raywood' zeigte ebenfalls eine hohe Anfälligkeit. Nicht befallen werden u. a. *F. ornus* und die amerikanischen Arten *F. americana* und *F. pennsylvanica*.

Abwehr: In der baumschulischen Produktion können vorbeugend ab Sommeranfang Fungizide eingesetzt werden, mit denen aber keine kurative Wirkung gegeben ist. Daher bleibt vorerst nur die Verwendung der resistenten Arten.

4.33 *Gaultheria* – Scheinbeere

Schadbild: An den Blättern und Trieben befinden sich braune bis rotbraune Flecken, die darüberliegenden Spitzen sterben ab.

Schaderreger:

Triebsterben (*Glomerella cingulata*)

Verbreitung: Besonders unter feuchtwarmen Witterungsbedingungen.

Abwehr: Verwendung von gesundem Ausgangsmaterial und sofortiges Entfernen befallener Pflanzen aus dem Bestand. Eine unterschiedliche Anfälligkeit einzelner Sorten konnte bislang nicht beobachtet werden.

Schadbild: Pflanzen zeigen zunächst fahle, später braune Belaubung. Bei Betrachtung (Anschnitt) zeigen sich bräunliche Verfärbungen der Rinde am Wurzelhals und an den Wurzeln.

Schaderreger:
Wurzelfäule (*Phytophthora cinnamomi*)

Hinweis: Eine Verwechslung des Schaderregers mit der Stängelgrundfäule (*Cylindrocladium scoparium*) ist möglich. Zur Absicherung der Diagnose sollte eine Laboruntersuchung erfolgen.

Verbreitung: Eine Ausbreitung des Erregers über geschlossene Wasserkreisläufe ist nach neueren Erkenntnissen möglich.

Abwehr: Verwendung von gesundem Vermehrungsmaterial, sofortiges Entfernen befallener Pflanzen aus dem Bestand und große Betriebshygiene.

Bräunliche Verfärbungen im Wurzelbereich nach Befall mit Wurzelfäuleerregern.

4.34 *Gleditsia* – Lederhülsenbaum

Schadbild: Gelbliche bis purpurfarbene Verdickungen an den jungen Blättern, die sich später bräunlich verfärben, im Inneren befinden sich rötliche Larven.

Schaderreger:
Gleditsia-Gallmücke (*Dasineura gleditsiae*)

Verbreitung: Ab Mai legt das ausgewachsene Insekt seine Eier auf die Blätter, die sich nach ca. einer Woche verformen. In der Regel befinden sich 2–3 bräunliche Larven in den Gallen. 2–3 Generationen pro Jahr. Die Überwinterung erfolgt als Larve im Boden.

Abwehr: Rückschnitt befallener Pflanzenteile.

Verdickungen und rötliche Verfärbungen nach Befall mit Gallmücken.

Gallmücke auf dem Blatt von *Gleditsia*. (Foto: K. Schrameyer)

Partielles Absterben einzelner Triebe durch *Phytophthora*-Befall.

4.35 *Hebe* – Strauchveronica

Schadbild: Einzelne Triebe oder Bereiche einer Pflanze welken und sterben ab. Bei genauer Betrachtung ist der darunterliegende Trieb auch im Anschnitt mit dem Messer bräunlich verfärbt.

Schaderreger:
Triebsterben (*Phytophthora*-Arten, *Fusarium*-Arten)

Verbreitung: Eine Abgrenzung der Schaderreger ist in der Praxis schwierig. Sind kleine, rosa gefärbte Sporenlager zu finden, handelt es sich um *Fusarium*. Im Zweifelsfall sollte immer eine Laboruntersuchung erfolgen.

Abwehr: Befallene Pflanzen sind aus dem Bestand zu entfernen, die Kulturführung sollte möglichst trocken erfolgen.

Schadbild des Falschen Mehltaus an *Hebe*.

Schadbild: Blätter zeigen zunächst gelbe Flecken, später auch einen grauen Belag auf den Blättern, verbunden mit Blattfall.

Schaderreger:
Falscher Mehltau (*Peronospora grisea*)

Verbreitung, Vorkommen: Häufiges Problem bei *Hebe*. Feuchte Bedingungen fördern die Ausbreitung des Erregers, insbesondere im Spätsommer und Herbst kann es Probleme geben.

Abwehr: Vorbeugend eine trockene Kulturführung einhalten und bei Bedarf Präparate gegen Falschen Mehltau verwenden.

Weitere häufig vorkommende **Schaderreger:**
Blattflecken (*Septoria veronicae*)

4.36 *Hedera* – Efeu

Schadbild: Auf den Blättern und vereinzelt auf den Trieben befinden weiße, rundliche geformte Schildläuse mit gelbbraunem Fleck in der Mitte. Die Schilde haben einen Durchmesser von ca. 1–2 mm.

Schaderreger:

Efeuschildlaus (*Aspidiotus hederae*)

Verbreitung, Vorkommen: Diese Schildlausart gehört zur Gruppe der Deckelschildläuse und ist in Deutschland erst seit einigen Jahren bekannt. Daher liegen bislang nur wenige Informationen vor. Das Hauptverbreitungsgebiet ist Südeuropa.

Abwehr: Stärker befallene Pflanzen sollten aussortiert werden und die verbliebenen mit Präparaten gegen Schildläuse behandelt werden.

Weibliche Efeuschildlaus. (Foto: H. Nennmann)

Schadbild: Austrieb und junge Blätter sind verkrüppelt und vertrocknen. Ganze Bereiche eines Triebes sind ohne Blätter.

Schaderreger:

Triebspitzenspinnmilbe (*Tarsonemus pallidus*)

Verbreitung: Winzige Milben (0,1–0,3 mm) von gelblicher Färbung mit zwei Beinpaaren.

Vorkommen: Buntlaubige Sorten werden bevorzugt befallen.

Abwehr: Rückschnitt und Vernichtung befallener Pflanzenteile.

Verkümmerung der Triebspitzen von *Hedera* durch Befall mit Triebspitzenmilbe. (Foto: R. Wilke)

Schwarze Fleckenbildung durch Befall mit der Blattfleckenkrankheit. (Foto: J. Dalchow)

Schadbild: Auf den Blättern rundliche braune Flecken, konzentrisch gezont. Später verfärben sich diese Flecken leicht gräulich und bekommen einen purpurfarbenen Rand, im Inneren bilden sich kleine schwarze Punkte. Triebe werden in der Regel nicht befallen.

Schaderreger:

Blattfleckenkrankheit (*Phyllosticta hedericola*)

Abwehr: Rückschnitt befallener Pflanzenteile.

Flecken auf Blättern und Trieben von *Hedera* durch Befall mit der Stängelfleckenkrankheit. (Foto: R. Wilke)

Schadbild: Auf den Blättern bilden sich hell- bis dunkelbraune Flecken. Triebe werden ebenfalls befallen.

Schaderreger:

Blatt- und Stängelfleckenkrankheit (*Colletotrichum glosporioides*)

Hinweis: Eine Verwechslung mit dem Erreger der Blattfleckenkrankheit (*Phyllosticta hedericola*) ist möglich.

Abwehr: Rückschnitt befallener Pflanzenteile, Verwendung von gesundem Ausgangsmaterial.

Abgestorbene Triebe und Blätter an *Hedera* durch Befall mit Efeukrebs. (Foto: R. Wilke)

Schadbild: An den Blättern bilden sich kleine, scharf begrenzte, glasig durchscheinende Flecken, die sich vergrößern, ausbreiten und schwarz werden. Triebe werden ebenfalls befallen, Bildung von Bakterienschleim möglich.

Schaderreger:

Bakterienblattfleckenkrankheit, Efeukrebs
(*Xanthomonas campestris pv. hederae*)

Vorkommen: Nach Untersuchungen in Belgien (Mertens/Derycke) sind die Sorten unterschiedlich anfällig. Sorten von *H. colchica* und *Arborescens*-Formen sind nur gering anfällig, während *H. helix* 'Goldheart' und 'Woerner' als sehr anfällig gelten.

Abwehr: Entfernen befallener Pflanzen aus dem Bestand, Bewässerung möglichst nicht „über Kopf".

Weitere häufig vorkommende **Schaderreger**: siehe Kapitel 2:

Spinnmilben (*Tetranychus urticae*)

4.37 *Hibiscus* – Eibisch

Schadbild: Welken und Absterben einzelner Zweige während der Kultur. Auf den abgestorbenen Partien können sich rosafarbene Sporenlager bilden.

Schaderreger:

Fusarium-Welke (*Fusarium oxysporum*)

Verbreitung: Im Frühjahr häufiger zu finden an Zweigen aus dem Vorjahr, kann zum Absterben der ganzen Pflanze führen.

Abwehr: Rechtzeitiges Entfernen befallener Triebe bzw. ganzer Pflanzen.

Rosa gefärbte Sporenlager durch Befall mit *Fusarium*.

Schadbild: Auf den Triebspitzen der Pflanzen befinden sich gleich nach dem Austrieb dunkel gefärbte Blattläuse.

Schaderreger:

Blattläuse (verschiedene Arten)

Verbreitung: Blattläuse sind in fast allen Anzuchtbetrieben für *Hibiscus* weitverbreitet und verursachen zu erhebliche Schwierigkeiten in der Bekämpfung.

Abwehr: Die Bekämpfung der Blattläuse an *Hibiscus* gestaltet sich zunehmend schwierig, da viele neue Blattlausarten aus Südeuropa mit einem hohen Resistenzgrad gegenüber den üblichen Insektiziden zu finden sind. Bei der Auswahl der Produkte dürfen wegen der Blüte nur bienenungefährliche Mittel berücksichtigt werden.

Dunkel gefärbte Blattläuse an *Hibiscus*.

Blattvergilbung bei *Hibiscus* durch Nährstoffmangel.

Schadbild: Blätter verfärben sich vom Rand gelblich, wobei die Blattadern grün verbleiben. Besonders häufig während kalter Perioden im Juni/Juli zu beobachten.

Schadursache:

Nährstoffmangel, physiologische Störung

Abwehr: Unter Fachleuten wird das allseits bekannte Schadbild seit Jahren diskutiert. Eine klare Empfehlung ist schwierig. *Hibiscus* hat einen hohen Nährstoffbedarf, der in kalten Perioden bei Düngung mit Vorratsdüngern nicht immer abgedeckt werden kann. Anderseits kann es schnell zu einem Nährstoffungleichgewicht kommen. Überhöhte Werte oder Mangel an einzelnen Elementen wie Eisen und Molybdän werden diskutiert.

4.38 *Hippophae* – Sanddorn

Absterben ganzer Pflanzen durch Befall mit *Verticillium.* (Foto: F. Höhne)

Schadbild: Einzelne Zweige zeigen Welkererscheinungen, Pflanzen sterben ganz oder teilweise ab. Im Querschnitt des Holzes sind graugrüne Verfärbungen sichtbar.

Schaderreger:

***Verticillium*-Welke** (*Verticillium*-Arten)

Verbreitung: Sanddorn kann als hochgradig anfällig für die *Verticillium*-Welke bezeichnet werden. Das wird besonders bei den fruchttragenden Sorten deutlich, die vegetativ durch Stecklinge vermehrt werden. Eine Übertragung durch Samen (bei Aussaat) ist nicht möglich (siehe auch unter *Acer*).

Abwehr: Verwendung von gesundem Vermehrungsmaterial bei Fruchtsorten und die Untersuchung der Flächen auf Dauersporen von *Verticillium* vor der Pflanzung. Ehemalige Kartoffel- und Erdbeerfelder sollten grundsätzlich gemieden werden.

4.39 *Hydrangea* – Hortensie

Schadbild: Während der Vegetation zeigen einzelne Triebe Welkesymptome und Absterbeerscheinungen. Am Stängelgrund sind Verbräunungen zu finden.

Schaderreger:

Wurzelfäule, Stängelgrundfäule (*Phytophthora*-Arten, *Rhizoctonia solani*)

Verbreitung: Die Ausbreitung des Erregers erfolgt u. a. über die Bewässerung.

Abwehr: Trockene Kulturführung und Betriebshygiene, Wasserrecycling sollte nur nach vorheriger Reinigung, z. B. durch Sandfilter, erfolgen.

Welkeerscheinungen nach Befall mit Wurzelfäule.

Schadbild: Auf den Blattoberseiten befinden sich unregelmäßig verteilt weiße Flecken.

Schaderreger:

Echter Mehltau (*Microsphaera polonica*)

Vorkommen: Die Anfälligkeit der Sorten von *Hydrangea macrophylla* ist sehr unterschiedlich. Daher sollten vorrangig weniger anfällige Sorten verwendet werden. Nur selten werden *H. arborescens* und *H. paniculata* und deren Sorten befallen.

Abwehr: Verwendung resistenter Sorten.

Weitere häufig vorkommende **Schaderreger**:

Stängelälchen (*Ditylenchus dipsaci*), siehe Kapitel 2.

Echter Mehltau an einem Blatt von *H. macrophylla*.

Deutlich sichtbare Sporenlager des Rostpilzes auf der Blattunterseite

Absterben einzelner Pflanzen nach Befall mit Wurzelfäule

4.40 *Hypericum* – Johanniskraut

Schadbild: Während der Vegetation bilden sich deutlich sichtbare bräunliche Sporenlager auf den Blattunterseiten, oberseits sind helle Flecken sichtbar. Nur bei stärkerem Befall kommt es zu Blattfall.

Schaderreger:

Rost (*Melampsora hypericorum*)

Verbreitung: Angaben zum Verhalten des Rostpilzes sind nur begrenzt vorhanden. Eine größere Anzahl von Wirtspflanzen ist bekannt.

Vorkommen: Die Anfälligkeit der Arten und Sorten ist sehr unterschiedlich. Relativ anfällig ist die bodendeckende Art *H. calycinum*. Höher wachsende Sorten aus der *Patulum*- (z. B. 'Hidcote Gold') oder *Moserianum*-Gruppe zeigen dagegen nur selten Befall. Sorten für den Schnitt aus der *Androseamum*-Gruppe zeigen i. d. R. eine hohe Anfälligkeit.

Abwehr: Verwendung weniger anfälliger Sorten, bei Bedarf Verwendung von Präparaten gegen Rostpilze.

Schadbild: Welkeerscheinung und Absterben einzelner Pflanzen in der baumschulischen Produktion.

Schaderreger:

Wurzelfäule (*Phytophthora*-Arten, *Cylindrocarpon destructans*)

Verbreitung: Beide genannten Erreger sind häufiger bei der Kultur von *Hypericum* zu finden. Vor einer Behandlung sollte daher eine Diagnose des Schaderregers im Labor erfolgen.

Abwehr: Betriebshygiene und trockene Kulturführung.

Schadbild: Auf und unter den Blättern bilden sich rostbraune Flecken mit gelblichem oder violettem Rand.

Schaderreger:

Blattfleckenkrankheit (*Septoria hyperici*)

Verbreitung, Vorkommen: Seit einigen Jahren nimmt der Befall besonders an Sorten für den Schnittanbau zu. Teilweise werden die Schäden auch durch einen weiteren Blattfleckenerreger (*Phyllosticta hypericicola*) verursacht.

Abwehr: Anwendung von Präparaten gegen Blattflecken bei Bedarf, insbesondere bei Sorten für den Schnitt sind diese Maßnahmen erforderlich.

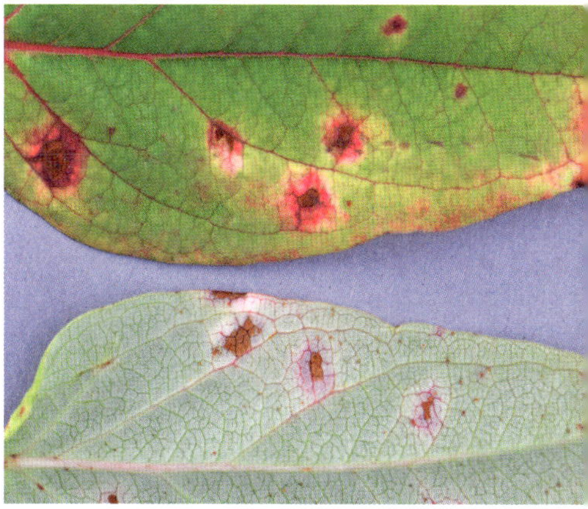

Blattfleckenerreger am Blatt von *Hypericum*.

4.41 *Ilex* – Stechpalme

Schadbild: Etwa ab Juni minieren weißliche Larven in den Blättern der Stechpalme. Verursacht werden schlangenförmige, dann blasig aufgewölbte Minen. In den Fraßgängen befinden sich Kotkrümel, Larven (Maden) oder kleine braune Puppen, nach Vergilben der Blätter fallen diese im Spätsommer ab.

Schaderreger:

Ilex-Minierfliege (*Phytomyza ilicis*)

Verbreitung: Im Juni Eiablage an der Blattmittelrippe, Überwinterung in Blattminen, Verpuppung im folgenden Frühjahr, Schlupf der Fliege im Mai/Juni.

Flecken und Zeichnungen an Blättern von *Ilex* nach Befall mit der Minierfliege. (Foto: D. Bartels)

Schadbild: Auf den Blattunterseiten befinden sich Schildläuse mit einem schmalen. bis zu 15 mm langen, weißen Eisack.

Schaderreger:

Wollsackschildlaus (*Eupulvinaria hydrangeae*, Syn. *Pulvinaria hydrangeae*)

Verbreitung: Starke Verbreitung in Gärten, Parks und Baumschulen.

Vorkommen: Vorwiegend werden die großlaubigen Arten und Sorten befallen.

Abwehr: Siehe unter *Taxus*.

Deutlich sichtbarer Befall der Blattunterseite. (Foto: D. Bartels)

Durch Befall mit Grauschimmel abgestorbene und blühende Zweige im Winter nebeneinander.

4.42 *Jasminum* – Echter Jasmin

Schadbild: Während der Wintermonate werden einzelne Triebteile weißlich bis bräunlich und sterben ganz ab. Den Ausgangspunkt für dieses Schadbild bildet immer eine Blüte oder eine Blattknospe.

Schaderreger:

Grauschimmel (*Botrytis cinerea*)

Verbreitung, Vorkommen: Das Schadbild findet sich ausgangs des Winters in vielen Pflanzenbeständen und auch am Endstandort ist es insbesondere nach feuchten Wintermonaten weitverbreitet.

Abwehr: Trockene Kulturführung und Behandlung mit Präparaten gegen Grauschimmel.

Schadbild am Blatt von *Juglans* durch *Marssonina*-Blattfleckenkrankheit.

4.43 *Juglans* – Walnuss

Schadbild: Auf den Blättern und krautigen Trieben bilden sich braune, unregelmäßig geformte Flecken. Im Endstadium können größere Areale des Blattes, sowie die grünen, unreifen Fruchtschalen betroffen sein.

Schaderreger:

Marssonina-Blattfleckenkrankheit
(*Marssonina juglandis*)

Verbreitung: Der Erreger ist an der Walnuss weitverbreitet. Er überwintert im Falllaub. Eine Verwechslungsmöglichkeit besteht mit der bakteriellen Blattfleckenkrankheit/Bakterienbrand *Xanthomonas juglandis* (früher *Pseudomonas juglandis*).

Abwehr: Nur bei stärkerem Befall ist eine Behandlung mit Präparaten gegen Blattfleckenkrankheiten sinnvoll.

Schadbild: Blätter bilden im späten Frühjahr größere Ausstülpungen mit einem Durchmesser von ca. 1 cm.
Auf der Unterseite befindet sich dort ein Filzrasen.

Schaderreger:
Gallmilben (*Aceria erinea* und andere Arten)

Verbreitung: Aufgrund der geringen Größe können Gallmilben nur mithilfe einer guten Lupe gesehen werden. Sie bilden mehrere Generationen pro Jahr und können sich in manchen Jahren stark ausbreiten. Weitere Gallmilbenarten an der Walnuss verursachen vergleichbare Schadbilder. Die Ausstülpungen sind dann aber wesentlich kleiner (siehe auch *Acer*).

Abwehr: Nur in Jahren mit starkem Befallsdruck erforderlich, Schaden insgesamt begrenzt. Die Anwendung von Schwefelpräparaten im späten Frühjahr hat sich bewährt.

Weitere häufig vorkommende **Schaderreger:**
Bakterienbrand (*Xanthomonas juglandis*)

Ausstülpungen am Blatt von *Juglans* durch Befall mit Gallmilben.

4.44 *Kalmia* – Lorbeerrose

Schadbild: Blätter oder junge Triebe zeigen Welkesymptome und Pflanzen sterben unterhalb der Braunfärbung ab.

Schaderreger:
Phytophthora-Wurzelfäule (*Phytophthora*-Arten)

Verbreitung, Vorkommen: Der Erreger breitet sich vorwiegend über Wasser aus, inkl. Regen und Gießwasser. Betriebe mit Wasserrecycling sind daher besonders gefährdet.

Abwehr: Betriebshygiene und trockene Kulturführung einhalten.

Schadbild an *Kalmia* im Vergleich, rechts mit Befall, links gesunde Pflanze.

Triebsterben an Kerria durch Befall mit *Phomopsis*.

4.45 *Kerria* – Kerrie, Ranunkelstrauch

Schadbild: Auf den Trieben bilden sich während der Sommermonate zunächst kleine braune Flecken, die sich später stängelumfassend entwickeln und zum Absterben des Triebs führen können.

Schaderreger:
Triebsterben (*Phomopsis japonica*)

Verbreitung: In der Fachliteratur liegen nur sehr wenige Erkenntnisse über diesen Schaderreger vor. Erste Befallsstellen sind ab Mitte des Jahres am neuen Trieb zu beobachten. Spätestens zu diesem Zeitpunkt sollte eine Behandlung einsetzen.

Abwehr: Befallene Zweige ausschneiden und Behandlungen gegen Blattfleckenerreger während der Vegetation ausführen.

Blattflecken am Blatt von *Laburnum*.

4.46 *Laburnum* – Goldregen

Schadbild: Auf den Blättern bilden sich im Verlauf der Vegetation kleine braune Flecken.

Schaderreger:
Blattfleckenkrankheit (*Pleiocheata setosa*)

Verbreitung: Häufiger in dichten Beständen bei der Anzucht in der Baumschule zu sehen. Das Schadbild kann leicht mit dem Falschen Mehltau verwechselt werden. Dann sind die Flecken allerdings größer und rotbraun umrandet. Im Endstadium kann dabei auch Blattfall einsetzen und ein Befall der krautigen Triebe ist ebenfalls möglich.

Abwehr: Ausreichend Pflanzenabstand gewährleisten.

Blattfleckenkrankheit am einjährigen Holz.

Schadbild: Auf den Blättern bilden sich größere Flecken mit weinroter Umrandung, häufig setzt Blattfall ein. Das Schadbild findet sich auch an krautigen Trieben.

Schaderreger:

Falscher Mehltau (*Peronospora cytisi*)

Verbreitung, Vorkommen: Feuchte Bedingungen fördern die Ausbreitung des Erregers. Auf den Anzuchtbeeten für Unterlagen ist der Erreger häufiger zu sehen.

Abwehr: Dichte Pflanzenbestände sollten vermieden werden. Bei Bedarf Einsatz von Präparaten gegen Falschen Mehltau.

Schaden am einjährigen Trieb von *Laburnum* 'Vossii'.

4.47 *Laurus* – Lorbeerbaum

Schadbild: Vorwiegend auf der Blattunterseite befinden sich bräunlich gefärbte Schilde. Teilweise sind die Schilde auch auf der Blattoberseite und am Stängel zu finden.

Schaderreger:

Schildläuse (*Coccus hesperidum*)

Vorkommen: Häufiges Problem am Lorbeerbaum. Schildläuse durchlaufen mehrere Entwicklungsstadien. Dazu zählen auch die beweglichen Stadien während des Sommers, die leichter zu bekämpfen sind.

Abwehr: Abreiben der Läuse ist im Privatgartenbereich nur eine begrenzte Lösung, da viele Schilde sehr versteckt sitzen. Die mehrfache Anwendung von Ölpräparaten gegen die beweglichen Stadien hat sich besser bewährt.

Schadbild an Laurus.

Partielles Absterben durch Befall mit *Phytophthora*.

4.48 *Lavandula* – Lavendel

Schadbild: Welke und Absterben einzelner Triebe, bei starkem Befall können ganze Pflanzen absterben. Am Wurzelhals finden sich Verbräunungen beim Anschnitt mit dem Messer.

Schaderreger:

Wurzelfäule (*Phytophthora*-Arten)

Verbreitung: Der Erreger kann über den Wasserkreislauf verbreitet werden. Feuchte und nasse Bedingungen fördern die Anfälligkeit der Kulturen. Eine Verwechslung des Schadbildes mit *Fusarium* oder *Rhizoctonia* ist möglich. Daher ist eine Laboruntersuchung ratsam.

Abwehr: Befallene Pflanzen sofort entfernen und insgesamt trockene Kulturführung einhalten. Bei Verwendung von recyceltem Wasser (Übertragung mit Gießwasser möglich) sollte Möglichkeit der Desinfektion geprüft werden.

Mausgrauer Pilzrasen durch Befall mit Grauschimmel.

Schadbild: Absterben einzelner krautiger Triebe. Bei hoher Luftfeuchtigkeit entwickelt sich darauf ein mausgrau gefärbter Pilzrasen.

Schaderreger:

Grauschimmel (*Botrytis cinerea*)

Verbreitung: Der Erreger tritt auch bei niedrigen Temperaturen auf, Voraussetzung ist Feuchtigkeit.

Abwehr: Optimierung der Kulturführung. Neuere Untersuchungen belegen, dass der Erreger gegenüber vielen Präparaten gegen Grauschimmel resistent geworden ist. Vorbeugend sollte daher nicht nur ein Wirkstoffwechsel, sondern ein Wechsel der Resistenzgruppe (siehe Herstellerangaben oder im Internet unter www.pflanzenschutz-information.de) vorgenommen werden.

4.49 *Ligustrum* – Liguster, Rainweide

Schadbild: Einzelne Blätter zeigen ab dem späten Frühjahr kleine, leicht schlängelnde Miniergänge, die später 1–2 cm Ausmaß erreichen können. Darin befindet sich eine kleine Raupe und kleine schwarze Kotkrümel.

Schaderreger:

Fliedermotte (*Gracillaria syringella*)

Verbreitung: Der Schädling überwintert als Puppe und legt seine Eier im Frühjahr an die Blätter. Die Schäden durch die zweite Generation sind wesentlich größer. Häufig auch an Flieder zu finden.

Abwehr: Nur bei stärkerem Befallsdruck erforderlich mit Präparaten gegen Minierraupen nach der Eiablage.

Befallsbild der Fliedermotte an Liguster.

Schadbild: Während des Spätsommers und der Versandarbeiten brechen einzelne Triebe der Pflanzen ab, im unteren Bereich der Pflanze befinden sich eingesunkene Rindenstellen, z. T. mit Wundreaktion der Pflanzen.

Schaderreger:

Rindenfleckenkrankheit (*Colletotrichum* sp.)

Verbreitung: Der Erreger überwintert am Holz befallener Zweige und infiziert bereits im Frühjahr die noch krautigen Triebe der Pflanze.

Abwehr: Vorbeugend Verwendung gesunden Pflanzenmaterials.

Rindenfleckenkrankheit – Schadbild im Winter.

Rindennekrosen an Zweigen von *Ligustrum* nach Befall mit der Rindenfleckenkrankheit.

Blattflecken auf Blättern von Liguster.

Schadbild: Auf den Blättern bilden sich im Spätsommer braune Flecken mit dunkelrotem Rand, die meistens rundlich geformt sind. Bei starkem Befall setzt vorzeitiger Blattfall ein.

Schaderreger:

Blattflecken (*Ascochyta* sp., *Phyllosticta* sp.)

Verbreitung: Der Erreger hat besonders in Jahren mit vielen Niederschlägen im Spätsommer und frühen Herbst größere Bedeutung in Baumschulen. Im kontinentalen Klimabereich ist das Schadbild seltener zu finden.

Abwehr: Windoffene Lagen bei der Produktion bevorzugen, bei stärkerem Befall Einsatz von Präparaten gegen Blattfleckenerreger.

Schadbild an Liguster nach Befall mit *Pseudomonas*.

Schadbild: An den krautigen Trieben finden sich braune Stellen, z. T. mit eingesunkenem Gewebe. Darüber liegende Pflanzenteile welken oder sterben ab. Die Stellen befinden sich meist 10–15 cm unterhalb der Triebspitze.
Teilweise sind auf den Blättern braune Flecken zu sehen.

Schaderreger:

Bakterienwelke (*Pseudomonas syringae*)

Verbreitung: Der Schaderreger ist erst seit einigen Jahren in Deutschland verstärkt zu finden. *Ligustrum ovalifolium* scheint anfälliger für den Erreger zu sein als *L. vulgare* 'Atrovirens'.

Abwehr: Befallene Stellen ausschneiden und vernichten. Die Gewinnung von Vermehrungsmaterial für Steckholz und Stecklinge von befallenen Pflanzenbeständen sollte unterbleiben. Bei Befall sollten Behandlungen mit Kupferspritzmitteln erfolgen.

Schadbild: Blätter an den Triebspitzen fallen im Sommer ab, teilweise trocknen die Spitzen 10–15 cm zurück.

Blattfall an Liguster durch Bormangel.

Schadursache:

Bor- und Kupfermangel

Verbreitung: Das Problem hat in den vergangenen Jahren sehr stark zugenommen, insbesondere in Sommern mit längeren Trockenphasen. Zunächst wurde nur Kupfermangel als mögliche Ursache gesehen. Zwischenzeitlich wird allerdings Bormangel als eigentliche Ursache betrachtet.

Abwehr: Bodenanalyse auf Hauptnährstoffe und Spurenelemente vor Kulturbeginn. Bei Bedarf Anwendung von Bor- und Kupferdüngern.

4.50 *Liriodendron* – Tulpenbaum

Schadbild: An Stämmen und dickeren Ästen befinden sich kreisrunde Bohrlöcher mit einem Durchmesser von 4–7 mm, die mit Bohrmehl versehen sind. Häufig auch im unteren Bereich der Pflanzen unter sogenannten „Stammschutzspiralen“ zu finden. In den Bohrgängen leben gelblich bis orangerot gefärbte Larven mit schwarzen Punkten.

Schwarz gepunktete gelbliche Larve vom Blausieb.

Schaderreger:

Blausieb (*Zeuzera pyrina*)

Vorkommen: Häufig an *Aesculus, Castanea, Betula, Fraxinus, Ulmus* und Obstgehölzen zu finden.

Verbreitung: Die Falter legen im Spätsommer ihre Eier möglichst in der Nähe von Knospen ab. Daraus entwickeln sich im gleichen Jahr Raupen, die sich in die Pflanze einbohren und bis zum übernächsten Frühjahr als Larve dort verbleiben. Sie können eine Länge von 5–7 cm erreichen. Die Bohrlöcher können mit denen des Weidenbohrers verwechselt werden. Diese sind aber nicht kreisrund, sondern oval.

Abwehr: Keine direkten Bekämpfungsmaßnahmen möglich. Neupflanzungen sollten regelmäßig kontrolliert werden auf Eiablage und Larven.

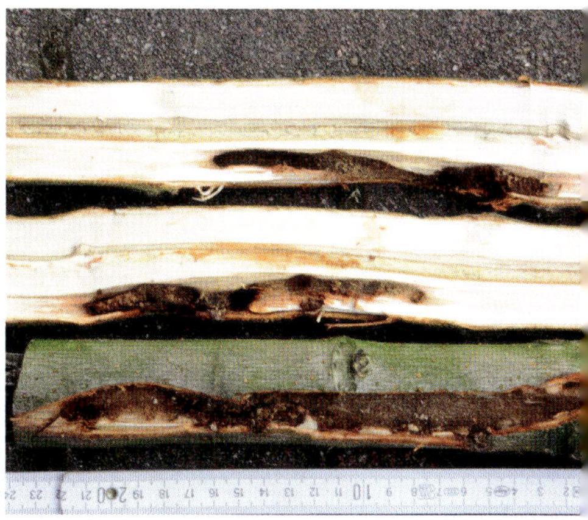

Schaden durch Larve vom Blausieb im Stamm von *Aesculus.*

Blattdeformationen an *L. tatarica* nach Befall mit Lonicera-Blattlaus.

4.51 *Lonicera* – Heckenkirsche

Schadbild: Blätter verfärben sich untypisch rötlich und sind wesentlich schmaler. Bei stärkerem Befall sind die Triebe gestaucht, krautige Triebe hängen herab. Die Befallsherde sind ungleichmäßig im Pflanzenbestand verteilt.

Schaderreger:

Lonicera-Blattlaus (*Hyadaphis tataricae*)

Verbreitung: Die Überwinterung der Blattlaus erfolgt im Eistadium. Ein Wirtswechsel zu anderen Pflanzenarten findet nicht statt. Die Läuse sind besonders in den gefalteten Blättern zu finden.

Vorkommen: Die Laus befällt nur die Art *L. tatarica* sowie deren Sorten und Hybriden. An *L. xylosteum* ist sie nicht zu finden.

Abwehr: Rückschnitt und Vernichtung befallener Pflanzenteile, Anwendung von systemischen Präparaten gegen Blattläuse.

Schadbild an *L. xylosteum*.

Schadbild: Auf den Blättern sind während der Sommermonate schlangenförmige, gleichbleibend 2 mm breite Miniergänge zu beobachten. Darin befinden sich gelbliche Larven mit dunkler Kopfkapsel sowie schwarze Kotkrümel.

Schaderreger:

Minierfliege (*Phytagromyza xylostei*)

Verbreitung: Das Insekt legt seine Eier meist an den Blatträndern ab. Nach dem Schlupf bohrt sich die Larve in das Blatt ein. Betroffen sind meist nur die laubabwerfenden Arten, insbesondere *L. xylosteum*.

Abwehr: Nachhaltige Schäden sind nicht zu erwarten, es kann sich eher um ein „optisches Problem" im Verkauf handeln.

Schadbild: Einzelne Triebe und teilweise ganze Pflanzen sterben während der Vegetation ab. Besonders betroffen sind die immergrünen Arten. Auf dem abgestorbenen Gewebe sind rosa gefärbte Sporenlager zu finden.

Schaderreger:

Fusarium-Triebsterben (*Fusarium*-Arten)

Verbreitung: Der pilzliche Erreger ist bei der gärtnerischen Pflanzenproduktion weitverbreitet. Eine Verwechslung mit anderen Schaderregern (*Cylindrocarpon, Phytophthora, Rhizoctonia*) ist möglich. Klarheit schafft meist nur eine Laboruntersuchung.

Abwehr: Optimierung der Kulturführung und Betriebshygiene.

Rosa gefärbte Sporenlager auf dem toten Gewebe durch Befall mit *Fusarium*.

Schadbild: Blätter kräuseln sich von den Triebspitzen und drehen sich nach innen, auf der Blattunterseite befindet sich ein harter weißlicher Belag (Kalkflecken!). Befallene Blätter verbleiben meist bis zum Ende der Vegetationsperiode an der Pflanze.

Schaderreger:

Kalkfleckenkrankheit (*Herpobasidium deformans*)

Verbreitung: Die Krankheit befällt besonders *L. tatarica* und deren Sorten 'Hack's Red', 'Arnold Red' und 'Rosea'. Feuchte Witterungsbedingungen scheinen die Ausbreitung der Krankheit zu begünstigen.
Seit einigen Jahren ist ein verstärkter Befall an bodendeckenden Arten zu beobachten, insbesondere die Sorte *L. nitida* 'Maigrün' scheint anfälliger zu sein. Resistent sind dagegen *L. xylosteum* sowie deren Hybriden und Sorten.

Abwehr: Vorbeugend Verwendung gesunden Vermehrungsmaterials.

Verbräunung der Blätter von *Lonicera* durch Befall mit der Kalkfleckenkrankheit.

Befallene Blätter an *Lonicera* 'Maigrün'.

Warzenartige Ausstülpungen nach Befall mit Gallmilben an Goji-Beere.

Schwarze Flecken auf Blatt von *Magnolia* nach Befall mit Bakterienblattfleckenkrankheit.

4.52 *Lycium* – Bocksdorn, Goji-Beere

Schadbild: Auf den Blättern bilden sich 3–5 mm große, warzenartige helle Ausstülpungen, junge Austriebe sind deformiert.

Schaderreger:

Gallmilben (*Aceria kuko*)

Verbreitung: Die Gallmilbe ist mit Pflanzenlieferungen aus Asien nach Europa eingeschleppt und bisher nur sehr vereinzelt nachgewiesen worden.

Vorkommen: Nach ersten Einschätzungen können alle Pflanzen aus der Familie der Nachtschattengewächse befallen werden.

Abwehr: Sofortige Meldung an zuständige Pflanzenschutzdienste, es handelt sich um einen Quarantäneschaderreger.

Weitere häufig vorkommende **Schaderreger**:

Echter Mehltau (*Arthrocladiella mougeotii*)

4.53 *Magnolia* – Magnolie

Schadbild: Auf den Blättern befinden sich eckige schwarze Flecken, die durch die Blattadern scharf begrenzt sind. Das Schadbild tritt meist erst in den Sommermonaten auf.

Schaderreger:

Bakterienblattfleckenkrankheit (*Pseudomonas syringae*)

Verbreitung: Die Ausbreitung des Erregers erfolgt durch Wind, Wasser und Vermehrungsmaterial.

Vorkommen: Befallen wird in erster Linie *M. soulangiana*.

Abwehr: Verwendung von gesundem Pflanzenmaterial, Betriebshygiene.

Weitere häufig vorkommende **Schaderreger**: siehe Kapitel 2:

Spinnmilben (*Tetranychus urticae*)

Schadbild: Auf und unter den Blättern bildet sich im Verlauf des Sommers ein weißlicher Belag, bei stärkerem Befall falten sich die Blätter ein.

Schaderreger:

Echter Mehltau (*Phyllactinia guttata* und andere Arten)

Verbreitung: In den vergangenen Jahren hat der Befall mit Echten Mehltaupilzen bei Magnolien und bei Gehölzen insgesamt stark zugenommen. Über die genauen Ursachen liegen keine Erkenntnisse vor.

Abwehr: Ausgewogene Düngung und mäßige Stickstoffgaben können einen Befall bremsen, aber nicht verhindern. Gesicherte Informationen zur Anfälligkeit von Sorten liegen nicht vor: Hinweise aus der Praxis deuten auf eine stärkere Anfälligkeit u. a. von *M. × liliiflora* 'Nigra' hin. Großblättrige neue Sorten sind in der Tendenz weniger anfällig.

Weitere häufig vorkommende **Schaderreger**: siehe Kapitel 2:

Spinnmilben (*Tetranychus urticae*)

Weißlicher Belag durch Befall mit Echten Mehltau.

4.54 *Mahonia* – Mahonie

Schadbild: Auf den Blättern befindet sich ein mehliger weißer Belag.

Schaderreger:

Echter Mehltau (*Microsphaera berberides*)

Verbreitung: Die Ausbreitung des Erregers erfolgt besonders durch den Wind, auch bei trockenen Bedingungen.

Vorkommen: Alle Arten und Sorten können befallen werden.

Weißer Belag auf *Mahonia* durch Befall mit Echtem Mehltau.

Schadbild: Auf den Blättern befinden sich kleine rötliche Flecken, auf der Unterseite zunächst gelblich bis bräunliche Pusteln, die zum Herbst/Winter schwarze Farbe annehmen.

Schaderreger:

Mahonienrost (*Cumminisiella mirabilissima*)

Verbreitung: Der Erreger ist nicht wirtswechselnd, alle Sporenformen werden auf der Mahonie gebildet. Trockene Standorte begünstigen die Entwicklung.

Dunkle Sporenlager (Wintersporen) des Mahonienrostes auf den Blattunterseiten.

Wachsausscheidungen von Blutläusen.

Tumorartige Wucherungen am Holz nach Befall mit Blutläusen.

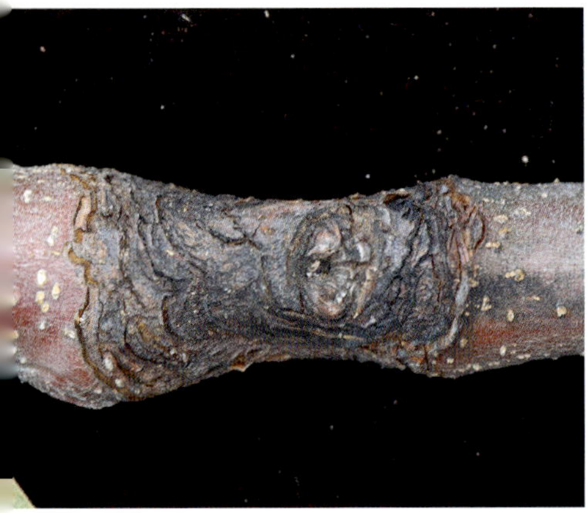

Junger Zweig von *Malus* mit Befall durch Obstbaumkrebs.

4.55 *Malus* – Apfel

Schadbild: Besonders an Wund- und Schnittstellen sind weiße watteartige Wachsausscheidungen von dunkel gefärbten Läusen zu erkennen, unter großen Lauskolonien bilden sich tumorartige Wucherungen (Blutlauskrebs).

Schaderreger:

Blutlaus (*Eriosoma lanigerum*)

Verbreitung: Im Sommer durch geflügelte Tiere, Überwinterung am Wurzelhals, 10–12 Generationen pro Jahr sind möglich.

Vorkommen: *Malus, Pyrus, Sorbus* und ihnen verwandte Gattungen.

Abwehr: Widerstandsfähige Sorten und Unterlagen wählen. Bevorzugt besiedelt werden u. a. 'Goldparmäne', 'Cox Orange', 'James Grieve', 'Weißer Klarapfel' und 'Jonathan'.

Schadbild: Absterben junger Äste und Zweige, darunterliegend eingesunkene, rissige Rindenstellen. Über mehrere Jahre können sich größere tumorartige Wucherungen bilden.

Schaderreger:

Obstbaumkrebs (*Nectria galligena*)

Verbreitung: Der pilzliche Erreger kann nur über Wunden (z. B. Blattstiele, Frostrisse usw.) in die Pflanze eindringen.

Vorkommen: Alle Kernobstarten sowie deren Verwandte.

Abwehr: Ausschneiden befallener Stellen, sorgfältiger Wundverschluss.

Schadbild: Blätter einzelner Zweige und Äste sind silbrig und matt verfärbt. Im Querschnitt befallener Bäume ist das Kernholz dunkel verfärbt.

Schaderreger:

Pilzlicher Bleiglanz (*Chondrostereum purpureum*)

Verbreitung: Die Infektion erfolgt i. d. R. über frische Schnittwunden in den Wintermonaten, in deren Umfeld sich vielfach Rußtaupilze ansiedeln. Eine Verwechslung mit dem physiologischen Bleiglanz ist möglich. Dieser kann u. a. durch Nährstoffmangel verursacht werden, führt allerdings nicht zur Verfärbung des Kernholzes.

Vorkommen: Der Erreger hat ein breites Wirtspflanzenspektrum. Neben Kern- und Steinobst können viele Laubbaum- und Ziersträucharten befallen werden. Seit einigen Jahren ist ein stärkeres Auftreten zu beobachten.

Abwehr: Rückschnitt bis ins gesunde Holz (keine dunkle Verfärbung vom Kernholz) bzw. sofortige Rodung befallender Pflanzen und sorgfältige Betriebshygiene.

Silbrig glänzendes Zierapfelblatt (unten) mit Befall von Bleiglanz, oben gesundes Blatt im Vergleich.

Schadbild: Auf den Blättern bilden sich gleich nach dem Austrieb kleine olivgraue Flecken, die sich ausbreiten und später braun werden. Bei starkem Befall erfolgt vorzeitiger Blattfall.

Schaderreger:

Apfelschorf (*Venturia inaequalis*)

Verbreitung: Der Schorfpilz ist weitverbreitet und kommt auch an anderen Pflanzengattungen wie z. B. *Pyrus, Pyracantha, Sorbus* vor. Der Erreger überwintert an der Pflanze und im Falllaub. Die Infektion wird durch feuchtwarme Witterung gefördert. Im Erwerbsobstbau finden heute moderne Prognosemodelle zur Optimierung des Pflanzenschutzmitteleinsatzes Verwendung.

Abwehr: Die Sortenanfälligkeit ist sehr unterschiedlich. Bei Zieräpfeln gelten u. a. 'Evereste', 'Red Juwel' oder 'Red Sentinel' als resistent. Beim Apfel gelten u. a. die Sorten 'Boskoop', 'Holsteiner Cox' und 'Topaz' als wenig anfällig. Stärker befallen werden u. a. die Sorten 'Braeburn', 'Gloster' und 'Jakob Lebel'.

Matte, olivgrüne Flecken durch Befall mit dem Schorfpilz.

Käfer und Bohrgänge im Holz einer *Prunus*-Art.

Kleine, unterschiedlich gefärbte Schilde der San José-Schildlaus am Apfel.

Schadbild: An Stämmen und dickeren Ästen sind kleine Bohrlöcher mit einem Durchmesser von ca. 2 mm zu finden, häufig ist Bohrmehl zu sehen.

Schaderreger:

Ungleicher Holzbohrer (*Xyleborus dispar*)

Vorkommen: Der Käfer ist an vielen Laubgehölzen (u. a. Eiche, Buche, Esche, alle Obstgehölze) zu finden: Er bohrt sich im Frühjahr bis zu 6–8 cm tief in das Holz ein und legt sogenannte verzweigte „Muttergänge" an, in denen die Eiablage erfolgt. Im Sommer sind oft erneut Bohrlöcher zu finden. In der Praxis spricht man dann häufig von der 2. Generation. Es handelt sich dabei aber um die alten Käfer, die erneut einen Stamm besiedeln.

Abwehr: Der Käfer besiedelt auch Brennholz und anderes abgestorbenes Holz mit Rinde. Daher sollte es nicht in der Nähe von gefährdeten Anpflanzungen gelagert werden. Zur Befallsreduzierung und Prognose hat sich das Aufhängen von Alkoholfallen bei Temperaturen ab ca. 20 °C bewährt. Besonders häufig werden geschwächte Bäume befallen. Dazu zählen auch Neuanpflanzungen. Ein Befall führt häufig zu Reklamationen, da der Kunde immer davon ausgeht, bereits befallene Pflanzen erhalten zu haben. Bei Betrachtung des Entwicklungskreislaufes ist das i. d. R. ausgeschlossen.

Schadbild: Absterben einzelner kleiner Zweige und Äste auf denen sich ein Belag aus Schildläusen befindet. Sie sind nur 1–1,5 mm groß und grau bis schwarz gefärbt. Beim Anschnitt befallener Holzteile sind deutliche Verfärbungen zu sehen.

Schaderreger:

San José-Schildlaus (*Quadraspidiotus perniciosus*)

Verbreitung: Seit einigen Jahren hat diese Deckelschildlaus erneut größere Bedeutung gewonnen. San José-Schildläuse legen keine Eier, sondern bringen lebende Larven zur Welt, sogenannte Wanderlarven. Diese sind nur 0,2 mm groß und können auch mit dem Wind auf neue Wirte übertragen werden. Dort beginnen sie mit der Saugtätigkeit und bilden je nach Entwicklungsstadium Schilde mit unterschiedlicher Farbe aus.

Abwehr: Stark befallene Pflanzen sollten vernichtet werden. Es handelt sich um einen meldepflichtigen Schaderreger.

Schadbild: Während der Sommermonate bildet sich ein weißer, mehliger Belag auf den Blättern. Bei starkem Befall biegen sie sich hoch und fallen vorzeitig ab.

Schaderreger:

Echter Mehltau (*Phyllactinia mali* und andere Arten)

Verbreitung: Der Erreger überdauert am Holz und in den Knospen. Die Infektion von Blättern und Trieben in den Sommermonaten kann auch ohne Niederschläge erfolgen.

Abwehr: Rückschnitt befallener Pflanzenteile und Einsatz von Präparaten gegen Echte Mehltaupilze. Erste Infektionsherde im Frühjahr und Sommer sollten entfernt werden. Die Anfälligkeit der Sorten ist sehr unterschiedlich. Als wenig anfällig gilt u. a. die Sorte 'Boskoop', anfälliger sind dagegen 'Elstar' und 'Jonagold'.

Weitere häufig vorkommende **Schaderreger**: siehe auch Kapitel 2:

Obstbaumspinnmilbe (*Panonychus ulmi*)

Mehliger Belag auf einem Blatt von *Malus*.

4.56 *Mespilus* – Mispel

Schadbild: Krautige Triebsitzen zeigen Welkeerscheinungen, darunterliegende Blätter und Triebe zeigen Verbräunungen. Teilweise erfolgt auch ein Befall der Blüten.

Schadbild:

Feuerbrand (*Erwinia amylovora*)

Verbreitung: Das Bakterium überwintert meist in dickeren Holzabschnitten verschiedenster Wirtspflanzen und benötigt einige Zeit zur Entwicklung im Frühjahr. Die Infektion von Blüten mithilfe von Insekten, insbesondere Bienen, ist relativ selten. Im frühen Entwicklungsstadium kann eine Verwechslung mit Blattfleckenerregern vorkommen.

Abwehr: Entfernen und Vernichten befallener Pflanzenteile und Anwendung von Kupferpräparaten. Über die Sortenanfälligkeit liegen keine Informationen vor. Ein Befall unterliegt der Meldepflicht.

Welkesymptome durch Befall mit Feuerbrand.

Maulbeerschildlaus am Zweig der Maulbeere.

Rotfärbung des Blattes durch Befall mit *Cercospora nandinae*.

4.57 *Morus* – Maulbeerbaum

Schadbild: Auf Stämmen und Ästen befinden sich intensiv weiß gefärbte, wachsüberzogene Schildläuse.

Schaderreger:

Maulbeer-Schildlaus (*Pseudaulacaspis pentagona*)

Verbreitung: Im Rahmen des Klimawandels haben sich diese, zu den Deckelschildläusen gehörenden, wärmeliebenden Schildläuse weiter nach Norden ausgebreitet. In Deutschland werden i. d. R. zwei Generationen pro Jahr gebildet. Die befruchteten Weibchen legen im Frühjahr ihre Eier unter den Schilden ab. Nach etwa drei Wochen sind die beweglichen Larven zu finden. Im Spätsommer entwickelt sich dann eine weitere Generation.

Vorkommen: Befallen werden zahlreiche Obst- und Ziergehölze, insbesondere *Ribes*-Arten, *Acer* und *Catalpa*.

Abwehr: Insgesamt gestaltet sich die Bekämpfung schwierig. Ölpräparate zeigen nur gegen die beweglichen Stadien Wirkung. Mit anderen Produkten konnten bislang keine befriedigenden Resultate erzielt werden.

4.58 *Nandina* – Nandine, Himmelsbambus

Schadbild: Auf den Blättern bilden sich kleine kreisrunde Flecken, die auf der Blattunterseite ebenfalls deutlich zu sehen sind. Bei fortgeschrittenem Befall kann eine nicht sortentypische Rotfärbung einsetzen.

Schaderreger:

Blattfleckenkrankheit (*Cercospora nandinae*)

Verbreitung, Vorkommen: Der Erreger ist häufig an *Nandina* zu finden. Feuchte Bedingungen fördern die Ausbreitung des Erregers. Eine Verwechslung mit *Glomerella cingulata* ist möglich.

Abwehr: Trockene Kulturführung, bei stärkerem Befall können Präparate gegen Blattfleckenerreger eingesetzt werden.

4.59 *Osmanthus* – Duftblüte

Schadbild: Auf den Blättern bilden sich gut sichtbare, rundliche Flecken, innen hell mit deutlich dunklerem Rand.

Schaderreger:

Blattfleckenkrankheit (*Phyllosticta osmanthi* und andere Arten)

Verbreitung, Vorkommen: Feuchte Bedingungen fördern die Ausbreitung des Schaderregers.

Abwehr: Vermeidung von sehr dichten Pflanzenbeständen, für eine gute Luftzirkulation sorgen.

Blattfleckenerreger an *Osmanthus*. (Foto: H. Nennmann)

4.60 *Pachysandra* – Dickanthere

Schadbild: Auf Blättern und Stängeln bilden sich braune, unregelmäßig geformte Flecken; häufig starke Schäden in der Vermehrung.

Schaderreger:

Blattfleckenkrankheit (*Volutella pachysandri*)

Abwehr: Verwendung gesunden Vermehrungsmaterials, befallene Pflanzen sofort aus dem Bestand entfernen.

Blattfleckenkrankheit, Schadbild am Blatt von *Pachysandra*.

Braunfärbung von Wurzel und Wurzelhals nach Befall mit *Phytophthora* sp.; links gesunde Pflanze mit weißer Wurzel.

Schadbild: Nesterweise verfärben sich die Blätter braun. Bei genauer Betrachtung von Wurzel und Wurzelhals sind diese ebenfalls braun verfärbt.

Schaderreger:

Wurzelfäule (*Phytophthora terminalis*)

Verbreitung: Der Erreger verbreitet sich mit Gieß- und Regenwasser im Pflanzenbestand. Befallsherde sollten daher rasch beseitigt werden. Da auch die Triebe befallen werden, ist eine Verwechslung mit der Blattfleckenkrankheit möglich.

Vorkommen: Über die Anfälligkeit einzelner Sorten werden in der Praxis unterschiedliche Angaben gemacht. Die Sorte 'Green Carpet' gilt allgemein als anfälliger als 'Green Sheen' und die Art.

Abwehr: Verwendung von gesundem Ausgangsmaterial, trockene Kulturführung und für gute Drainage der Anzuchttöpfe sorgen.

Gelbe Blattfärbung durch Nährstoffmangel.

Schadbild: Blätter sind insbesondere im Frühjahr gelb gefärbt, ausgespart bleiben davon teilweise Bereiche an schattigen Stellen am Endstandort.

Schaderreger:

Nährstoffmangel, i. d. R. Stickstoffmangel

Vorkommen: Typische Mangelerscheinung bei *Pachysandra*. An sonnigen Standorten kann das Schadbild auch bei guter Nährstoffversorgung auftreten.

Abwehr: Düngung der Pflanze mit Mehrnährstoffdünger, da i. d. R. auch die Kalium- und Magnesiumversorgung nicht ausreichend ist. Im Zweifelsfall immer eine Nährstoffanalyse des Bodens vornehmen lassen.

4.61 *Paeonia* – Pfingstrose

Schadbild: Auf den Blättern bilden sich insbesondere bei feuchter Witterung unregelmäßig geformte, dunkel gefärbte Blattflecken. Bei Stauden-Päonien sind häufiger auch die Stängel und der junge Austrieb betroffen.

Schaderreger:

Grauschimmel (*Botrytis cinerea*)

Vorkommen: Während anhaltend kühler und nasser Perioden ist der Befallsdruck stark, in trockenen Perioden ist die Infektionsgefahr gering.

Abwehr: Pflanzung in windoffenen Lagen, damit Blätter schneller abtrocken können und bei stärkerem Befallsdruck Anwendung von Präparten gegen Grauschimmel.

Weitere häufig vorkommende **Schaderreger:**

Blattfleckenerreger (*Ascochyta-*, *Cladosporium-*, *Septoria-*Arten)
***Verticillium*-Welke** (*Verticillium* spp.)

Blattflecken durch Grauschimmel an *Paeonia*.

4.62 *Parthenocissus* – Wilder Wein

Schadbild: Auf der Blattoberseite bilden sich rötlich violette Flecken mit einem Durchmesser von mehreren Zentimetern.

Schaderreger:

Falscher Mehltau (*Plasmopara viticola*)

Verbreitung: Häufiger Erreger an Zierformen des Wilden Weins während der ersten Anzuchtphase im Gewächshaus.

Abwehr: Möglichst trockene Kulturführung, bei Bedarf mehrmaliger Einsatz von Präparaten gegen Falsche Mehltaupilze.

Befall Falscher Mehltau an einem Blatt von *P. tricuspidata 'Veichii'*

Schadbild am Blatt von *Philadelphus*.

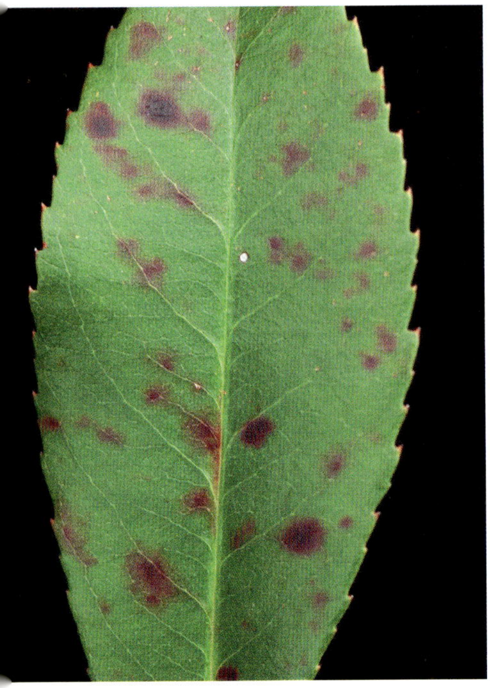

Nicht pilzliche Blattflecken an *Photinia* im Winter.

4.63 *Philadelphus* – Pfeifenstrauch, Falscher Jasmin

Schadbild: Auf den Blättern befinden sich ungleichmäßig geformte dunkelbraune Blattflecken ohne gelben Rand, besonders in dichten Pflanzenbeständen.

Schaderreger:

Blattfleckenkrankheit (*Ramularia philadelphi*)

Verbreitung, Vorkommen: In Baumschulen häufiger zu finden. Eine Verwechslung mit bakteriellen Blattfleckenerregern ist möglich. Im Zweifelfall sollte eine Laboruntersuchung erfolgen.

Abwehr: Dichte Pflanzenbestände vermeiden, bei stärkerem Befall Verwendung von Präparaten gegen Blattflecken. Informationen über die Anfälligkeit der einzelnen Sorten sind nicht bekannt.

Weitere häufig vorkommende **Schaderreger:**

Bakterielle Blattflecken (*Pseudomonas syringae*)
Echter Mehltau (*Phyllactinia guttata*)

4.64 *Photinia* – Glanzmispel

Schadbild: Auf den Blättern bilden sich während der Wintermonate kleine rundliche Flecken von weinroter Farbe.

Schadursache:

Physiologische Störung mit unbekannter Ursache

Vorkommen: Die Symptome zeigen sich nur an der immergrünen Art *P.* ×*fraseri*. Mit einsetzendem Wachstum im Frühjahr sind sie nicht mehr zu sehen. Eine Verwechslung mit pilzlichen Blattflecken wie z. B. *Septoria photiniae* und anderen ist möglich. Dabei verbleiben die Blattflecken im folgenden Jahr aber an der Pflanze. Häufig ist damit auch Blattfall verbunden.

Abwehr: Es sind keine Gegenmaßnahmen bekannt bzw. erforderlich.

Schadbild: Auf den Blättern bildet sich ein weißlicher Belag, meist mit Blattdeformationen verbunden.

Schaderreger:

Echter Mehltau (*Podosphaera leucotricha*)

Vorkommen: Befallen werden scheinbar insbesondere die langsam wachsenden Sorten wie z. B. *P. × fraseri* 'Curly Fantasy'.

Abwehr: Ausgewogene Ernährung der Pflanzen. Das Problem tritt meistens nur in den Anzuchtbetrieben auf, später am Endstandort selten.

Schadbild an Photinia 'Curly Fantasy'.

Schadbild: Auf den Blättern bilden sich weinrote kleinere Flecken, die schnell größere Ausmaße annehmen und besonders auf der Blattunterseite zu sehen sind.

Schaderreger:

Falscher Mehltau (*Peronospora sparsa*)

Verbreitung, Vorkommen: Das Schadbild findet sich meistens auf der laubabwerfenden Art *Photinia villosa*. Feuchte Bedingungen fördern die Ausbreitung des Erregers. Ein Befall an krautigen Trieben ist ebenfalls möglich.

Abwehr: Für eine gute Durchlüftung der Bestände sorgen. Bei Bedarf Präparate gegen Falsche Mehltaupilze anwenden.

Weitere häufig vorkommende **Schaderreger:**

Frostschäden
Feuerbrand (*Erwinia amylovora*)

Weinrote Verfärbungen durch Befall mit Falschem Mehltau.

4.65 *Phyllostachys* – Bambus

Siehe unter *Fargesia*.

Starke Sprenkelung des Blattes durch Befall mit der Andromeda-Netzwanze.

Netzwanze auf der Blattunterseite.

Partielles Absterben durch Befall mit Wurzelfäule.

4.66 *Pieris* – Lavendelheide

Schadbild: Auf der Blattoberseite ist eine deutliche gelbe Sprenkelung zu sehen. Blattunterseits sind die Insekten bzw. häufig auch Kottropfen zu finden. Das Insekt ähnelt in vielerlei Hinsicht der Rhododendron-Netzwanze.

Schaderreger:

Andromeda-Netzwanze (*Stephanitis takeyai*)

Verbreitung: Relativ neu auftretender Schaderreger in Deutschland mit zunehmender Bedeutung. Der Schaderreger ist erst seit 2002 in Deutschland nachgewiesen. Die Insekten und deren Larven befinden sich auf der Blattunterseite. Die Überwinterung erfolgt dort auch als Ei unter Kottropfen. Mit dem Schlupf der Larven kann ab Ende April gerechnet werden.

Vorkommen: Befallen werden alle *Pieris*-Arten und -Sorten.

Schadbild: Einzelne Zweige einer Pflanze welken, Blätter und krautige Triebe verfärben sich braun. Teilweise sind auch ganze Pflanzen betroffen. Beim Anschnitt der Rinde an Stängelgrund und Wurzel ist diese bräunlich verfärbt.

Schaderreger:

Wurzelfäule (*Phytophthora*-Arten)

Verbreitung: Die Verbreitung des Erregers in einem Pflanzenbestand erfolgt auch über die Bewässerung und Regen. Häufig sind in direkter Nähe kultivierte Pflanzen ebenfalls betroffen. Bei Bewässerung mit Recyclingsystemen sollte daher das Rücklaufwasser gefiltert werden.

Abwehr: Sofortige Entfernung befallener Pflanzen aus dem Bestand und trockene Kulturführung.

4.67 *Platanus* – Platane

Schadbild: Raupen mit verdickten Brustringen verursachen blattunterseits Faltenminen, selten Platzminen. Minengänge meist zwischen Mittelnerv und zwei Seitennerven des Blattes.

Schaderreger:

Platanenminiermotte (*Phyllonorycter platani*, Syn. *Lithocolletis platani*)

Verbreitung: Verpuppung der Faltermotte in der Mine mit oder ohne Gespinst. Möglich sind zwei Generationen pro Jahr (Falter im Mai und August, Raupen im Juli und September), Überwinterung als Raupe oder Puppe.

Vorkommen: Neben Befall an *Platanus* sind andere Faltermotten an *Acer, Aesculus, Alnus, Betulus, Castanea, Corylus, Fagus, Populus, Pyrus, Quercus, Tilia* und *Ulmus* bekannt.

Mine einer Larve der Platanenminiermotte.

Schadbild: Blätter zeigen mattgrüne bis gelblich graue Farbe. Auf der Blattunterseite befinden sich zahlreiche schwarz gefleckte Wanzen.

Schaderreger:

Platanennetzwanze (*Corythucha ciliata*)

Verbreitung: Die Wanze überwintert als geschlechtsreifes Insekt unter der Borke und beginnt mit der Eiablage auf den Blattunterseiten etwa Mitte Mai. Es werden mehrere Generationen pro Jahr gebildet.

Vorkommen: In Deutschland noch relativ neuer Schädling, der 1983 erstmals die Alpen überschritten hat. Der Schaderreger stammt ursprünglich aus Nordamerika. Die Grenze des nördlichen Verbreitungsgebiets ist noch nicht bekannt. Es werden alle Platanenarten befallen.

Abwehr: Strenge Winter können zu einer gewissen Dezimierung der Schädlingspopulation führen.

Platanen-Netzwanze, unterschiedliche Entwicklungsstadien.

Schadbild der Plantanen-Netzwanze.

Typische Braunfärbung entlang der Blattadern.

Schadbild: Blätter im Frühjahr mit dunkelbraunen Nekrosen entlang der Mittelrippe, Zweige und Äste weisen rissige Rinde auf, Blätter vertrocknen und fallen ab.

Schaderreger:

Blattfleckenkrankheit (*Apiognomonia veneta*)

Verbreitung: Auf den Nekrosen produziert der Pilz seine Sporen, die mit dem Spritzwasser verbreitet werden, Überwinterung in Triebinfektionen oder auf abgeworfenen Blättern, Vorkommen sehr stark von der Frühjahrswitterung abhängig.

Vorkommen: Neben *Platanus* auch *Fagus* (*Apiognomonia errabunda*) und an *Tilia* als Blattbräune.

Abwehr: Herbstlaub entfernen, Rückschnitt befallener Zweige, Aufasten nur in Wintermonaten, Schnittstellen sofort verstreichen, Schnittgut verbrennen.

Welkesymptome im fortgeschrittenen Stadium der Blattfleckenkrankheit.

Schadbild: An älteren Platanen im öffentlichen Grün zeigt sich eine verstärkte Totholzbildung, auch dickere Äste sind davon betroffen. Auf frisch befallenen Ästen verfärbt sich die Rinde rosa, später bilden sich darauf dunkle Sporenlager.

Schaderreger:

Massaria-Krankheit (*Splanchnonema platani*)

Verbreitung: Der Erreger ist erst seit 2003 in Süddeutschland nachgewiesen. Zwischenzeitlich sind davon Bäume in ganz Deutschland betroffen. Die Verbreitung erfolgt durch Sporenbildung auf den Ästen.

Vorkommen: Heiße und trockene Sommerperioden fördern die Ausbreitung des Befalls. Untersuchungen zur Anfälligkeit einzelner Platanenklone sind bisher nicht bekannt.

Abwehr: Maßnahmen zur Vitalisierung und Wasserversorgung zeigen eine gute Wirkung. Eine regelmäßige Kontrolle der Bäume ist notwendig, da die Verkehrssicherheit gefährdet sein kann. Befallene Äste sind frühzeitig und sorgfältig zu beseitigen.

Schwarze Sporenlager auf der Oberseite eines Astes. (Foto: G. Hilfert)

Rinde verfärbt sich zunächst rosa nach Befall mit Massaria. (Foto: G. Hilfert)

Verfärbungen im Querschnitt eines Astes nach Befall mit Massaria. (Foto: G. Hilfert)

Weißgrauer Belag auf den Blättern.

Weiße Flecken auf den Blättern durch Befall mit Echtem Mehltau.

Spiralförmig verdrehte Blattstiele an der Schwarzpappel.

Schadbild: Auf den Blättern bilden sich weiße Flecken, an den jungen Blättern sind Deformationen zu sehen. Nur bei starkem Befall kann es zu Blattfall im Spätsommer kommen.

Schaderreger:

Echter Mehltau (*Erysiphe platani*)

Verbreitung: Der Erreger stammt ursprünglich aus Nordamerika. In Deutschland wurde er 2007 im Südwesten zuerst nachgewiesen. Seither ist eine rasche Ausbreitung zu beobachten.

Vorkommen: Über die Anfälligkeit der Selektionen von *Platanus acerifolia* liegen bisher keine Erkenntnisse vor. Der Erreger tritt besonders während der baumschulischen Produktion auf.

Abwehr: Eine ausgewogene Pflanzenernährung und eine mäßige Verwendung von Stickstoff wirken dem Erreger entgegen.

4.68 *Populus* – Pappel

Schadbild: Der Blattstiel der Pappel verdreht sich spiralförmig zu einer Galle mit einem Durchmesser von ca. 0,5 cm während der Vegetationsperiode. Darin befinden sich Läuse.

Schaderreger:

Spiralgallenläuse (*Pemphigus spyrothecae* u. a. Arten)

Verbreitung: Die Überwinterung erfolgt als Ei. Nach dem Schlupf wird der Blattstiel angestochen und der Blattstiel verdreht sich. Bei manchen Arten findet ein Wirtswechsel statt, z. B. zur Salatwurzel.

Abwehr: Eine direkte Bekämpfung mit einem systemisch wirkenden Präparat gegen Blattläuse ist nur selten erforderlich.

Schadbild: Auf der Rinde sind zunächst nur kleine braune Stellen sichtbar, die sich ausbreiten und den gesamten Stängel umfassen. Einjährige Triebe sterben ab.

Schaderreger:

Rindenbrand (*Cryptodiaporthe populea*)

Verbreitung: Der Erreger kann während des gesamten Jahres über Rindenverletzungen oder Lentizellen in die Rinde eindringen. Besonders im Herbst und in warmen Wintern besteht ein höheres Infektionsrisiko. Dunkle Sporenlager sind im Endstadium meist deutlich zu sehen.

Vorkommen: *Populus alba*, *P. tremula* und *P. canadensis* gelten als weniger anfällig für den Erreger.

Abwehr: Optimierung des Standortes und mäßige Düngung mit Stickstoff während der Anzuchtphase in der Baumschule.

Rindenbrand an einer Schwarzpappel.

Schadbild: Auf den Blättern bilden sich zunächst graue, später braune Flecken, anschließend Blattfall. Blätter, die sich im inneren und unteren Bereich der Pflanze befinden, werden zuerst befallen.

Schaderreger:

***Marssonina*-Blattflecken** (*Drepanopeziza populorum* und andere Arten)

Hinweis: Weitere pilzliche Blattfleckenerreger können ein ähnliches Schadbild verursachen.

Verbreitung: Die Infektion erfolgt im Frühjahr von den alten Blättern ausgehend.

Abwehr: Verwendung resistenter Sorten.

Dunkle Blattflecken auf Blättern von *Populus* durch Befall mit der Massonina-Blattfleckenkrankheit. (Foto: H. Nennmann)

Gelbliche Sporenlager auf der Blattunterseite der Balsampappel.

Schaumkugel am Stängel.

Larve der Schaumzikade.

Schadbild: Auf der Blattunterseite bilden sich im Lauf des Sommers orangerote Sporenlager, im Spätjahr dunkelbraune bis schwärzliche Pusteln.

Schaderreger:
Rost (*Melampsora* sp.)

Verbreitung: Je nach Erreger und Pappelart sind die Rostpilze wirtswechselnd mit *Larix, Pinus* oder dem Bingelkraut (*Mercurialis perennis*).

Vorkommen: Je nach Pappelart befallen unterschiedliche Rostkrankheiten die Pflanzen. In der Baumschule sind Jungpflanzenbestände besonders gefährdet, da bei frühem Befall im Jahr auch Spätschäden am Holz möglich sind.

Abwehr: Windgeschützte Standorte meiden.

4.69 *Potentilla* – Fingerkraut

Schadbild: Blätter oder junge Triebe sind im Sommer von Schaumtropfen mit einem Durchmesser von 1–3 cm umschlossen. Darin befinden sich 2–4 mm große gelblich-grüne Larven.

Schaderreger:
Schaumzikade (*Aphrophora* und andere Gattungen)

Vorkommen: Häufiger auch an *Alnus, Rosa* oder *Salix* zu finden.

Verbreitung: Die Zikade legt die Eier im Sommer an Blättern und krautigen Stängeln ab. Daraus entwickeln sich die Larven, die zum Schutz vor Fressfeinden eine Schaumkugel produzieren.

Abwehr: Aufgrund der geringen Schadwirkung in der Regel nicht erforderlich.

Weitere häufig vorkommende **Schaderreger:**

Echter Mehltau (*Sphaerotheca macularis*)
Falscher Mehltau (*Peronsopora potentillae*)
Spinnmilben (*verschiedene Arten*)

4.70 *Prunus* – Kirsche, Pflaume, Zwetschke, Pfirsich, Mandel

Schadbild: An den jungen Blättern fressen 1,5–2 cm lange, olivgrüne Raupen in zusammengesponnenen Blättern und krautigen Trieben. An den Blättern findet man auch häufig braunschwarze Puppen.

Schaderreger:

Mittelmeernelkenwickler (*Cacoecimorpha pronubana*)

Verbreitung: Der wärmeliebende Schaderreger ist meistens in Gewächshäusern zu finden. Der Flug der Falter und die Eiablage erfolgen während der ganzen Vegetationsperiode. Die Larven fressen in zusammengesponnenen Blättern, daran erfolgt auch die Überwinterung als Larve.

Vorkommen: Befallen wird eine Vielzahl von Gehölzen, u. a. *Cytisus, Euonymus, Hedera, Hypericum* und *Ligustrum*.

Abwehr: Möglichst frühzeitige Anwendung von Präparaten gegen beißende Insekten.

Schadbild und Entwicklungsstadien des Mittelmeernelkenwicklers an Kirschlorbeer. (Foto: B. Zielke)

Schadbild: Auf den Blättern befinden sich kleine gelbliche Punkte bis Flecken, die vom Erscheinungsbild einer Virusinfektion ähneln. Vorwiegend Schäden im Spitzenbereich, in Form von verkürzten Internodien (Wuchsdepressionen), Verdrehungen und Verkrüppelungen des Blattes bei starkem Befall.

Schaderreger:

Sternfleckengallmilbe (*Aculus fockeui*)

Verbreitung: Die Überwinterung erfolgt in den Knospen. Im Frühsommer dann die Besiedlung der neuen Blätter. Aufgrund der geringen Größe ist der Schädling nur mithilfe einer guten Lupe sichtbar.

Vorkommen: Vorwiegend an Pflaumen, häufig in der Baumschule. Andere frei lebende Gallmilben verursachen an *Malus* und weiteren Obstarten ebenfalls starke Triebstauchungen.

Gelbe Flecken auf dem Blatt einer Pflaume durch Befall mit Gallmilben.

Dicht gedrängte Schwarze Kirschläuse auf Blattunterseite.

Schadbild: Blätter vor allem an Triebspitzen stark gekräuselt und nach unten eingerollt, blattunterseits schwarze Blattläuse, Triebstauchungen.

Schaderreger:

Schwarze Kirschläuse (*Myzus cerasi* und *M. pruniavium*)

Verbreitung: Im Frühjahr saugen ungeflügelte Läuse. Die geflügelten Läuse fliegen im Sommer auf den Nebenwirt (Labkraut, Ehrenpreis), im Spätsommer/Herbst kehren sie zur Kirsche zurück.

Vorkommen: Befällt besonders Jungbäume von Süß- und Sauerkirschen.

Abwehr: Herausschneiden von Befallsherden.

Minengänge an Blättern von *Prunus laurocerasus* durch Schlangenminiermotte.

Schadbild: Meist von der Mittelrippe der Blätter ausgehend bildet sich im Blatt ein bis etwa 10 cm langer, gewundener Gang. Oft befinden sich mehrere Minen in einem Blatt.

Schaderreger:

Schlangenminiermotte (*Lyonetia clerkella*)

Verbreitung: Der Schädling bildet mehrere Generationen pro Jahr, wobei besonders im Spätsommer/Herbst Schäden an *P. laurocerasus* entstehen.

Vorkommen: Problematisch in der Regel nur an immergrünen *Prunus*-Arten, da der Zierwert hier dauerhaft eingeschränkt ist.

Schadbild: Blütenteile welken, fallen aber nicht ab, darüberliegende Blätter und Triebspitzen sterben ab.

Schaderreger:

Spitzendürre (*Monilia laxa*)

Verbreitung: Pilzinfektion erfolgt über Blütenorgane durch Wind und Insekten.

Vorkommen: Witterungsabhängige Krankheit, vor allem in kalten und nassen Frühjahren an Sauerkirschen (Sorte: 'Schattenmorelle'), Mandelbäumchen, Aprikosen.

Abwehr: Infizierte Triebe nach der Blüte bis ins gesunde Holz abschneiden. Verwendung resistenter Sorten, z. B. 'Karneol', 'Korund', 'Morion', u. a. bei Sauerkirschen. Bei Zier-*Prunus* sind zurzeit keine resistenten Sorten bekannt.

Blüten an *Prunus triloba* verbleiben an der Pflanze nach Befall.

Typische Welkesymptome an Sauerkirsche.

Schadbild: An den unteren Blättern zunächst rötlich violette Flecken, das gesamte Blatt vergilbt später, vorzeitiger Blattfall.

Schaderreger:

Sprühfleckenkrankheit (*Blumeriella jaapii*)

Verbreitung: Überwinterung vor allem an abgefallenen Blättern.

Vorkommen: Besonders an *P. avium* in der Baumschule, aber auch an Süß- und Sauerkirschen, starke Ausbreitung bei feuchter Witterung.

Abwehr: Engen Stand in der Baumschule meiden.

Weinrote Punkte auf einem Kirschenblatt nach Befall mit der Sprühfleckenkrankheit.

Blattverfärbungen und Deformationen an Pfirsich durch Befall mit der Kräuselkrankheit.

Löcher und braune Punkte auf Pflaumenblatt.

Blattsymptome an Kirschlorbeerblatt.

Schadbild: Pfirsichblätter zeigen im Frühjahr blasenartige Verformungen mit gelblicher, dann roter Färbung, erkrankte Blätter vertrocknen und fallen im Frühsommer ab. Schwächung des Baums.

Schaderreger:

Kräuselkrankheit des Pfirsichs (*Taphrina deformans*)

Verbreitung: Infektion der Blätter ausgehend von den Knospen, in denen der Pilz überwintert.

Vorkommen: Starker Befall bei gelbfleischigen Sorten wie: 'Dixired', 'Hale Berta Giant', 'Marygold', 'Red Haven', 'South Haven' und 'Red Wing', weniger anfällig 'Amsden', 'Mayflower' und 'Roter Ellerstädter'. Mandeln und Aprikosen können auch befallen werden.

Abwehr: Verwendung weniger anfälliger Sorten wie z. B. 'Kernechter vom Vorgebirge' und 'Rekord aus Alfter'.

Schadbild: Nach dem Austrieb der Blätter entstehen rötlich braune Flecken, aus denen später das tote Gewebe herausfällt, durch die Vielzahl der Löcher sogenannter „Schrotschusseffekt", vorzeitiger Blattfall.

Schaderreger:

Schrotschusskrankheit (*Stigmina carpophila*)

Verbreitung: Schon im zeitigen Frühjahr werden Blätter durch Sporen infiziert. Eine Verwechslung mit der bakteriellen Schrotschusskrankheit ist sehr leicht möglich. Dabei bildet sich aber meist ein gelber Rand um die Löcher (siehe auch Seite 173 unten)

Vorkommen: Neben Süß- und Sauerkirschen an Kirschlorbeer (*Prunus laurocerasus* 'Otto Luyken', 'Schipkaensis Macrophylla', 'Zabeliana') sowie Zwetschken, Mirabellen und Pfirsichen. In der baumschulischen Produktion vorwiegend bei Containerpflanzen mit Überkronenbewässerung anzutreffen.

Abwehr: Verwendung weniger anfälliger Sorten.

Schadbild: Die Blattränder im Spitzenbereich von *Prunus laurocerasus* werden braun und anschließend von der Pflanze abgestoßen.

Schaderreger:

Salzschaden insbesondere durch Natrium.

Vorkommen: Die Anfälligkeit der einzelnen Sorten ist sehr unterschiedlich, häufig an *Prunus laurocerasus* 'Otto Luyken' während sommerlicher Hitzeperioden und hohem Bewässerungsbedarf der Kulturen.

Abwehr: Gießwasseranalyse auf Natrium. Kirschlorbeer kann als hochgradig sensibel gegenüber diesem Element eingestuft werden. Verwendung weniger anfälliger Sorten.

Abgestorbene Blattränder von Kirschlorbeer durch überhöhte Salzgehalte im Boden/Substrat.

Schadbild: Auf den Blättern bilden sich zuerst dunkle Flecken, die im Gegensatz zur pilzlichen Schrotschusskrankheit aber immer mit einem gelben Rand umgeben sind. Das innere verbräunte Gewebe löst sich ebenfalls heraus, sodass die Symptome der pilzlichen und der bakteriellen Schrotschusskrankheit sich sehr ähneln.

Schaderreger:

Bakterienkrankheit (*Pseudomonas* sp.)

Verbreitung: Schrotschuss-Symptome sind vorwiegend an Kirschlorbeer zu finden. An anderen *Prunus*-Arten verursacht das Bakterium auch Absterbeerscheinungen.

Vorkommen: Vorwiegend an Sorten von *Prunus laurocerasus*, aber auch an vielen anderen *Prunus*-Arten zu finden.

Löcher mit gelbem Rand nach Befall mit *Pseudomonas*.

Große weinrote Flecken auf den Blättern von Kirschlorbeer.

Schadbild: Auf den Blättern bilden sich weinrote Flecken, z. T. mit einem Durchmesser von 2–3 cm. Die Sporenträger des Erregers sind selten zu finden.

Schaderreger:

Falscher Mehltau (*Pseudoperonospora sparsa*)

Verbreitung: Ein Befall findet sich vorrangig in Kultureinrichtungen mit hoher Luftfeuchtigkeit. Bei milder Witterung ist die Infektion in Folienhäusern bis zum Spätherbst möglich. Im Freilandanbau und am Endstandort ist der Erreger selten zu finden.

Abwehr: Möglichst trockene Kulturführung, im Bedarfsfall Behandlungen mit Präparaten gegen Falsche Mehltaupilze.

Mehliger Belag und verkrüppelte Blätter an Kirschlorbeer.

Schadbild: Auf den jungen Blättern und Trieben bildet sich ein weißer mehliger Belag. Blätter zeigen Deformationen.

Schaderreger:

Echter Mehltau (*Podosphaera tridactyla*)

Verbreitung: Mit dem Import von Jungpflanzen aus Mitteleuropa hat sich der Erreger seit einigen Jahren auch in Nordeuropa etabliert.

Abwehr: Behandlungen sind nur während der gärtnerischen Produktion sinnvoll mit Präparaten gegen Echte Mehltaupilze.

Schadbild: An verschieden Stellen des Baumes tritt eine bernsteinfarbene, klebrige Masse aus, die sich später verfestigt.

Schadursache:

Gummifluss (Physiologische Störung)

Vorkommen: Es handelt sich dabei um eine physiologische Störung der Pflanze, deren Ursache nicht geklärt ist. Harz- oder Gummifluss tritt häufiger nach Verletzungen der Pflanze durch Frost, Bakterien, Pilzbefall (*Monilinia laxa*) oder starkem Schnitt auf. Junge Veredlungen können ebenfalls darunter leiden.

Abwehr: Schonende Behandlung der Pflanzen, falls möglich Rückschnitt bis ins gesunde Holz. In der Regel können die Pflanzen damit sich selbst überlassen werden.

Schadbild an Süßkirsche.

Schadbild: Auf der Blattunterseite befinden sich rundliche dunkle Punkte in regelmäßiger Anordnung. Diese sind auch bei Betrachtung von der Blattoberseite sichtbar.

Ursache:

Nektarien

Verbreitung: Es handelt sich dabei um natürliche Drüsen zur Anlockung von Insekten. Diese sind an Kirschlorbeer häufiger, aber nicht immer zu finden und führen daher in der gärtnerischen Praxis aus Unkenntnis immer wieder zu Irritationen und Reklamationen.

Gleichmäßig angeordnete Nektarien an den Blättern von Kirschlorbeer.

Korkartige Verdickungen auf der Blattunterseite durch Kupferbehandlungen.

Schadbild: Auf der Blattunterseite befinden sich kleine, korkartige Verdickungen. Bei starkem Auftreten kann Blattfall einsetzen.

Schadursache:

Kupferunverträglichkeit

Vorkommen: Nach häufiger Anwendung von Kupferspritzmitteln bei Kirschlorbeer kann es zur Toxizität führen. Das Schadbild konnte bisher nicht bei anderen Pflanzenarten beobachtet werden.

Abwehr: Verwendung verträglicher Kupferspritzmittel wie z. B. Cueva oder Funguran progress. Behandlungsintervalle und Dosierung genau beachten.

Weitere häufig vorkommende **Schaderreger**: siehe Kapitel 2.

Schadbild auf der Blattober- und der Unterseite.

4.71 *Pyracantha* – Feuerdorn

Schadbild: Blätter, junge Triebe und Früchte zeigen olivgrüne bis schwarze Flecken, bei starkem Befall Verlust der Blätter.

Schaderreger:

Schorf (*Spilocea pyracanthae*)

Verbreitung: Die Ausbreitung des Erregers ist sehr von der Lufttemperatur und der Dauer der Blattnässe abhängig.

Vorkommen: Die Anfälligkeit der einzelnen Sorten ist sehr unterschiedlich, so gelten z. B. die Sorten 'Golden Charmer', 'Orange Glow', 'Red Column' und 'Soleil d'Or' als gering anfällig. Mit den neueren schorf- und feuerbrandresistenten Sorten wie z. B. 'Dart's Red', 'Saphyr Orange' und 'Saphyr Rouge' sind noch wenige Erfahrungen hinsichtlich der Frosthärte bekannt.

Abwehr: In der Baumschulproduktion möglichst Überkronenberegnung vermeiden.

Schadbild: Auf den Blättern sind kleine Fraßgänge erkennbar, später sind ganze Bereiche des Blattes betroffen.

Schaderreger:

Feuerdornminiermotte (*Phyllonorycter leucographella*)

Verbreitung: Nach der Eiablage im Juni auf der Blattoberseite frisst sich die Larve in das Blatt ein. Es entstehen zunächst kleine Minen, später ist oft das gesamte Blatt betroffen. Darin befindet sich eine kleine, gelbliche Larve mit Querstreifen. Eine zweite Eiablage erfolgt im Spätsommer. Die Überwinterung erfolgt als Larve im Blatt. Bei der Anzucht in Gewächshäusern kann sich der Entwicklungskreislauf verschieben.

Vorkommen: Vorwiegend an *Pyracantha*.

Abwehr: Bei stärkerem Befall ist eine Behandlung mit Präparaten gegen Blattminierer erforderlich.

Schadbild an den Blättern.

Larve im Blatt von Pyracantha.

Schadbild: Auf den Unterseiten der Blätter ist ein dicker Filzrasen mit einem Durchmesser von bis zu 1 cm zu sehen. Auffallend ist die ungewöhnliche weinrote Färbung.

Schaderreger:

Feuerdorngallmilbe (*Aceria pyracanthi*, Syn. *Phytoptus pyracanthi*)

Verbreitung, Vorkommen: Aufgrund der geringen Größe sind die Gallmilben nur mit einer guten Lupe zu sehen. Häufiger in Gärten oder Parks zu finden, nur selten in Baumschulen.

Abwehr: Am Endstandort nicht zwingend notwendig, ansonsten ist die Anwendung von Schwefelpräparaten möglich.

Weinroter Filzrasen auf der Blattunterseite durch Befall mit Gallmilben.

Weitere häufig vorkommende **Schaderreger**:

Bleiglanz (*Chondrostereum purpureum*), siehe Kapitel 2.

Braune Flecken auf der Blattoberseite eines Blattes durch Befall mit Birnengitterrost.

4.72 *Pyrus* – Birne

Schadbild: Auf den Blattoberseiten bilden sich im Frühsommer gelbliche bis rotbraune runde Flecken. Auf der Unterseite zeigen sich deutlich sichtbare Höcker mit zipfeligen Ausstülpungen.

Schaderreger:

Birnengitterrost (*Gymnosporangium sabinae*)

Verbreitung: Mit *Juniperus*-Arten (*J. sabinae, J. chinensis, J. virginiana*) wirtswechselnder Rostpilz, daher auch als Wacholderrost bezeichnet.

Vorkommen: Frucht- und Zierformen von *Pyrus*.

Abwehr: Räumliche Trennung der Wirtspflanzen bringt in der Regel nur Teilerfolge, Anfälligkeit der Sorten ist unterschiedlich.

Typische „Zickzack-Gänge“ des Birnen-Prachtkäfers am Stamm.

Schadbild: Auf den Stämmen sind sogenannte „Zickzackgänge“ zu sehen. In den Gängen sind weiße beinlose Larven zu finden.

Schaderreger:

Birnenprachtkäfer (*Agrilus sinuatus*)

Verbreitung: Die Larve des Käfers überwintert zweimal im Stamm, bevor sie dann als Käfer den Baum verlässt und mit der Eiablage in anderen Stämmen beginnt.

Vorkommen: Befallen werden neben *Pyrus* auch *Crataegus, Cydonia* und *Mespilus*.

Abwehr: Die Bekämpfung gestaltet sich schwierig, daher sollte eine Fachberatung kontaktiert werden.

Schadbild: Auf den Blättern bilden sich ab dem Austrieb im Frühjahr zunächst gelblich oder rötlich gefärbte Pocken, die später eine braune Farbe annehmen.

Schaderreger:

Birnenpockenmilbe (*Eriophyes pyri*)

Verbreitung: Auf Grund der geringen Größe sind die Gallmilben nur mit einer guten Lupe zu erkennen. Die Milbe überwintert vorwiegend in den Knospenschuppen und bildet mehrere Generationen pro Jahr aus.

Vorkommen: Es werden sowohl Zierbirnen als auch und fruchttragende Sorten befallen.

Abwehr: Die Anwendung von Schwefelpräparaten gegen Echte Mehltaupilze hat auch eine Nebenwirkung gegen Gallmilben. Bei stärkerem Befall können Präparate gegen Gallmilben eingesetzt werden.

Weitere häufig vorkommende **Schaderreger**:

An *Pyrus* ist eine Vielzahl von Schaderregern zu finden. Daher wird hier auf die entsprechende weiterführende Fachliteratur verwiesen.

Schadbild am Birnenblatt.

Schadbild: Blätter sind im Frühjahr eingerollt und klebrig. Junge Triebe sind verkrüppelt und mit einem Belag schwarzer Rußtaupilze bedeckt.

Schaderreger:

Birnenblattsauger (*Psylla piri* u. a. Arten)

Verbreitung: Der Schaderreger legt seine Eier zum Zeitpunkt des Knospenaufbruchs an die Knospe ab. Daraus entwickeln sich Larven, die einerseits an den Pflanzen saugen und andererseits Honigtau ausscheiden, der dann von schwarzen Honigtaupilzen besiedelt wird.

Vorkommen: Bei starkem Befall ist die Behandlung mit Spezialpräparaten in der Baumschule möglich. Da derzeit keine zugelassenen Präparate zur Verfügung stehen, sollte eine Fachberatung eingeschaltet werden.

Schwarzer Rußtau auf Trieb von Birne durch Befall mit Birnenblattsauger.

Weitere häufig vorkommende **Schaderreger**: siehe Kapitel 2.

Freigeschnittenes Bohrloch eines Splintkäfers am Stamm.

Dunkle Verfärbung am Stamm durch Austritt von Pflanzensaft nach Befall mit Eichensplintkäfer.

4.73 *Quercus* – Eiche

Schadbild: An den Stämmen und dickeren Ästen frisch gepflanzter oder anderweitig geschwächter Bäume befinden sich kleine Löcher. Beim Aufschneiden der Stellen findet man einige cm lange Gänge im Splintholz. Teilweise sind sie auch schwärzlich gefärbt.

Schaderreger:

Eichensplintkäfer (*Scolytus intricatus*)

Hinweise: Ein ähnliches Schadbild wird teilweise auch durch den Ungleichen Holzbohrer und nicht durch den Ungleichen Eichensplintkäfer (*Xyleborus dispar*) verursacht, dessen Gänge allerdings einige cm tief ins Kernholz führen.

Verbreitung: Die Eiablage erfolgt je nach Witterung im Mai. In vielen Jahren muss im August mit einer 2. Generation gerechnet werden.

Vorkommen: An Stiel- (*Q. robur*) und Traubeneiche (*Q. petraea*), weniger an *Q. rubra*. Andere Arten befallen auch *Acer* (*Scolytus koenigi*), *Alnus* (*Dryocoetes alni*), *Carpinus* (*Scolytus carpini*) und *Tilia* (*Cryphalops tiliae*).

Abwehr: Fast ausschließlich werden Bäume im Pflanzjahr oder Folgejahr oder durch andere Faktoren geschwächte Bäume befallen. Bei geringem Befall können betroffene Stellen ausgeschnitten werden. In einzelnen Fällen hat sich die prophylaktische Verwendung von Lehmbrei bewährt.
Ein Befall mit Splintkäfern führt häufig zu Reklamationen seitens der Abnehmer, da diese in der Regel die Auffassung vertreten, dass der Befall bereits in der Baumschule stattgefunden hat. Aufgrund der Lebensweise der Käfer kann das ausgeschlossen werden.

Schadbild: Absterben junger Austriebe ab einer Länge von 0,5 cm, führt häufig zu starker Zwieselbildung.

Schaderreger:

Eichenknospengallmücke (*Arnoldiola quercus*)

Verbreitung: 2–3 Generationen pro Jahr. Die Larven verpuppen sich im Boden und überwintern auch dort. Die Mücke legt ihre Eier schon etwa Ende April vor dem ersten Austrieb an die Knospen der Pflanze. Kleine, unscheinbare Larven saugen an der Knospe.

Vorkommen: An Stiel- (*Q. robur*) und Traubeneiche (*Q. petraea*), weniger an *Q. rubra*. Aufgrund der geringen Größe der Larven wird das Schadbild häufig falsch interpretiert und mit Befall durch *Alternaria* und *Botrytis* verwechselt.

Abwehr: Vermeiden windgeschützter Standorte.

Schaden durch Eichenknospengallmücke an der Terminalknospe.

Gabelung des Leittriebes als Folge eines Befalls mit Eichenknospengallmücken.

Schadbild: An Sämlingen, in der Regel ab dem 2. Kulturjahr, werden zunächst bräunliche Verfärbungen der Rinde sichtbar, und in deren Mitte befindet sich oft ein abgestorbener Kurztrieb.

Schaderreger:

Eichenrindenbrand (*Fusicoccum quercus*)

Verbreitung: Der Erreger überwintert am abgestorbenen dreijährigen Holz, ist vor allem in dichten Beständen zu finden.

Abwehr: Dichte Bestände vermeiden, mäßige Düngung.

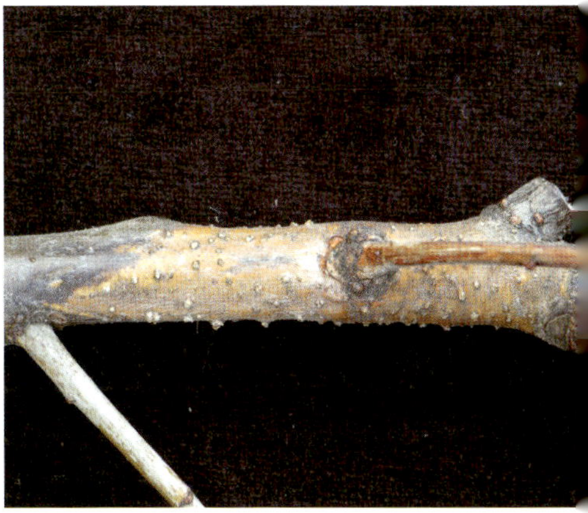

Rindennekrosen am Holz von *Quercus* durch Befall mit dem Eichenrindenbrand.

Blasige Aufwölbungen am Stamm von *Quercus*.

Schadbild: An Stämmen von jungen Eichen sind blasige Aufwölbungen zu finden. Nach einem Anschnitt der Ausstülpungen mit dem Messer tritt meistens Flüssigkeit aus. Bei genauer Betrachtung sind rotbraune Läuse auf dem Stamm zu sehen.

Schaderreger:

Eichenstammlaus (*Moritziella corticalis*)

Verbreitung: Das Schadbild ist in Produktionsbetrieben zwar bekannt, es stehen aber nur sehr geringe Informationen über die Lebensweise des Schaderregers zur Verfügung.

Vorkommen: Gefährdet sind Eichen besonders in der frühen Entwicklungsphase bis zum Alter von 10–12 Jahren.

Rotbraune Läuse am Stamm einer Eiche.

Larven vom Eichelrüssler in ausgehöhlter Frucht.

Schadbild: Bei der Ernte der Eicheln vom Boden im Herbst sind vereinzelt Früchte mit einem kleinen Loch zu sehen. Im Inneren befinden sich weißliche Larven mit brauner Kopfkapsel. Befallene Eicheln sind für die Aussaat in der Baumschule i. d. R. wertlos.

Schaderreger:

Eichelrüssler (*Curculio glandium*)

Verbreitung: Der schwarzbraune Käfer legt im August seine Eier an den Eicheln im Baum ab. Die geschlüpfte Larve bohrt sich in die Frucht ein und höhlt sie aus. Die Larve fällt im Herbst mit der Eichel zu Boden und verlässt diese zum Überwintern im Boden. Eine Verwechslung des Schadbildes mit der Eichelschwarzfäule (*Ciboria batschiana*) ist möglich. Dabei befindet sich aber kein Einbohrloch an der Frucht.

Vorkommen: Vorwiegend in Eicheln zu finden.

Abwehr: Keine Maßnahmen bekannt, befallene Eicheln können im Wasserbad abgeschwemmt werden.

Schadbild: Im Frühjahr fressen kleine, behaarte Larven den Austrieb der Eiche bis auf die Mittelrippe kahl.

Schaderreger:

Eichenprozessionsspinner (*Thaumetopoea processionea*)

Verbreitung: Die Falter legen im August ihre Eier meist im oberen Teil der Krone ab. Im Frühjahr schlüpfen die Larven und fressen den jungen Austrieb bis auf die Mittelrippe ab. Dabei werden mehrere Stadien durchlaufen. Die Larven leben in Gruppen und vollziehen Wanderungen, sogenannte Prozessionen. Diese können auch in mehreren Reihen nebeneinander erfolgen. Zur Verpuppung werden ab etwa Juni Nester gebaut mit einem Durchmesser von 20–30 cm.

Raupen des Eichenprozessionsspinners am Stamm einer Eiche. (Foto: M. Adamo)

Vorkommen: Betroffen sind besonders die heimischen Eichenarten. Einige Fachleute sind der Ansicht, dass u. a. die Amerikanische Roteiche (*Quercus rubra*) und andere weniger oder gar nicht befallen werden.

Abwehr: Behandlungen gegen die Raupe sollten nur mit Schutzkleidung und nach Rücksprache mit Fachleuten erfolgen, da ein erhebliches Gesundheitsrisiko besteht. Der Eichenprozessionsspinner ist in Baumschulen selten zu finden. Behandlungen mit Präparaten gegen fressende Insekten sollten sehr frühzeitig erfolgen, da die Larven in den ersten Entwicklungsstadien noch keine Brennhaare ausbilden.

Weitere Informationen siehe auch unter www.jki.bund.de/eps.html

Schadbild durch Fraß der Raupen des Eichenprozessionsspinners an Blättern. (Foto: M. Adamo)

Galle der Eichenrosengallwespe.

Eichelknopperngallwespe an Eicheln.

Schadbild: An den Stängeln bilden sich im Sommer glatte, grüne bis rötliche Gallen mit einem Durchmesser von 1–2 cm. Im Winter färben diese sich braun.

Schaderreger:

Eichenkugelgallwespe (*Andricus kollari*)

Verbreitung: Nach Alford (1997) legen die weiblichen Insekten im zeitigen Frühjahr Eier an der Zerr-Eiche (*Q. cerris*) ab. Es entstehen kleine Gallen, aus denen sich eine zweite Generation entwickelt. Diese legen jeweils mehrere Eier an die Knospen der Stiel- und Traubeneiche ab. Daraus entwickeln sich glatte, gut sichtbare Gallen. Sie verbleiben oft mehrere Jahre am Baum. Ohne Anwesenheit der Zerr-Eiche wird nur die erste Generation gebildet.

Vorkommen: Kugelgallen sind auch in Baumschulkulturen häufiger zu finden, vorzugsweise an *Q. petraea* und *Q. robur*. Auf Saat- und Verschulbeeten ist auch die Eichenwurzelknotengallwespe (*Andricus testaceipes*) häufiger zu finden.

Weitere Arten: Gallwespen an Eichen verursachen eine Reihe weiterer Gallen, sowohl an den Blättern als auch an Zweigen. Eine Schadwirkung ist nur bei einem starken Befall zu erwarten. Nachfolgend sind einige Beispiele für die Vielgestaltigkeit der Gallen vorgestellt:

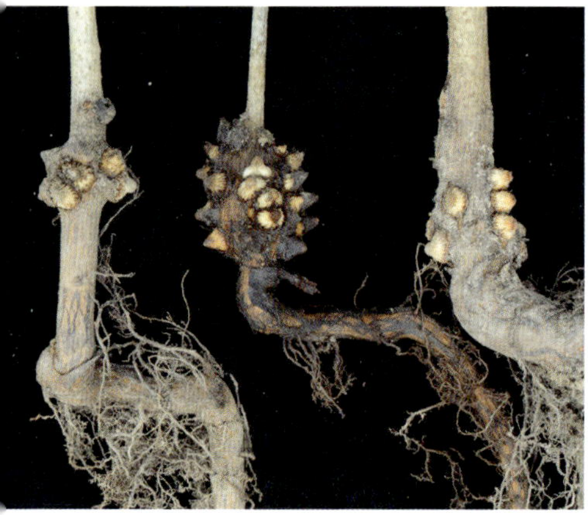
Eichenwurzelknotengallwespe am Wurzelhals.

Kugelgalle an Eiche im Winter.

Schadbild: Vorwiegend auf den Blättern bildet sich während der Vegetation ein weißlicher Belag, als Vorstufe sind gelbliche Blattverfärbungen sichtbar.

Schaderreger:

Echter Mehltau (*Microsphaera alphitoides*)

Verbreitung: Die Überwinterung des Erregers erfolgt in Dauerorganen auf dem Falllaub und in den Knospenschuppen.

Vorkommen: Alle *Quercus*-Arten sind mehr oder weniger stark betroffen. Häufig an Stiel- und weniger an der Traubeneiche zu finden. Die Scharlacheiche (*Quercus coccinea*) gilt als besonders anfällig.

Abwehr: Nur bei stärkerem Befallsdruck während der Anzucht in der Baumschule erforderlich. Dabei haben sich u. a. Schwefelprodukte bewährt.

Weißlicher Belag auf Blättern der Stieleiche.

Schadbild: Pflanzen von *Quercus robur* 'Fastigiata' zeigen keine Neigung zu aufrechtem Wuchs, Äste hängen herunter bzw. schlängeln sich in die Höhe. Das Bild zeigt sich besonders im laublosen Zustand.

Schadursache:

Unbekannt

Vorkommen: Bei vielen Eichen der einfachen Selektion 'Fastigiata' zu finden.

Vermeidung: Die Auswahl von Vermehrungsmaterial sollte sehr sorgfältig erfolgen. Die Selektionen von *Q. robur* ,'Fastigiata Dila' oder 'Koster' verwenden.

Schlechte Auslese von *Q. robur* 'Fastigiata'.

Gelbbraune Sporenlager auf der Blattunterseite vom Faulbaum.

Feine Sprenkelung auf der Blattoberseite als Folge der Saugtätigkeit der Hautwanze.

Rhododendron-Netzwanze.

4.74 *Rhamnus* – Kreuzdorn

Schadbild: Auf Blattunterseiten, Blattstielen und krautigen Trieben bilden sich größere gelbbraune Sporenlager mit einem Durchmesser bis 0,5 cm.

Schaderreger:

Kronenrost (*Puccinia coronata* var. *avenae*)

Verbreitung: Der Erreger gehört zu den wirtswechselnden Rostpilzen mit vollständigem Lebenszyklus. Im Frühjahr entwickelt sich der Rost an *Rhamnus*-Arten und wechselt im Sommer zum Hafer.

Vorkommen: In Nordeuropa am Kreuzdorn (*R. catharticus*) und am Faulbaum (*R. frangula*) häufiger zu finden. Der Rostpilz hat in den vergangenen Jahren an Verbreitung zugenommen.

Abwehr: Im Bedarfsfall können Präparate gegen Rostpilze eingesetzt werden, da die räumliche Trennung zwischen den Wirtspflanzen nicht praktikabel ist.

4.75 *Rhododendron* – Alpenrose

Schadbild: Auf der Blattoberseite hellgelbe Sprenkel, blattunterseits Wanzen (ca. 4 mm) mit glasartigen, genetzten Deckflügeln und ungeflügelten dunkelbraunen Larven. Blattränder rollen nach unten ein, Blätter vertrocknen und werden bald abgeworfen.

Schaderreger:

Rhododendron-Hautwanze (*Stephanitis oberti*),
Rhododendron-Netzwanze (*St. rhododendri*)

Verbreitung: Von August bis Oktober Eiablage an der Blattunterseite in der Nähe der Mittelrippe, Überwinterung als Ei, Schlupf der Larven ab Ende Mai.

Vorkommen: An warmen und sonnigen Standorten saugen Netzwanzen und ihre Larven an Hybriden von *R. catawbiense*, *R. ponticum*, *R. williamsianum* und *R. wardii*.

Schadbild: Blätter gelbfleckig, Pflanzen kümmern, vergilben, auf der Blattunterseite 1–2 mm große geflügelte, mit Wachsstaub bepuderte Tiere, die bei leichter Berührung der Pflanzen davonfliegen, sowie schildlausähnliche Larven, klebriger Honigtau und schwarze Rußtaupilze.

Schaderreger:

Mottenschildlaus, Weiße Fliege

(*Dialeurodes chittenden*)

Verbreitung: Eier werden auf der Blattunterseite abgelegt, Larvenentwicklung dauert etwa drei Wochen, mehrere Generationen pro Jahr.

Vorkommen: Besonders an *Rhododendron catawbiense* und *R. ponticum*-Hybriden in heißen Sommern.

Weiße Fliegen auf den Blättern von *Rhododendron*. (Foto: H. Hachmann)

Schadbild: Jungpflanzen bekommen fahlgrüne Blätter, welken und sterben dann ab, befallene Pflanzen zeigen braune Färbung unter der Rinde an der Stammbasis.

Schaderreger:

Wurzel- und Stammfäule (*Phytophthora cinnamomi*)

Verbreitung: Der Pilz infiziert vom Boden aus über die Wurzel, das Pilzgeflecht (Myzel) wächst in den basalen Teil der Pflanze hinauf und zerstört das Rindenparenchym.

Abwehr: Bodennässe, kühle Temperaturen und Wurzelverletzungen fördern den Befall; erkrankte Pflanzen entfernen.

Phytophthora-Wurzelfäule, Schadbild im Bestand.

Deutliche Verbräunung der Rinde nach Befall mit *Phytophthora*, darunter gesunde grünliche Rinde.

Typische Welkeerscheinung an jungem Trieb durch Befall mit Trieb-*Phytophthora*.

Schadbild: Einzelne Triebe von Pflanzen welken plötzlich während der Vegetationsperiode. An den Trieben befinden sich zunächst Verbräunungen bis ins Holzgewebe, die später stängelumfassend sind.

Schaderreger:

Phytophthora-Triebfäule

(*Phytophthora cactorum, P. citricola, P. ramorum*)

Vorkommen: Während der Sommermonate sind viele Kultursorten in Baumschulen gefährdet.

Verbreitung: Die Sporen des Erregers sind im Wasser frei beweglich. Neuere Erkenntnisse zeigen, dass sie bei vielen Containerbaumschulen in Vorratsteichen zu finden sind und somit die Gefahr besteht, dass sie über die Beregnung im Bestand verteilt werden.

Abwehr: Rückschnitt ins gesunde Holz, Überkronenberegnung vermeiden.

Hinweis: Seit etwa zehn Jahren hat sich in Europa eine neue *Phytophthora*-Art, *P. ramorum,* etabliert. Befallen werden neben den für *Phytophthora* typischen Kulturen, wie z. B. *Pieris* und *Rhododendron,* u. a. auch *Viburnum fragans* und *V. bodnantense*. Da der Kreis der möglichen Wirtspflanzen für diesen Erreger relativ umfangreich ist, kann er hier nicht aufgeführt werden.
Das Schadbild von *P. ramorum* entspricht im Wesentlichen dem anderer *Phytopthora*-Arten (*P. cactorum, P. citricola* usw.) und kann somit leicht verwechselt werden. Im Zweifelsfall ist eine genaue Bestimmung der Art unbedingt erforderlich. Zur Verhinderung der weiteren Ausbreitung hat die Europäische Kommission bereits im Jahr 2002 einen Pflanzenpass u. a. für *Camellia, Pieris, Rhododendron* und *Viburnum* eingeführt. Alle Produzenten der genannten Pflanzengattungen sind verpflichtet, sich einer Registrierung zu unterziehen. Bestände der genannten Gattungen werden im Lauf der Vegetation mehrfach einer Kontrolle durch den amtlichen Pflanzenschutzdienst der Länder unterzogen.

Schadbild: Blütenknospen der Pflanzen verbräunen während der Herbst- und Wintermonate. Auf den abgestorbenen Knospen befinden sich schwärzliche Pilzsporen. Verwechslung mit Frostschaden (keine Sporenträger sichtbar) möglich.

Schaderreger:

Knospensterben (*Pycnostysanus azaleae*)

Verbreitung: Der Erreger tritt nur in Kombination mit Zikaden (*Graphocephala fennahi*) auf, die ihre Eier während der Spätsommermonate an die Knospenbasis ablegen und so die Verletzungen schaffen, in die der pilzliche Erreger eindringen kann.

Abwehr: Ausbrechen befallener Knospen, windoffene Lagen bevorzugen.

Rhododendronzikade als Überträger des Knospensterbens (stark vergrößert).

Abgestorbene Blütenknospe von *Rhododendron* durch Befall mit dem Erreger des Knospensterbens.

Schadbild: Grüne bis rötliche Tumoren und Gallenbildung an Trieben und Blättern.

Schaderreger:

Ohrläppchenkrankheit (*Exobasidium rhododendri*)

Vorkommen: Anfälligkeit vieler Kulturformen gegeben.

Abwehr: Rechtzeitig befallene Pflanzenteile abschneiden und entfernen.

Schadbild an Blättern im frühen Stadium.

Gallenbildung an den Blättern von Azaleen durch Befall mit der Ohrläppchenkrankheit.

Typischer „Buchtenfraß“ am Blatt eines *Rhododendron*.

Puppen und Larven des Dickmaulrüsslers.

Schadbild: Pflanzen zeigen kümmerlichen Wuchs. Bei genauer Untersuchung des Wurzelballens sind darin weiße, beinlose Larven mit brauner Kopfkapsel zu finden.
Die ausgewachsenen Käfer verursachen einen typischen „Buchtenfraß“ an den Blatträndern.

Schaderreger:

Dickmaulrüssler (*Otiorhynchus sulcatus*)

Verbreitung: Im Freiland sind die Larven vom Sommer bis ins nächste Frühjahr zu finden. Im Frühsommer des Folgejahres entwickeln sich daraus zunächst Puppen und anschließend die ausgewachsenen Käfer, die nach einem Reifungsfraß dann wieder mit der Eiablage am Wurzelhals der Pflanzen beginnen.
Durch die Kombination der Kulturverfahren im Gewächshaus und Freiland ist der zuvor beschriebene Zyklus nicht mehr gültig. In vielen Gärtnereien finden sich daher alle Entwicklungsstadien parallel nebeneinander.

Vorkommen: Der Wirtspflanzenkreis des Insekts ist sehr groß. Neben *Rhododendron* werden häufig *Euonymus* und *Taxus* befallen.
Pflanzen mit gelben Wurzeln wie z. B. *Berberis* werden laut Beobachtungen aus der Praxis nicht befallen, siehe auch Kapitel 2.

Abwehr: Gegen die Larven des Dickmaulrüsslers hat sich die Verwendung von Nematoden der Gattungen *Heterorhabditis* und *Steinernema* bewährt. Diese sind im Fachhandel erhältlich.

Gefurchter Dickmaulrüssler (*Otiorhynchus sulcatus*).

Ebenfalls häufig an Ziergehölzen: Kompakter Dickmaulrüssler (*O. armadillo*). (Foto: K. Schrameyer)

Schadbild: Auf der Blattoberseite befinden sich kleine hellbraune Punkte, die auf einen Blattfleckenerreger deuten. Auf der Unterseite der Blätter sind die orangefarbenen Sporenlager eines Rostpilzes deutlich zu sehen. Die Anordnung der Sporenlager kann einzeln oder gebündelt vorliegen.

Schaderreger:

Rost (*Chrysomyxa rhododendri, C. ledi*)

Verbreitung: Der Erreger ist bisher nur in Neuseeland, Australien und den USA beschrieben. Wahrscheinlich nutzt der Rostpilz die Fichte als weitere Wirtspflanze.

Vorkommen: Informationen über Rostpilze an kultivierten Arten und Sorten liegen bisher noch nicht vor. Die Krankheit hat zunehmende Bedeutung in den Produktionsbetrieben.

Abwehr: Auswahl von Sorten mit geringerer Anfälligkeit, im Bedarfsfall Anwendung von Präparaten gegen Rostpilze. Als anfällig für Rostpilze gelten u. a. die Sorten 'Flav', 'Kabarett', 'Morgenrot', 'Sappho', 'Vulcan's Flame'.

Deutlich sichtbare Sporenlager auf der Blattunterseite von *Rhododendron*-Blättern.

Helle und dunkle Flecken auf der Blattoberseite von *Rhododendron* durch Befall mit Rostpilz.

Schadbild: Junge Blätter an den Triebspitzen rollen sich vom Rand nach innen. Das Blatt fühlt sich spröde und ungewöhnlich hart an.

Schaderreger:

Gelbe Teemilbe, Breite Milbe (*Polyphagotarsonemus latus*)

Verbreitung: Als Schadursache werden Weichhautmilben auf Grund der geringen Größe (0,2 mm) oft nicht erkannt. Die Ausbreitung erfolgt bei Wärme und hoher Luftfeuchtigkeit sehr rasch.

Abwehr: Rückschnitt befallener Triebspitzen bringt einen Teilerfolg. Sind nur einzelne Pflanzen betroffen, sollten diese vernichtet werden.

Schadbild an *R. occidentale*.

Echter Mehltau an laubabwerfender Azalee.

Schadbild: Auf den Blättern bildet sich in den Sommermonaten ein intensiver weißer Belag, teilweise auch auf der Blattunterseite zu finden.

Schaderreger:

Echter Mehltau (*Erysiphe azaleae*)

Verbreitung: Der Erreger überdauert im Winter an den Knospen.

Vorkommen: Befallen werden vornehmlich die laubabwerfenden Sorten. Es bestehen erhebliche Unterschiede bei den Sorten bezüglich der Anfälligkeit.

Abwehr: Auswahl weniger anfälliger Sorten, bei stärkerem Befall Anwendung von Netzschwefel oder anderen Präparaten gegen Echte Mehltaupilze.

Eisenmangelchlorose an Rhododendron durch ungeeigneten Standort.

Schadbild: Blätter der Pflanzen im oberen Bereich verfärben sich gelblich, Blattadern verbleiben grün.

Schadursache:

Eisenmangelchlorose

Vorkommen: Pflanzen der Gattung Rhododendron lieben humusreiche, saure Böden mit einem pH-Wert unter 5 bis 5,5. Auf Standorten mit höheren pH-Werten kann es zur Festlegung von Spurenelementen, u. a. Eisen kommen.

Abwehr: Verwendung von Pflanzen auf sogenannten „kalktoleranten Unterlagen oder, soweit möglich, die Optimierung des Standorts durch Humus und Torf. Die Düngung mit Eisendüngern in der Chelat-Form kann ebenfalls Abhilfe schaffen.

Weitere häufig vorkommende **Schaderreger**:

Wurzelkropf (*Rhizobium radiobacter*)

4.76 *Ribes* – Johannisbeere, Stachelbeere

Schadbild: Winterknospen der Schwarzen Johannisbeere sind ungewöhnlich verdickt und treiben im Frühjahr nicht aus.

Schaderreger:

Johannisbeergallmilbe (*Cecidophyopsis ribis*)

Verbreitung: Die Überwinterung des Schädlings erfolgt innerhalb der Knospen, wo auch eine starke Vermehrung erfolgt. Im Frühjahr verlassen die Gallmilben die Knospen und wandern triebaufwärts zu den dort neu gebildeten Knospen.

Vorkommen: Vorwiegend an Schwarzen Johannisbeeren.

Abwehr: Verwendung von gesundem Vermehrungsmaterial, Rückschnitt und Vernichtung befallener Pflanzenteile.

Verdickte Knospen an Johannisbeeren durch Befall mit Gallmilben.

Schadbild: Im Frühjahr sind Teile der Blattspreite nach oben blasig aufgetrieben, Aufwölbungen nehmen rötliche Färbung an, unterseits 2–3 mm große, gelblich grüne Blattläuse.

Schaderreger:

Johannisbeerblasenlaus (*Cryptomyzus ribis*)

Verbreitung: Im Juni wechselt die Laus zum Nebenwirt (Ziest und Taubnessel), um im Herbst an die Johannisbeere zurückzukehren und an der Rinde Wintereier abzulegen.

Vorkommen: An Roter und Weißer Johannisbeere sowie an der Stachelbeere.

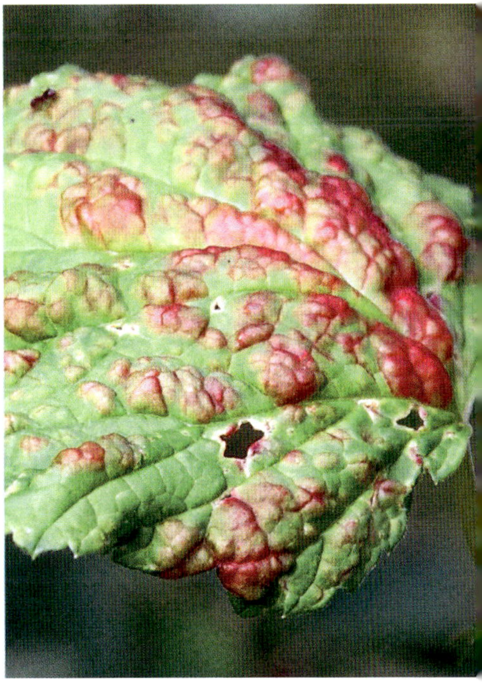

Rötliche Blattverfärbung an Johannisbeeren durch Befall mit der Johannisbeerblasenlaus.

Wachsausscheidungen von Wurzelläusen an *Ribes*.

Blattdeformationen auf der Ulme durch Befall mit *Eriosoma ulmi*.

Schadbild: An den Wurzeln der Pflanzen befinden sich Läuse mit starken weißlichen bis bläulichen Wachsausscheidungen.

Schaderreger:

Wurzellaus (*Eriosoma ulmi*)

Verbreitung: Die Läuse sind wirtswechselnd von *Ulmus* zu *Ribes*. An den Blättern von *Ulmus* verursachen sie starke Blattgallen, bevor sie etwa im Juni zu den Wurzeln von *Ribes* wechseln. Im Herbst des gleichen Jahres legen dann geflügelte Stadien wieder Eier an *Ulmus* ab.

Vorkommen: Besonders auffällig bei Containerpflanzen.

Abwehr: Schädigung der Pflanzen meistens gering, eher ein optisches Problem bei der Vermarktung.

Echte Mehltaupilze an den Triebspitzen der Stachelbeere.

Schadbild: Blätter und junge Triebe sind im zeitigen Frühjahr bereits mit weißem, pudrigem, später bräunlichem Belag überzogen. Befallene Endknospen kümmern. Früchte werden ebenfalls befallen.

Schaderreger:

Amerikanischer Stachelbeermehltau

(*Sphaerotheca mors-uvae*)

Verbreitung: Infektion während der gesamten Vegetationsperiode durch zahlreiche Sporen. Pilz überwintert an den Triebspitzen.

Europäischer Stachelbeermehltau
(*Microsphaera grossulariae*)

Als wesentlicher Unterschied zum zuvor genannten Amerikanischen Stachelbeermehltau erfolgt hier die Infektion über die alten Blätter, Früchte werden nicht befallen. Das Myzel bleibt weißlich.

Vorkommen: Stachelbeeren, Schwarze Johannisbeeren und Wildarten.

Abwehr: Verwendung resistenter Sorten wie z. B. 'Hinnonmäki', 'Invicta', 'Redeva', 'Reflamba', 'Rexrod', 'Rokula', 'Rolonda' u. a. bei Stachelbeeren und 'Ben Sarek', 'Hedda', 'Titania' u. a. bei Schwarzen Johannisbeeren.

Amerikanischer Stachelbeermehltau an den Früchten.

Schadbild: Im Hochsommer auf Blattunterseite rostfarbene, staubige Pusteln, vorzeitiger Blattfall.

Schaderreger:

Säulenrost der Schwarzen Johannisbeere
(*Cronartium ribicola*)

Verbreitung: Infektion auf *Ribes* ab Frühsommer, im Herbst wirtswechselnd zur Weymouthkiefer.

Vorkommen: Unterlage *Ribes aureum* kann auch Wirtspflanze des Pilzes sein, Rote und Weiße Johannisbeere sind resistent dagegen.

Abwehr: Einzige rostresistente Schwarze Johannisbeere ist zurzeit die Sorte 'Titania'. Räumliche Trennung der Wirtspflanzen.

Sporenlager des Säulenrosts auf der Blattunterseite von *Ribes*.

Schadbild: Zunächst welken einzelne Triebe, anschließend ganze Pflanzen, die später absterben. Im unteren Bereich der Pflanze (unterhalb der Rückschnittstelle) ist die Rinde bräunlich verfärbt. In extremen Jahren können 100 % der Pflanzen betroffen sein.

Schaderreger:

Triebsterben (*Phytophthora* sp.)

Hinweis: In einzelnen Fällen konnten *Verticillium* sp. und *Nectria* sp. ein vergleichbares Schadbild verursachen.

Rindenverfärbungen im Wurzelhalsbereich von *Ribes* nach Befall mit *Phytophthora*.

Untypische Blattdeformation an Schwarzen Johannisbeeren durch Befall mit Falschem Mehltau.

Schadbild: Auf den Blättern von Schwarzen Johannisbeeren bilden sich kleine braunrote Punkte, die Blätter sind deformiert und nachfolgend setzt Blattfall ein. In Ertragsanlagen fallen auch die Blütenstände vorzeitig ab (verrieseln).

Schaderreger:

Falscher Mehltau (*Plasmopara ribicola*)

Verbreitung: Feuchte Witterung und dichte Pflanzenbestände fördern die Entwicklung des Pilzes.

Vorkommen: Insbesondere an Schwarzen Johannisbeeren ist der Erreger zu finden. Die Sorte 'Silvergieters Schwarze' gilt als anfällig. Rote Johannisbeeren werden i. d. R. nicht befallen.

Abwehr: Abgefallenes Laub entfernen und für eine gute Durchlüftung der Bestände sorgen.

Vorkommen: Vorwiegend ist *Ribes sanguineum* im Freiland und Container betroffen.

Schaden durch Wanzen an Johannisbeere.

Schadbild: Blätter zeigen nach dem Austrieb Deformationen in Form von braunen Punkten und Löchern.

Schaderreger:

Nordische Apfelwanze (*Plesiocoris rugicollis* und andere Arten)

Verbreitung: Die Eiablage erfolgt im Juni/Juli. Nach dem Schlupf der Nymphen beginnen diese mit der Saugtätigkeit. Der Schaderreger ist am besten bei kühler Witterung in den frühen Morgenstunden zu finden.

Vorkommen: Schäden durch Wanzen sind häufiger zu finden an Äpfeln (Nordische Apfelwanze), Forsythien und Rosen.

Abwehr: Standorte mit höherem Gräserbewuchs meiden, falls möglich Gras mähen.

Schadbild: Einzelne Zweige eines Strauches kümmern oder welken, daran sind Ausschlupflöcher und Kot zu sehen. Im Mark des Triebes sind schwarze Fraßgänge und eine weißliche Larve mit brauner Kopfkapsel zu sehen.

Schaderreger:
Johannisbeerglasflügler (*Synanthedon tipuliformis*, Syn. *S. spinicolella*)

Verbreitung: Der Falter legt in den Sommermonaten seine Eier auf Äste in der Nähe einer Knospe oder Seitentriebes. Die geschlüpfte Larve bohrt sich in den Trieb und überwintert auch darin.

Abwehr: Ausschneiden befallener Zweige, keine Zapfen stehen lassen beim Schnitt. Zur Ermittlung des Falterflugs von Juni bis August stehen im Fachhandel Pheromonfallen zur Verfügung. Somit können optimale Bekämpfungszeitpunkte festgelegt werden.

Larve des Johannisglasflüglers mit Fraßgang an Johannisbeere.

4.77 *Robinia* – Robinie, Scheinakazie

Schadbild: Im Frühjahr rollen sich vom Seitenrand einzelne Fiederblätter nach unten ein und verdicken. Bei stärkerem Befall setzt Blattfall ein.

Eingerolltes Fiederblatt nach Befall durch Robiniengallmücke.

Schaderreger:
Robiniengallmücke (*Obolodiplosis robiniae*, Syn. *Cecidomyia robiniae*)

Verbreitung: Die Gallmücke hat in den vergangenen Jahren stark zunehmende Bedeutung als Schaderreger erlangt. Die Mücke legt ihre Eier an die jungen Blätter im Frühjahr. Es entwickeln sich daraus pro Blatt drei bis fünf beinlose Larven ohne Kopfkapsel mit einer Endgröße von 2–4 mm. Es werden mehrere Generationen pro Jahr gebildet. Die Überwinterung erfolgt als Puppe im Boden. Eine Verwechslung mit der Robinienminiermotte (*Phyllonorycter robiniella*) ist möglich. Die Larven verfügen aber über eine Kopfkapsel.

Vorkommen: Bislang ist die Robiniengallmücke nur auf der Gattung *Robinia* verbreitet.

Weißliche Junglarve und rötliche Altlarve der Mücke auf dem Blatt.

Gesunde (rechts) und schlechte Blattentwicklung (links) nach Befall mit Gallmilben.

Schadbild am Stamm von *Robinia*. (Foto: P. Heydeck)

Abwehr: Da derzeit keine zugelassenen Präparate zur Verfügung stehen, sollte eine entsprechende Fachberatung eingeholt werden.

Schadbild: Fiederblätter der Pflanzen sind ungewöhnlich klein und gekräuselt. Ohne Hilfsmittel sind keine Schaderreger zu erkennen.

Schaderreger:

Gallmilben (*Vasates robiniae*)

Verbreitung: Aufgrund der geringen Länge von ca. 0,2 mm sind Gallmilben nur mit einer guten Lupe und Erfahrung im Aufsuchen von Gallmilben zu finden. Die Überwinterung erfolgt in den Knospen. Es werden mehrere Generationen pro Jahr gebildet. Eine Ausbreitung über größere Entfernungen erfolgt mit dem Wind.

Vorkommen: Probleme bereiten Gallmilben überwiegend in mehrjährigen Kulturen, im Aussaatjahr ist ein starker Befall selten.

Abwehr: Die Behandlung der Bestände mit Netzschwefel hat sich bewährt. Gleichzeitig wird eine Wirkung gegen Echten Mehltau erzielt.

Schadbild: Bei der Anzucht auf Saatbeeten und Stämmen für Alleebäume sind braune, großflächige Rindennekrosen zu finden. Diese können stängelumfassend sein und darüber liegende Pflanzenteile zum Absterben bringen. Im Winter sind diese Befallsstellen zumeist eingesunken.

Schaderreger:

***Fusarium*-Welke** (*Fusarium*-Arten)

Verbreitung: Der Erreger infiziert die Pflanzen während der Vegetationsperiode. Rosa gefärbte Sporenlager auf den Befallsstellen im Herbst und Winter sind ein sicheres Erkennungsmerkmal für den Erreger. Teilweise wurde auch der pilzliche Erreger Phomopsis als Ursache für Rindenschäden diagnostiziert.

Vorkommen: Insbesondere in der Anzucht von Alleebäumen ist der Schaderreger häufiger zu finden.

Abwehr: Dichte Pflanzenbestände vermeiden und eine ausgewogene Düngung mit Stickstoff sind vorbeugende Maßnahmen. Bei stärkerem Befallsdruck sollten Präparate gegen Fusarium-Arten verwendet werden.

Weitere häufig vorkommende **Schaderreger:**

Blattfleckenkrankheit (*Phloeospora robiniae*)
Echter Mehltau (*Microsphaera pseudoacaciae*)
Robinienminiermotte (*Phyllonorycter robiniella*)

4.78 *Rosa* – Rosen

Ungewöhnlicher und starker Befall an einer Rosenblüte durch Läuse.

Schadbild: Grüne oder rotbraune Blattläuse besiedeln neben jungen Blättern und Blütenknospen oft auch Triebspitzen, durch Saugschäden missgestaltete Triebe, bei Lausbefall Honigtaubildung und anschließende Besiedlung mit Schwärzepilzen (Rußtau).

Schaderreger:

Rosenblattlaus (*Macrosiphum rosae*)

Verbreitung: Starke Vermehrung mit kurzer Generationsfolge.

Larven der Rosenblattwespe.

Schadbild: Ober- oder Unterseite der Rosenblätter werden durch Afterraupen platzweise befressen (Fensterfraß) oder Blattfraß bis zu den Hauptadern (Skelettierfraß).

Schaderreger:

Rosenblattwespen (*Caliroa* sp. u. a.)

Verbreitung: Rosenblattwespen sind glänzend schwarz gefärbt und legen ihre Eier an Blattunterseiten ab.

Feine Sprenkelung auf dem Blatt durch Befall mit Zikaden.

Zikaden auf der Blattunterseite.

Schadbild: Auf der Blattoberseite weiße bis blassgrüne Sprenkelung zunächst entlang der Blattadern. Blattunterseits saugen blassgelbe Zikaden von ca. 3 mm Länge und ihre flügellosen cremig weißen Larven, bei Berührung der Sträucher springen die Zikaden auf und fliegen davon.

Schaderreger:

Rosenzikaden (*Typhlocyba rosae*)

Verbreitung: Zwei Generationen im Jahr. In die Rinde der jungen Zweige werden die Eier zur Überwinterung abgelegt, Junglarven im Frühjahr.

Vorkommen: Befall besonders an sehr warmen Standorten, an Kletterrosen wegen des geringen Rückschnitts stärkeres Auftreten.

Schaumzikade an Rosen.

Schadbild: Auf Blättern und an Trieben befinden sich im Frühjahr grünlich gelbe bis grünlich weiße Larven, die zu Verkrüppelungen an den befallenen Pflanzenteilen führen. Besonders auffällig ist der die Larve umgebende Schaum.

Schaderreger:

Schaumzikade (*Philaenus spumarius*)

Verbreitung: Die Überwinterung erfolgt als Ei am Holz der Pflanze.

Vorkommen: Neben Rosen werden u. a. auch *Salix* häufiger befallen.

Abwehr: Nur bei starkem Auftreten ist eine Bekämpfung zweckmäßig.

Schadbild: Einzelne oder mehrere Fiederblätter eines Rosenblattes rollen sich nach unten ein.

Eingerollte Fiederblätter eines Rosenblattes.

Schaderreger:
Rosenblattrollwespe (*Blennocampa pusilla*)

Verbreitung: Nach dem Schlupf legt die Wespe etwa ab Mai ein bis drei Eier an den Blattrand eines Fiederblattes. Danach sticht das Weibchen mehrere Male entlang der Mittelrippe in das Blatt. Dadurch wird das Einrollen des Blattes bewirkt. Die sich entwickelnden Larven sind hell gefärbt mit dunkler Kopfkapsel. Sie fressen im Schutz des eingerollten Blattes und erreichen eine Größe von ca. 10 mm. Im Spätsommer verlassen die Larven das Blatt, um sich im Boden zu verpuppen.

Abwehr: Im Privatgarten können befallene Blätter ausgezupft werden. In gärtnerischen Produktionsbetrieben tritt nur sehr vereinzelt Schaden auf.

Larven der Blattrollwespe.

Schadbild: An den Zweigen einzelner Pflanzen bilden sich bis zu faustgroße, grünlich rot gefärbte Gallen mit zerzauster, moosartiger Oberfläche. Das Innere der Galle ist hart.

Faustgroße Galle an Rosenzweig im Winter.

Schaderreger:
Rosengallwespe (*Diplolepis rosae*)

Verbreitung: Die Wespe legt im Frühjahr ihre Eier in die noch geschlossenen Knospen ab. Daraus entwickeln sich im Lauf des Jahres große Gallen. Darin befinden sich einzelne Kammern, die jeweils mit einer Larve besetzt sind. Die Überwinterung erfolgt als Larve in den Gallen.

Vorkommen: Häufiger auch an Wildrosen wie z. B. *Rosa canina* zu finden.

Abwehr: Bei stärkerem Befall die Gallen von Hand entfernen.

Rosentriebbohrer im Rosenzweig.

Schadbild: An Freilandrosen ist ein plötzliches Welken einzelner Triebspitzen während der Sommermonate zu beobachten. Beim Aufschneiden der Triebe wird eine weiße Larve mit brauner Kopfkapsel sichtbar.

Schaderreger:

Rosentriebbohrer (*Ardis pallipes, Cladardis elongatula*)

Verbreitung: Grundsätzlich werden zwei Arten von Rosentriebbohrern unterschieden. Der abwärtssteigende Triebbohrer (*A. brunniventris*) und der aufwärtssteigende Triebbohrer (*Cladardis elongtula*). Je nach Fressrichtung werden im Frühsommer oben an den krautigen Trieben oder im unteren Teil des Triebes Eier abgelegt, aus denen sich die Larven entwickeln.

Abwehr: Rückschnitt der befallenen Triebe.

Dunkle Flecken auf den Blättern von *Rosa*.

Schadbild: Ab Sommer auf der Blattoberseite schwarzbraune, runde und gezackte Flecken mit vergilbendem Rand. Bodennahe Blätter werden zuerst befallen, bei starker Erkrankung vorzeitiger Blattabfall.

Schaderreger:

Sternrußtau (*Diplocarpon rosae*)

Verbreitung: Ausbreitung wird durch regnerische, kühle Witterung begünstigt. Pilz überwintert auf abgefallenen Blättern.

Abwehr: Weniger anfällige Rosensorten pflanzen.

Schadbild: Im Sommer auf den Blättern gelbliche Flecken, an der Unterseite gelbe stäubende Pusteln, diese werden im Herbst durch schwarze abgelöst, vorzeitiger Blattfall.

Schaderreger:

Rosenrost (*Phragmidium mucronatum* und *P. tuberculatum*)

Verbreitung: Der Pilz überwintert auf dem abgefallenen Laub und infiziert von dort aus im Frühjahr den Neuaustrieb und im Sommer die Blätter.

Vorkommen: Seit einigen Jahren wird verstärkt die Art *Phragmidium tuberculatum* als neue und schwer zu bekämpfende Rostart an Rosen beobachtet.

Abwehr: Verwendung resistenter Sorten.

Rostbraune Sporenlager des Rosenrostes auf der Blattunterseite.

Schadbild: Auf den Blättern bilden sich unregelmäßig geformte weinrote Flecken.

Schaderreger:

Falscher Mehltau (*Pseudoperonospora sparsa*)

Verbreitung: Der Erreger bevorzugt hohe Luftfeuchtigkeit und dichte Bestände. Bei der Anzucht von Rosen werden krautige Triebe ebenfalls befallen. Das Schadbild wird dann häufig mit der Rindenfleckenkrankheit (*Coniothyrium wernsdorffiae*) verwechselt.

Vorkommen: Die Anfälligkeit der Sorten ist sehr unterschiedlich. Die Rosenunterlage *Rosa corymbifera* 'Laxa' gilt als ausgesprochen anfällig.

Abwehr: Verwendung widerstandsfähiger Sorten, z. B. Sorten mit dem ADR-Prädikat (siehe auch: www.adr.de). Außerdem sollte für eine gute Durchlüftung der Pflanzenbestände gesorgt werden.

Weinrote Flecken auf Rosenblatt nach Infektion mit Falschem Mehltau.

Rindennekrose auf Rosenzweig durch Befall mit der Rindenfleckenkrankheit. (Foto: H. Nennmann)

Schadbild: An vorjährigen Trieben, aber auch an Stämmen bilden sich bräunliche Verfärbungen, häufig in der Nähe von Knospen.

Schaderreger:

Rindenfleckenkrankheit (*Coniothyrium wernsdorffiae* u. a.)

Verbreitung: Der Erreger bildet seine Sporen auf dem Holz befallener Pflanzen, dies führt zur weiteren Verbreitung.

Abwehr: Rückschnitt befallener Teile bis ins gesunde Holz, bei Stämmen Ausschneiden befallener Teile, soweit dieses möglich ist.

Mehliger Belag auf einem Rosenblatt.

Schadbild: Auf den Blättern bildet sich ein weißlicher Belag, der teilweise auch auf den Unterseiten zu finden ist.

Schaderreger:

Echter Mehltau (*Sphaerotheca pannosa*)

Verbreitung: Der Erreger überwintert in den Knospen der Rose.

Vorkommen: Die Anfälligkeit der Sorten ist sehr unterschiedlich. Darauf sollte beim Kauf geachtet werden. Nähere Informationen dazu sind beim Züchter erhältlich oder unter www.adr-rosen.de zu finden.

Abwehr: Pflanzung resistenter Sorten.

Weitere häufig vorkommende **Schaderreger**:

Spinnmilben (*Tetranychus urticae*)
Nematoden (*Pratylenchus*-Arten, *Meloidogyne hapla*)
Wurzelkropf (*Rhizobium radiobacter*)
Bodenmüdigkeit (nicht bekannte Schadfaktoren)

4.79 *Rubus* – Brombeere, Himbeere

Schadbild: Auf den Blättern bilden sich während der Sommermonate weinrote, meist eckige Flecken, die durch die Blattadern begrenzt sind.

Schaderreger:

Falscher Mehltau (*Peronospora rubi, P. sparsa*)

Verbreitung: Feuchte Lagen fördern die Ausbreitung des Erregers.

Vorkommen: Die Anfälligkeit der Sorten ist sehr unterschiedlich. Generell scheinen die neuen stachellosen Sorten anfälliger zu sein.

Abwehr: Für eine gute Durchlüftung der Bestände sorgen. Im Privatgarten hilft die Entfernung des Falllaubes.

Weinrote Flecken auf der Blattoberseite der Sorte 'Loch Ness' durch Befall mit Falschem Mehltau.

Schadbild: Auf den Blättern bilden sich im Frühsommer zunächst kleine helle Flecken, die sich später dunkel einfärben. Auf der Blattunterseite sind gut sichtbare, gelborange Sporenlager zu finden.

Schaderreger:

Brombeerrost (*Phragmidium violaceum*)

Verbreitung: Der Erreger überwintert am Falllaub oder überdauert an verbliebenen grünen Blättern. Es werden mehrere Sporenformen an der Brombeere gebildet, ein Wechsel der Wirtspflanze ist nicht erforderlich.

Vorkommen: Verstärkt an dornenlosen Sorten zu finden.

Abwehr: Die Entfernung des Falllaubes bzw. die Förderung der Zersetzung reduziert den Befallsdruck.

Gelborange Sporenlager auf der Blattunterseite.

Gelblich grüne Larve außerhalb der schützenden Schaumkugel

Schadbild: An Stängeln und Blättern bildet sich ein bis zu mehrere cm großer Schaumball. Darin befindet sich eine gut sichtbare, gelblich grüne Larve.

Schaderreger:

Wiesenschaumzikade (*Philaenus spumarius*)

Verbreitung: Im Spätsommer legen die Zikaden ihre Eier an Stängeln und anderen Pflanzenteilen ab. Der Schlupf der Larven erfolgt im nächsten Frühjahr. Der selbstproduzierte Schaum schützt die Larve während der Entwicklung.

Vorkommen: Besiedelt werden eine Vielzahl von Stauden und Gehölzen. Die Art ist häufig an der Rose zu finden. Weitere Arten sind an *Alnus* und *Salix* zu finden.

Abwehr: Nur bei stärkerem Befall erforderlich.

Kleine braune Flecken mit Löchern durch Befall mit Futterwanze

Schadbild: Am jungen Austrieb sind kleine, braune Flecken zu finden, meist mit einem kleinen Loch versehen.

Schaderreger:

Grüne Futterwanze (*Lygocorus pabulinus*)

Verbreitung: Die Überwinterung erfolgt als Ei an mehrjährigen Zweigen und Ästen. Ab April saugen die Larven an den jungen Blättern. Nach einigen Wochen wechseln sie zu krautigen Pflanzen. Es werden zwei Generationen gebildet.

Vorkommen: Häufiger auch an *Crataegus, Malus, Tilia* usw. zu finden.

Abwehr: Die Entfernung von Grasbewuchs und anderen Wirtspflanzen der Wanze ist sinnvoll. Bei stärkerem Befall Präparate gegen Wanzen einsetzen.

Schadbild: Auf einjährigen Ruten entstehen ab Mai rotbraune bis violette Flecken, vor allem im Bereich der Knospen, die sich jetzt ausdehnen und zum Absterben und Aufplatzen der Rinde führen. Ruten sterben schließlich ab.

Schaderreger:

Himbeerrutensterben (*Didymella applanata*)

Verbreitung: Während der Vegetationszeit dringt der Pilz durch Rindenrisse und Verletzungen ein und überwintert an den befallenen Ruten.

Abwehr: Nach der Ernte Ruten bodennah abschneiden, windgeschützte Lagen mit ausgeglichener Bodenfeuchte wählen, Abdecken des Bodens mit organischer Masse. Rissempfindliche Sorten meiden.

Rindenverbräunungen durch Befall mit dem Himbeerrutensterben.

Schadbild: Welkesymptome an Jung- und Ertragsruten. Verbräunungen der Rinde im Wurzelhalsbereich.

Schaderreger:

Phytophthora-Wurzelfäule

(*Phytophthora fragariae* var. *rubi*)

Vorkommen: In Ertragsanlagen und Vermehrungsbeständen, häufig zuerst an vernässten Stellen.

Verbreitung: Die Sporen werden mit Pflanzen verschleppt, aber auch mit Fahrzeugen.

Abwehr: Befallene Standorte sollten gemieden werden. Anfälligkeit der Sorten ist unterschiedlich. Die Sorte 'Meeker' wird als relativ robust bezeichnet.

Intensive Verbräunung im Wurzelhalsbereich einer Himbeerpflanze durch Befall mit Wurzelfäule.

Bohnenartige Verdickungen am Blatt von *Salix* durch Befall mit Blattwespen. (Foto: D. Bartels)

Große Larve des Weidenbohrers.

4.80 *Salix* – Weide

Schadbild: An den Blättern bilden sich im Verlauf des Sommers „bohnenartige" Verdickungen, die gelblich bis rötlich gefärbt sein können. Sie haben eine Länge von ca. 1 cm. Darin sind gelbliche Larven zu finden.

Schaderreger:

Blattwespen (*Pontania*-Arten)

Verbreitung: Pro Jahr werden zwei Generationen gebildet, ein starker Befall setzt erst mit der zweiten Generation im Spätsommer ein.

Abwehr: In der Regel nicht erforderlich, da keine nachhaltige Schädigung der Pflanze zu erwarten ist.

Schadbild: Im unteren Bereich älterer Bäume sind größere Löcher mit Bohrmehl an der Öffnung zu finden. In den Gängen befinden sich braunrote Larven mit dunkelbrauner Kopfkapsel.

Schaderreger:

Weidenbohrer (*Cossus cossus*)

Verbreitung: Die Schmetterlinge legen im Sommer ihre Eier an der Stammbasis ab. Daraus entwickeln sich die Larven, die sich in das Holz einbohren. Sie verbleiben etwa zwei Jahre im Holz und können eine Länge von über 7 cm erreichen.

Vorkommen: Vorwiegend an Weiden und Pappeln zu finden, aber auch an Obstgehölzen und anderen Laubbaumarten.

Abwehr: Anfällig sind geschwächte und frisch verpflanzte Bäume. Eine ausreichende Wasserversorgung und die Förderung der Pflanzenvitalität wirken einem Befall entgegen.

Schadbild: Blattränder rollen sich nach unten ein und verdicken. Darin sind orange gefärbte Gallmückenlarven zu finden.

Schaderreger:

Weidenblattgallmücke (*Dasineura marginemtorquens*)

Verbreitung/Vorkommen: Die Eiablage erfolgt im zeitigen Frühjahr. Im nordeuropäischen Klimabereich werden drei bis vier Generationen gebildet. Die Art ist häufiger an verschiedenen Ziergehölzen zu finden. Eine Verwechslung mit Blattrandgallmilben (*Aculus truncatus*) ist möglich. Dann sind aber keine Gallmückenlarven zu finden.

Abwehr: Nur bei starkem Befall mit einem Präparat gegen Gallmücken

Nach unten eingerollte Blätter durch Befall mit Gallmückenlarven.

Schadbild: Metallisch glänzende grünlich-bläuliche Käfer führen zu Lochfraß an den Blättern. Dazwischen fressen dunkle Larven, meist mehrere Larven auf einem Blatt.

Schaderreger:

Glanzkäfer (Verschiedene Arten, u. a. *Phyllodecta vitellinae*)

Verbreitung: Nach der Überwinterung der Käfer erfolgt die Eiablage im Frühjahr. Es werden zwei Generationen pro Jahr gebildet.

Abwehr: Bei stärkerem Auftreten können Präparate gegen beißende Insekten eingesetzt werden.

Larven des Blauen Weidenblattkäfers.

Schadbild: Auf der Blattoberseite entstehen im Sommer zunächst hellgelbe Flecken. Auf der Unterseite bilden sich gut sichtbare, orange-gelbe Sporenlager.

Schaderreger:

Weidenrost (*Melampsora salicina*)

Verbreitung: Viele Rostpilze wechseln ihre Wirtspflanzenarten im Verlauf der Vegetationsperiode. Beim Weidenrost liegen dazu keine gesicherten Erkenntnisse vor.

Abwehr: Bei stärkerem Befall sollten frühzeitig Präparate gegen Rostpilze eingesetzt werden.

Orange Sporenlager auf der Blattunterseite.

Dunkel gefärbte Blattlauskolonie am Stängel.

4.81 *Sambucus* – Holunder

Schadbild: Krautige Stängel und Blätter sind gleich im Frühjahr mit dunklen Blattlauskolonien besetzt. Bei stärkerem Befall kommt es zu Deformationen des Blattes.

Schaderreger:

Holunderblattlaus (*Aphis sambuci*)

Verbreitung: Die Überwinterung erfolgt im Eistadium am Holunder. Nach dem Schlupf verbleiben die Läuse einige Wochen am Holunder, bevor sie etwa im Juli für einige Wochen zu einer anderen Wirtspflanze (*Dianthus, Saxifraga* u. a.) wechseln und im Herbst erneut die Eiablage am Holunder erfolgt.

Vorkommen: Vorwiegend an *S. nigra* und *S. racemosa* zu finden.

Abwehr: Nur bei starkem Befall ist eine Behandlung mit einem Präparat gegen Blattläuse sinnvoll.

Nach oben eingerollte Blattränder durch Befall mit Gallmilben.

Schadbild: Während der Sommermonate rollen sich die Blattränder der Fiederblätter nach oben ein, Blattfläche insgesamt oder in Teilbereichen gewölbt.

Schaderreger:

Gallmilben (*Epitrimerus trilobus*)

Verbreitung: Aufgrund der geringen Größe sind die Gallmilben nur mit einer guten Lupe zu sehen. Es werden mehrere Generationen gebildet.

Abwehr: Behandlungen mit Schwefelpräparaten haben sich bewährt.

Schadbild: Auf den Blättern bilden sich größere graubraune Flecken, bei stärkerem Befall setzt Blattfall ein.

Schaderreger:

Blattfleckenerreger (*Cercospora depazeoides*)

Verbreitung/Vorkommen: In dichten Pflanzenbeständen mit Überkronenbewässerung breitet sich der Erreger während der Vegetationsperiode rasch aus.

Abwehr: Hohe Bestandsdichten meiden, häufiger an rotlaubigen Sorten zu finden.

Starker Befall an der Sorte 'Magic Tower'.

4.82 *Skimmia* – Skimmie

Schadbild: Blätter der Pflanzen sind im Frühjahr vor Austrieb von der Blattspitze beginnend hellgrün bis gelblich verfärbt.

Schadursache:

Nährstoffmangel

Vorkommen/Abwehr: Der Standort der Pflanzen sollte optimiert werden. Die Gattung *Skimmia* bevorzugt humusreiche, saure Böden in halbschattiger Lage. Schafft eine Stickstoffdüngung keine Abhilfe, sollte unbedingt eine Bodenanalyse ausgeführt werden.

Gelbliche Verfärbung im Frühjahr aufgrund von Nährstoffmangel.

4.83 *Sophora* – Schnurbaum

Schadbild: Auf den Ästen bilden sich intensiv weiß gefärbte, wachsüberzogene Schildlauskolonien.

Schaderreger:

Maulbeerschildlaus (*Pseudaulacaspis pentagona*)

Verbreitung, Vorkommen: Die Verbreitung hat in den vergangenen Jahren sehr stark zugenommen. Die Schildlaus ist heute insbesondere im städtischen Bereich an vielen Pflanzen zu finden (siehe auch unter *Morus*).

Abwehr: Die Bekämpfung gestaltet sich insgesamt schwierig (siehe auch unter *Morus*).

Befall der Maulbeerschildlaus am Ast von *Sophora*.

Schadbild an *Sorbus aucuparia.*

Eingesunkene Rindenpartien an *Sorbus* durch Befall mit Krebs.

4.84 *Sorbus* – Eberesche

Schadbild: Auf den Blättern bilden sich während der Vegetation kleine helle Flecken, die später rötlich und bräunlich verfärben und als Pocken hervortreten. Auf der Blattunterseite bildet sich an diesen Stellen ein Filzrasen.

Schaderreger:
Pockenmilben (*Eriophyes sorbi*)

Vorkommen: Häufig an *S. aucuparia, S. torminalis* und *S. aria* zu finden. Lt. D. Alford (1997) auch an Crataegus zu finden. Aufgrund der geringen Größe sind die Milben nur mit einer guten Lupe zu sehen. Es werden mehrere Generationen pro Jahr gebildet.

Abwehr: Bei stärkerem Befall haben sich Anwendungen von Netzschwefel bewährt.

Schadbild: In der Umgebung kleinerer Zweige und Knospen verfärbt sich die Rinde zunächst rötlich bis braun. Befallene Rindenteile sinken später ein, nicht immer astumfassend.

Schaderreger:
Krebs (*Nectria galligena*)

Verbreitung: Der Erreger überdauert am Holz und dringt über Wunden bei feuchter Witterung ins Pflanzengewebe ein.

Vorkommen: Die Anfälligkeit der einzelnen Sorten ist nach niederländischen Untersuchungen recht unterschiedlich. So gilt *S. aucuparia* 'Edulis', 'Fastigiata' und 'Joseph Rock' als sehr anfällig, während *S. thuringiata* 'Fastigiata', *S. aria* 'Magnifica' und *S. intermedia* 'Brouwers' weitestgehend befallsfrei bleiben.

Abwehr: Rückschnitt befallener Pflanzenteile bis ins gesunde Holz.

Weitere häufig vorkommende **Schaderreger**: siehe Kapitel 2:
Rotpustel (*Nectria cinnabarina*)
Schorf (*Venturia inaequalis*)
Feuerbrand (*Erwinia amylovora*)

4.85 *Spiraea* – Spierstrauch

Schadbild: Auf den Blättern und krautigen Trieben bildet sich ein weißlicher Belag, manchmal mit braunroter Umrandung. Bei stärkerem Befall sind auch Blattdeformationen möglich.

Schaderreger:

Echter Mehltau (*Podosphaera amelanchieris, P. clandestina*)

Verbreitung: Der Erreger überwintert i. d. R. in den Knospen der Pflanzen und breitet sich ab dem Zeitpunkt des Austriebs auf das sich entwickelnde Blatt aus. Die Dauer der Blattnässe ist für Echte Mehltaupilze unerheblich.

Vorkommen: Das Schadbild findet sich nicht nur in der baumschulischen Produktion, sondern auch am Endstandort. Als anfällig gilt *Sp. thunbergii* und z. B. die Sorten *Sp. japonica* 'Little Princess' und 'Anthony Waterer'.

Abwehr: Nur bei stärkerem Befall erforderlich, Beachtung der Sortenanfälligkeit.

Beginnender Befall mit Echtem Mehltau.

4.86 *Stranvaesia* – Stranvesie

Siehe unter *Photinia*

4.87 *Symphoricarpos* – Schneebeere

Schadbild: Auf der Blattoberseite ist in den Sommer monaten eine feine Sprenkelung zu sehen, blattunterseits sind auch ohne Lupe Spinnmilben zu beobachten.

Schaderreger:

Spinnmilben (*Tetranychus urticae*)

Verbreitung: An vielen Gehölzen zu finden, es werden mehrere Generationen gebildet. Die Überwinterung erfolgt i. d. R. im Eistadium an den Pflanzen.

Vorkommen: Häufiger an *S. × chenaultii* 'Hancock' zu finden.

Abwehr: Verwendung von Präparaten gegen Spinnmilben. Bei der Mittelauswahl sollte nicht nur ein Wechsel der Wirkstoffe, sondern auch ein Wechsel innerhalb der Resistenzgruppen der Präparate erfolgen.

Feine Sprenkelung auf dem Blatt der Sorte 'Hancock'.

Mattsilbrige Blätter durch Befall mit dem Erreger vom Bleiglanz.

Schadbild: Blätter einzelner Pflanzen oder auch Astpartien innerhalb einer Pflanze verfärben sich mattsilbrig. Die Entwicklung schreitet über Jahre langsam voran, bis eine ganze Pflanze betroffen ist.

Schaderreger:

Bleiglanz (*Chondrostereum purpureum*)

Verbreitung: Häufiger an Pflanzen aus der Familie der Rosengewächse zu finden, insbesondere *Prunus*-Arten (siehe auch unter Bleiglanz, Teil 2). Der Erreger dringt während der Wintermonate über Schnittwunden in die Pflanzen ein.

Weißer Belag nach Befall mit Echtem Mehltau.

Schadbild: Auf den Blättern bilden sich zunächst kleinräumige weiße Beläge, die später das gesamte Blatt erfassen können.

Schaderreger:

Echter Mehltau (*Phyllactinia guttata*)

Verbreitung, Vorkommen: Obwohl der Erreger auch in den Knospen überwintert, schreitet die Besiedlung der Blätter langsam voran und ist i. d. R. erst in der zweiten Jahreshälfte von Bedeutung.

Abwehr: Vorbeugend sollte die Düngung mit Stickstoff maßvoll erfolgen.

4.88 *Syringa* – Flieder

Schadbild: Blätter sind im Frühsommer blasig, geschrumpft, bräunlich verfärbt, andere von der Spitze her nach unten eingerollt. In den Blattrollen und Minen befinden sich grünliche Raupen, meist in kleinen Gruppen.

Schaderreger:

Fliedermotte (*Gracillaria syringella*)

Verbreitung: Der Schädling überwintert als Puppe und legt seine Eier im Frühjahr auf die Blätter. Schäden durch die zweite Generation wesentlich stärker.

Vorkommen: Besonders an *S. vulgaris*, weniger an *S. chinensis*. Auch an *Deutzia, Euonymus,* Liguster und *Fraxinus* vorkommend.

Platzmine auf dem Blatt von *Syringa* durch Befall mit der Fliedermotte. (Foto: H. Nennmann)

Larven der Fliedermotte.

Schadbild: An jungen Trieben befinden sich im Frühjahr braune bis schwarze Flecken, die Rinde fault, Triebe knicken um. Auf den Blättern befinden sich zunächst durchsichtige, später braune Flecken. Blüte ist stark beeinträchtigt.

Schaderreger:

Fliederseuche (*Pseudomonas syringae*)

Verbreitung: Der bakterielle Erreger wird durch Wind, Wasser und besonders mit Vermehrungsmaterial verbreitet.

Abwehr: Verwendung von gesundem Vermehrungsmaterial.

Abgestorbene Blätter und Triebe an *Syringa* durch Befall mit der Fliederseuche.

Mehliger Belag auf dem Blatt.

Schadbild: Auf den Blättern bildet sich ein weißlicher Belag.

Schaderreger:
Echter Mehltau (*Microsphaera lonicerae*)

Verbreitung, Vorkommen: In den vergangenen Jahren zunehmende Bedeutung. Der Erreger überwintert in den Knospen und besiedelt anschließend die neuen Blätter.

Abwehr: Mäßige Düngung mit Stickstoff ausführen.

Schadbild an *Tamarix*.

4.89 *Tamarix* – Tamariske

Schadbild: Absterben einzelner, meist noch krautiger Triebe während der Vegetationsperiode. Sie verfärben sich zunächst gelb, später braun.

Schaderreger:
Grauschimmel (*Botrytis cinerea*)

Verbreitung, Vorkommen: Meist während nasskalter Perioden entwickelt sich der Erreger in dichten Pflanzenbeständen.

Abwehr: Die Gattung *Tamarix* bevorzugt eine trockene Kulturführung, dichte Pflanzenbestände vermeiden.

4.90 *Tilia* – Linde

Schadbild: Ab Mai an Blättern von unten deutlicher Fensterfraß, obere Epidermis bleibt vorhanden, diese zunächst weiß, dann schnell verbräunt. Fraß durch schneckenähnliche, grünliche, mit Schleim überzogene Larve (8–10 mm).

Schaderreger:

Kleine Lindenblattwespe (*Caliroa annulipes*)

Verbreitung: Eiablage im Frühjahr an der Blattunterseite, 2–3 Generationen pro Jahr, Verpuppung im Boden, starkes Auftreten besonders in trockenen Jahren.

Vorkommen: Auch an *Betula, Quercus* und *Salix*.

Schadbild: Auf den Blättern bilden sich im Sommer rundliche oder eckige Flecken von bräunlicher Farbe. Im Spätsommer während des starken Dickenwachstums werden auch die jungen Stämme befallen.

Schaderreger:

Rundliche Blattflecken (*Cercospora microsora*)
Eckige Blattflecken (*Apiognomonia tiliae*)

Vorkommen: Die Erreger sind vorwiegend in der baumschulischen Anzucht auf Saat- und Verschulbeeten sowie bei der Alleebaumanzucht zu finden.

Abwehr: Ein frühzeitiges „Aufputzen" der Stämme sorgt für eine bessere Durchlüftung. Im Bedarfsfall sollten Präparate gegen Blattfleckenerreger eingesetzt werden. Dabei sind auch die Stämme mit grüner Rinde zu benetzen.

Rindenflecken auf jungen Stämmen von *Tilia*.

Schadbild und Larve der Lindenblattwespe.

Kleine Lindenblattwespe.
(Foto: L. Verschoren)

Dunkle Flecken auf der Blattoberseite durch Befall mit Blattfleckenerreger.

Rötliche Verfärbungen und Wulstbildung an *Tilia* durch die Krötenhaut-Krankheit.

Schadbild: Auf der Rinde befinden sich größere, rötlich verfärbte Partien, die teilweise blasig aufgewölbt sind.

Schaderreger:

Krötenhaut (*Tubercularia vulgaris*), Nebenfruchtform von **Rotpustel** (*Nectria cinnabarina*)

Verbreitung: Schwächeparasit, der offene Wunden (Hagelschäden, Frostrisse, Schnittstellen) als Eintrittspforte benötigt.

Vorkommen: Vorwiegend an *Tilia*- und *Alnus*-Arten

Abwehr: Wundverschluss, ausgewogene Düngung und schonende Behandlung der Bäume.

Wollige Napfschildlaus am Stamm einer Linde.

Schadbild: Auf Stämmen ab einer Höhe von ca. 2 m sind einzelne braun bis dunkelbraun gefärbte rundliche Schilde mit einem Durchmesser von ca. 0,5 cm zu sehen. Darunter tritt meist weiße Wachswolle hervor.

Schaderreger:

Wollige Napfschildlaus (*Pulvinaria regalis*)

Verbreitung: Die Weibchen wandern im Frühjahr von ihren Überwinterungsplätzen an dünnen Zweigen zum Stamm bzw. zu dicken Ästen. Dort legen sie ihre Eier unter dem gut sichtbaren Schild ab und sterben. Die geschlüpften Larven, sogenannte Crawler, wandern für die Sommermonate zu den Blättern. Es wird nur eine Generation gebildet.

Vorkommen: Der Schaderreger ist besonders in städtischen Bereichen an *T. cordata*, *T. euchlora* und *T. platyphyllos* zu finden. Diese Schildlausart tritt seit 1960 in Europa und seit 1980 in Deutschland auf. Sie bevorzugt wärmere Regionen. Daher ist sie besonders im städtischen Bereich ein Problem. In Baumschulen praktisch nicht zu finden. Häufig auch an *Acer* und *Aesculus* zu finden.

Abwehr: Im städtischen Bereich ist die Anwendung von Pflanzenschutzmitteln stark reguliert. Alle Maßnahmen zielen daher auf die Vitalisierung (Bewässerung, Düngung) des Baumes.

Schadbild: Auf den Blättern bilden sich Aufhellungen, auf der Blattunterseite ist ein Filzrasen zu sehen. Das Schadbild tritt oft schon im zeitigen Frühjahr auf.

Schaderreger:

Gallmilben (*Eriophyes tiliae, E. exilis*)

Verbreitung: Auf Grund der geringen Größe sind die Milben nur mit einer guten Lupe zu sehen. Es werden mehrere Generationen pro Jahr gebildet.

Vorkommen: An der Linde ist häufig eine weitere Art, teilweise sogar auf dem gleichen Blatt, zu finden, die sogenannte Pockenmilbe. Sie verursacht kleine, meist rötlich gefärbte Ausstülpungen auf der Blattoberseite.

Abwehr: Bei stärkerem Befall ist die frühzeitige Anwendung von Schwefelpräparaten sinnvoll.

Silbrig scheinender Filzrasen auf der Blattunterseite.

Kleine Ausstülpungen auf der Blattoberseite durch Befall mit Pockenmilben.

Schadbild: Auf den Blättern bildet sich in den Sommermonaten ein schwarz gefärbter, klebriger Belag. Unter Linden abgestellte Fahrzeuge können ebenfalls betroffen sein.

Schadursache:

Rußtaupilze

Verbreitung: Verschiedene Läusearten, insbesondere die zur Gruppe der Zierläuse gehörende *Eucallipterus tiliae*, sondern Honigtau ab, auf dem sich dann Rußtaupilze ansiedeln. Da sich die klebrigen Sekrete auch auf parkende Autos ablagern, hat die Baumart an Beliebtheit im städtischen Bereich verloren.

Vorkommen: Die Anfälligkeit der *Tilia*-Arten und Sorten wird unterschiedlich beurteilt. Als anfällig gelten *T. cordata* und *T. platyphyllos* und deren Sorten. Weniger anfällig gelten *T. henryana, T. mongolica* und *T. tomentosa*. Diese sind bisher nur in begrenzter Anzahl gepflanzt worden. Der Erfahrungsschatz ist somit wesentlich geringer. Weniger Befall zeigen auch *T. × euchlora* und *T. × europaea* 'Pallida'. (Quelle: Santi Raats, 2015)

Abwehr: Die Anwendung von Pflanzenschutzmitteln im Städtischen Bereich scheidet i. d. R. aus.

Typischer schwarzer Belag mit Rußtau auf Blatt der Linde.

Sonnenbrandschaden am Stamm einer Linde mit sekundärem Pilzbefall *Schizophyllum*.

Typische Blattrandvergilbung durch Wurzelaufnahme von Streusalz.

Schadbild: Die Rinde jüngerer Bäume wird vorzeitig borkig und reißt auf. Das Schadbild ist nur an Bereichen der Stämme zu finden, auf die die Sonne nachmittags voll scheint.

Schadursache:

Sonnenbrand

Vorkommen: Häufig an *Tilia*- und *Aesculus*-Arten zu finden an Endstandorten mit mangelnder Wasserversorgung im städtischen Bereich. Eine Besiedlung mit einem Sekundärschaderreger wie z. B. *Schizophyllum commune* ist häufig.

Abwehr: Wasserversorgung verbessern, Sonnenschutz anbringen, Pflanzschnitt ausführen (siehe auch unter: 2. Klimatische Schäden).

Schadbild: Blattränder verfärben sich während der Sommermonate zunächst gelb und später braun. Es bilden sich sogenannte Blattrandnekrosen. Häufig ist ein vorzeitiger Blattfall zu beobachten.

Schadursache:

Streusalzschäden

Verbreitung, Vorkommen: Streusalz enthält Natrium und Chlorid. Beide Stoffe können Schäden an Gehölzen verursachen. Insbesondere das Chlorid spielt dabei eine zentrale Rolle. Während der Anzucht in der Baumschule kann es auch zu Schäden durch Verwendung chloridhaltiger Kaliumdünger kommen.

Abwehr: Pflanzen von Linden in weniger belasteten Bereichen und Minimierung der Streusalzanwendung im städtischen Bereich durch Ausbringung von Alternativprodukten. In stärker belasteten Zonen sollten nur salztolerante Bäume gepflanzt werden. Entsprechende Übersichten sind in vielen Baumschulkatalogen oder im Internet verfügbar.

Weitere häufig vorkommende **Schaderreger**: siehe Kapitel 2:

Spinnmilben (*Tetranychus urticae* u. a.)
Umfallkrankheit auf Saatbeeten (versch. Erreger)
***Verticillium*-Welke** (*Verticillium dahliae*)

4.91 *Trochodendron* – Radbaum

Schadbild: Auf den Blättern bilden sich während der Wintermonate rundliche, dunkel gefärbte Flecken. Die Blattunterseite ist weinrötlich verfärbt.

Schadursache:
Winterflecken, physiologische Störung

Vorkommen, Abwehr: Häufig im Winter zu finden. Die Flecken verschwinden im Frühjahr mit beginnendem Wachstum der Pflanzen. Das Phänomen ist vergleichbar mit den Winterflecken bei *Photinia*-Arten. An dieser Gattung sind die Flecken meist nicht so ausgeprägt.

Blattflecken an *Trochodendron* im Winter.

4.92 *Ulex* – Stechginster

Schadbild: Auf den Blättchen und besonders auf den krautigen Trieben bildet sich ein weißlicher Belag.

Schaderreger:
Echter Mehltau (*Erysiphe trifolii*)

Verbreitung, Vorkommen: Der Erreger überwintert an der Pflanze und kann während der Sommermonate zu starkem Befall mit Triebdeformationen führen.

Abwehr: Mäßige Düngung, insbesondere Düngung mit Stickstoff anpassen.

Mehliger Belag an Blättern und Trieben.

Dunkel verfärbte Leitungsbahnen (verstopft) im Querschnitt einer Ulme nach Befall mit dem Ulmensterben.

Abgestorbene Ulme durch Befall mit Ulmensplintkäfer.

Schadbild in der Rinde nach Befall mit Ulmensplintkäfer, unten in Längsrichtung der sogenannte „Muttergang".

4.93 *Ulmus* – Ulme

Schadbild: Vorzeitig einsetzender Laubfall durch Welke, als Folge akutes Zweigsterben, im Astquerschnitt findet man Leitbündel im Splintholz braunschwarz verfärbt (dunkle Ringe), junge Pflanzen sterben schnell ab, ältere kränkeln über mehrere Jahre.

Schaderreger:

Ulmensterben, Ulmenkrankheit

(*Ceratocystis ulmi, Ophiostoma novo-ulmi*)

Verbreitung: Der pilzliche Erreger besiedelt die Fraßgänge des Ulmensplintkäfers und wird durch ihn verbreitet. Störung des Wasserhaushalts fördert die Erkrankung.

Abwehr: Widerstandsfähige Ulmensorten wie z. B. Resista-Ulmen, 'New Horizon', 'Regal' und 'Rebona' sowie neue Sorten wie z. B. 'Clusius' und 'Columnella' aufpflanzen. Diese sollten dann aber wurzelecht vermehrt oder auf resistenten Unterlagen veredelt sein. Ulmensplintkäfer bekämpfen, kranke Bäume sofort roden und vernichten.
Seit Kurzem kann auch eine Immunisierung gesunder Bäume erfolgen nach dem Dutch-Trig-Verfahren. Diese muss jährlich erfolgen. Weitere Infos unter: www.dutchtrig.eu

Schadbild: Unter der Rinde einarmiger, 2–3 cm langer Längsgang, verursacht durch 4–6 mm großen Borkenkäfer, davon ausgehend zahlreiche Larvengänge von 10–15 cm Länge nach beiden Seiten. Auftreten erst an stärkeren Stämmen. Bedeutung des Käfers durch die Erregerverbreitung des Ulmensterbens.

Schaderreger:

Großer Ulmensplintkäfer (*Scolytus scolytus*)

Verbreitung: Hauptflugzeit des Käfers Ende Mai und Ende August.

Vorkommen: Auch an anderen Laubgehölzen wie *Carpinus, Fraxinus, Populus* und *Salix*. Befall hauptsächlich an kränkelnden Bäumen in Allee- und Parkanlagen.

Abwehr: Ausschneiden kranker Äste, Schlagen befallener Bäume.

Schadbild: Vom Blattrand beginnend fressen Blattwespenlarven schlängelnd zur Blattmitte. Es bilden sich typische Zickzackmuster. Später wird das gesamte Blatt mit Ausnahme der Mittelrippe gefressen.

Schaderreger:

Zickzack-Ulmenblattwespe (*Aproceros leucopoda*)

Verbreitung: Die Blattwespe ist seit Anfang 2000 in Europa und seit 2011 in Deutschland zu finden. Nach der Eiablage im Frühjahr am Blattrand entwickelt sich das Insekt relativ rasch über einen Zeitraum von 4 Wochen. Es werden drei bis vier Generationen pro Jahr gebildet. Die Überwinterung erfolgt als Puppe im Boden.

Vorkommen: Bisher liegen nur geringe Erkenntnisse über die Anfälligkeit der *Ulmus*-Arten vor. Gesichert ist aber, dass Sorten mit Resistenz gegenüber der Ulmenkrankheit von der Blattwespe angefressen werden. Als weniger anfällig gilt lt. JKI (2015) die Flatterulme (*Ulmus laevis*).

Abwehr: Anwendung von Präparaten gegen beißende Insekten nur in der Baumschule sinnvoll.

Schadbild im frühen Stadium am Blatt. (Foto: B. Zimmer)

Schadbild: Auf der Blattoberseite bilden sich kleine helle Flecken, die später verbräunen. Auf der Blattunterseite sind weißliche Strukturen zu erkennen, sogenannte „Sporenranken", die auch ohne Lupe gut zu erkennen sind.

Schaderreger:

Phloeospora-Blattfleckenkrankheit (*Mycosphaerella ulmi*)

Verbreitung: Der Erreger überwintert im Falllaub.

Vorkommen: Alle Ulmenarten können befallen werden. Nach Ansicht einiger Autoren werden *U. glabra* und *U. procera* stärker befallen.

Abwehr: Nur bei stärkerem Auftreten in der Baumschule erforderlich.

Weißliche „Sporenranken" auf der Unterseite des Blattes.

Frischer Schaden durch einen Specht an einer Ulme.

Schadbild: Am Stamm befinden sich Einstichlöcher mit einem Durchmesser von 2–4 mm. Diese können ungleichmäßig am Stamm verteilt sein oder halbmondförmig angeordnet. Diese Stellen können auch vernarbt sein.

Schadursache:

Schaden durch Spechte

Verbreitung: Schäden durch Spechte sind eigentlich in der Baumschule nur an Pflanzen zu finden, die bereits unter einem Befall mit Schadinsekten im Holz (Borkenkäfer und anderen Arten) leiden. Manchmal ist das Schadbild auch ohne Vorbefall im Frühjahr zu sehen. Die Vögel trinken dann den frischen Pflanzensaft.

Vorkommen: Betroffen sind neben der Ulme auch Ahornarten, insbesondere junge Bäume, bei denen die Borkenbildung der Rinde noch nicht erfolgt ist, sind betroffen.

4.94 *Vaccinium* – Heidelbeere, Preiselbeere, Moosbeere

Vertrocknete Triebspitzen durch Befall mit Gallmückenlarven.

Schadbild: Die Triebspitzen und Endknospen verfärben sich braun, sind deformiert und erwecken einen vertrockneten Eindruck.

Schaderreger:

Knospengallmücke (*Contarinia vaccinii*)

Verbreitung: Die Gallmücke überwintert als Puppe im Boden. Es werden wahrscheinlich drei bis vier Generationen pro Jahr gebildet. Es liegen nur wenige Informationen über die Gallmücke vor.

Vorkommen: Vorwiegend in Blaubeeranzuchten ein Problem.

Abwehr: Rückschnitt der befallenen Triebspitzen oder Anwendung eines Präparats gegen Gallmücken.

Schadbild: Auf den Blättern bilden sich im Frühjahr kleine rundliche Flecken von brauner Farbe und weinrotem Rand.

Schaderreger:

Blattfleckenkrankheit (*Septoria albopunctata*)

Verbreitung, Vorkommen: Der Erreger überwintert auf dem Falllaub am Boden. Besonders schwere Infektionen treten meist in der zweiten Jahreshälfte auf. Ein Befall an jungen krautigen Trieben wird ebenfalls häufiger beobachtet, aber immer in Kombination mit einer Infektion des Blattes. Feuchtigkeit verbunden mit langen Blattnässeperioden, fördert die Infektion. Eine Verwechslung mit anderen Blattfleckenerregern (*Alternaria, Gloeosporium*) ist möglich.

Abwehr: Über die Anfälligkeit der Sorten liegen keine Erkenntnisse vor. Bei stärkerem Befall Präparate gegen Blattflecken verwenden.

Blattfleckenerreger an Heidelbeere.

Schadbild: Auf der Blattoberseite bilden sich kleine gelbliche Flecken, auf der Unterseite sind gelbbraune Sporenlager zu finden.

Schaderreger:

Heidelbeerrost (*Pucciniastrum myrtilli*, Syn. *P. vaccinii*)

Verbreitung: Der Erreger wechselt im Spätsommer seine Wirtspflanze und infiziert die Nadeln der Helmlocktanne. Von dort gelangen die Sporen im Frühjahr zurück. Eine Überwinterung an immergrünen *Vaccinium*-Arten erscheint ebenfalls möglich.

Hinweis: Der Erreger kann leicht mit einer neuen Rostkrankheit (*Thekopsora minima*) verwechselt werden. Es handelt sich dabei um eine meldepflichtige Krankheit mit Quarantäneauflagen.

Abwehr: Verwendung weniger anfälliger Sorten wie z. B. 'Blue Crop', 'Burlington', 'Collins', 'Weymouth' usw. Bei stärkerem Auftreten können Präparate gegen Rostpilze eingesetzt werden.

Deutlich sichtbare Sporenlager auf der Blattunterseite durch Befall mit Rost.

Schadbild: Pflanzen bleiben im Wachstum zurück, Blätter welken und färben sich gelb, Pflanzen sterben teilweise oder ganz ab.

Schaderreger:

Wurzel- und Stammfäule (*Phytophthora cinnamomi*)

Verbreitung: Der Erreger verbreitet sich vorwiegend über Wasser, inkl. Regen und Gießwasser. Betriebe mit Wasserrecycling sind daher besonders gefährdet.

Vorkommen: Über die Anfälligkeit der Sorten liegen nur wenige Informationen vor. Bei der Heidelbeere gilt die Sorte 'Reka' als weniger anfällig.

Abwehr: Betriebliche Hygienemaßnahmen optimieren, Vermeidung von übermäßiger Bewässerung und Staunässe.

Entwicklungsstadien der Wurzelfäule bei *Vaccinium corymb.* 'Koralle'.

Blattdeformationen an *V. × carlesii* durch Befall mit Schwarzer Schneeballlaus.

4.95 *Viburnum* – Schneeball

Schadbild: Blätter und krautige Triebe kräuseln sich und drehen sich nach innen ein. Darin befinden sich schwarze Läuse.

Schaderreger:

Schwarze Schneeballlaus (*Aphis viburni*)

Verbreitung: Die Überwinterung erfolgt im Eistadium an der Pflanze. Der Befall ist nur im Frühjahr zu finden.

Vorkommen: Befall an allen immergrünen und laubabwerfenden Arten möglich. Lt. Alford (1997) ist *V. × carlesii* besonders anfällig.

Abwehr: Bei Befall Präparate gegen saugende Insekten, möglichst mit systemischer Wirkung.

Schadbild: Blätter im Frühjahr durchlöchert, daran fressen kleine gelbbraune Käfer oder deren gelbgrüne Larven.

Schaderreger:

Schneeballkäfer (*Pyrrhalta viburni*, Syn. *Galerucella viburni*)

Verbreitung: Die Überwinterung erfolgt im Eistadium an der Pflanze. Nach dem Schlupf fressen die Larven etwa vier bis sechs Wochen an den Pflanzen. Auch die Käfer fressen an den Blättern. Die Verpuppung erfolgt im Boden, anschließend erneute Eiablage im Spätsommer/Herbst.

Vorkommen: Betroffen sind immergrüne und laubabwerfende Arten, insbesondere *V. opulus, V. tinus* und *V. plicatum*.

Abwehr: Bei starkem Befall ist eine Behandlung mit Präparaten gegen beißende Insekten notwendig, insbesondere während der Anzucht in der Baumschule.

Blattfraß durch Schneeballkäfer. (Foto: B. Zielke)

Schadbild: Auf den Blättern bilden sich braune Blattflecken mit weinroter Umrandung.

Schaderreger:

Blattfleckenkrankheit (*Phoma viburni*)

Verbreitung: Bei stärkerem Befall sind auch die Zweige betroffen. Es bilden sich Rindenflecken oder Zweige sterben ab.

Vorkommen: Die Anfälligkeit der Arten und Sorten ist unterschiedlich. *Viburnum opulus* 'Roseum' scheint besonders anfällig zu sein.

Abwehr: Feuchte und dichte Pflanzenbestände fördern die Ausbreitung des Erregers.

Schadbild am Blatt und am Trieb. (Foto: B. Zielke)

Weitere häufig vorkommende **Schaderreger:**

Wurzelfäule (*Phytophthora-Arten*), insbesondere an *V. × bodnantense* 'Dawn', *V. farreri, V. tinus*

Abgestorbene Blätter und Triebe durch *Phoma*. (Foto: H. Nennmann)

4.96 *Vinca* – Immergrün

Schadbild: Nur einzelne Triebe oder Triebteile einer Pflanze welken, Blätter und Triebteile verfärben sich schwarz.

Schaderreger:

Triebsterben (*Phoma cylindrospora*)

Verbreitung: Nasse und feuchte Witterung begünstigen die Entwicklung.

Abwehr: Verwendung gesunden Vermehrungsmaterials, Versorgung des Stecklingssubstrats mit ausreichend Spurenelementen, bei Vermehrung durch Teilung treten scheinbar generell weniger Probleme auf.

Befall mit Echtem Mehltau an *V. major*.

Schadbild: Auf den Blättern bildet sich während der Sommermonate ein weißlicher Belag.

Schaderreger:

Echter Mehltau (*Uncinula necator*)

Verbreitung: Der Erreger überwintert an der Pflanze.

Vorkommen: *Vinca major* scheint generell stärker betroffen zu sein als *V. minor*.

Abwehr: Verwendung von gesundem Vermehrungsmaterial.

Schadbild: Blätter sind deformiert und hellgrün verfärbt, auf der Blattunterseite sind Sporenlager zu erkennen. Befallene Triebe stehen meistens deutlich hervor.

Schaderreger:

Rost (*Puccinia cribrata*)

Verbreitung, Vorkommen: Informationen zum Erreger liegen nur begrenzt vor. Laut Scholler (1992) ist der genannte Erreger nicht auf einen Wechsel des Wirts angewiesen. Er befällt vorwiegend *V. minor*, während *V. major* eher von *Puccinia vincae* befallen wird.

Abwehr: Bei starkem Befall Einsatz von Präparaten gegen Rostpilze.

Schadbild an *Vinca minor*.

Schadbild: Blätter werden einheitlich gelb, Blattadern stehen nicht grün hervor.

Schadursache:

Nährstoffmangel

Vorkommen: Gelbe Blattfärbung bei *Vinca* ist am Endstandort häufiger zu finden. Eine Pflanzung sollte daher an halbschattigen oder schattigen Standorten mit guter Nährstoffversorgung erfolgen. Eine Verwechslung des Schadbildes mit Eisenmangel ist möglich, hierbei verbleiben die Blattadern allerdings grün.

Abwehr: Optimierung der Nährstoffversorgung und Berücksichtigung der Standortansprüche vor der Pflanzung.

Gelbfärbung durch Nährstoffmangel und falschen Standort.

Aufwölbungen am Blatt einer Rebe durch Gallmilben.

4.97 *Vitis* – Rebe, Wein

Schadbild: Während der Vegetation bilden sich blasige Aufwölbungen auf den Blättern, die ca. 1–2 cm Ausmaß erreichen können. Auf der Unterseite befindet sich ein heller Filzrasen, der sich später braun einfärbt.

Schaderreger:

Rebenpockenmilbe (*Colomerus vitis*, Syn. *Eriophyes vitis*)

Vorkommen: Die Milbe ist aufgrund der geringen Größe nur mit einer guten Lupe, meist aber gar nicht zu finden. Sie bildet mehrere Generationen pro Jahr und überwintert in den Knospen, teilweise auch am Holz.

Abwehr: Gegenmaßnahmen sind nur bei stärkerem Auftreten erforderlich. Bewährt haben sich Behandlungen mit Schwefel gegen den Echten Mehltau. Dadurch wird gleichzeitig eine Reduzierung des Befalls mit der Gallmilbe erzielt.

Weitere häufig vorkommende **Schaderreger:**

Echter Mehltau (*Uncinula necator*)
Falscher Mehltau (*Plasmopara viticola*)

Bräunliche Flecken auf Blättern von *Weigela* durch Befall mit Blattälchen.

4.98 *Weigela* – Weigelie

Schadbild: Auf den Blättern befinden sich braune bis schwarze, unregelmäßig geformte Flecken, die durch die Blattadern begrenzt sind.

Schaderreger:

Blattälchen (*Aphelenchoides ritzemabosi*)

Vorkommen: Nach belgischen Untersuchungen (Rijkstation voor Nematologie, Merelbeke) gelten die *Weigela*-Sorten 'Briant Rubidor', 'Bristol Ruby' und 'Lucifer' als sehr anfällig, die Sorten 'Bouquet Rose', 'Candida', 'Carneval', 'Red Prince' und 'Variegata' als anfällig und die Sorten von *W. florida* als nicht anfällig.

Abwehr: Verwendung von gesundem Vermehrungsmaterial.

5 Anhang: Informationen zur Behandlung von Schaderregern

Stand Juli 2016

Im beschreibenden Teil dieses Buches sind in der Regel nur die Abwehrmaßnahmen dargestellt. Auf Ausführungen zur Behandlung von Krankheiten und Schaderregern wurde weitestgehend verzichtet, da Zulassungen und Genehmigungen einem raschen Wandel unterliegen. Längerfristige Empfehlungen sind daher nicht möglich.

Die Umsetzung der Europäischen Pflanzenschutzgesetzgebung in nationales Recht ist in den Grundzügen abgeschlossen. Daraus ergeben sich wesentliche Neuerungen für die Praxis, die in diesem Rahmen nicht umfassend erläutert werden sollen. Für die Anwendung von Pflanzenschutzmitteln in Kulturen mit geringem Anbauumfang hat es einige Veränderungen gegeben. Da sie für den Anwender von Pflanzenschutzmitteln in Baumschulen erhebliche Bedeutung haben, sollen sie nachfolgend kurz erläutert werden. Weiterhin besteht die Möglichkeit im Bedarfsfall einen Antrag auf eine einzelbetriebliche Genehmigung für ein in Deutschland in anderen Kulturen zugelassenes Pflanzenschutzmittel zu stellen, sofern keine Zulassung zur Behandlung des betreffenden Schaderregers vorliegt. Aus dem ehemaligen Antrag nach §18b ist jetzt der Antrag nach §22(2) des Pflanzenschutzgesetzes geworden. Mit dem Artikel 51 der Verordnung (EG) Nr. 1107/2009 (ehemals §18a) hat der Gesetzgeber die Möglichkeit zur Ausweitung der Zulassung auf Kulturen mit geringem Umfang gegeben. Für weitere Einzelheiten stehen die amtlichen Pflanzenschutzdienststellen und entsprechende Veröffentlichungen in Fachzeitschriften zur Verfügung.

Seit dem Erscheinen findet dieses Buch auch über die Grenzen der Bundesrepublik hinaus großes Interesse. Leser außerhalb Deutschlands bitten wir zu bedenken, dass Pflanzenschutzrecht, Bezeichnung der Produkte, Wirkstoffgehalt und die Verfügbarkeit der Mittel von Land zu Land unterschiedlich sein können. In Zweifelsfällen sollten daher immer die örtlichen Fachbehörden zu Rate gezogen werden.

Die Informationen des Anhangs wenden sich in erster Linie an den Produktionsgartenbau (Anwender mit entsprechendem Sachkundenachweis), sie können aber auch von Hobbygärtnern genutzt werden. Da für die Anwendung im Haus- und Kleingarten nur Präparate mit spezieller Zulassung für diesen Bereich verwendet werden dürfen, sind diese Produkte mit folgendem Symbol versehen:

Außerdem weisen wir nachdrücklich darauf hin, in jedem Fall genau die Gebrauchsanweisung und die Anwendungshinweise des Herstellers zu beachten und entsprechende Schutzkleidung zu tragen. Die Grundsätze der „Guten Fachlichen Praxis" sind zu beachten.

Aktuelle Informationen zur allgemeinen Zulassungssituation sind heute einfach im Internet verfügbar. Wir empfehlen folgende Seiten:

Deutschland: www.bvl.bund.de und www.ps-info.org

Österreich: www.psm.ages.at

Schweiz: www.psa.blw.admin.ch

Für den Bereich „Haus und Kleingarten" haben einige Anbieter sehr ausführliche Informationen im Internet bereitgestellt. Nachfolgend sind beispielhaft einige genannt. Die Auflistung erhebt dabei keinen Anspruch auf Vollständigkeit.

Übersicht: Firmen mit speziellem Informationsangebot im Internet für Haus- und Kleingärten:

Fa. Bayer, www.bayergarten.de und www.bayergarten.at

Fa. Compo, www.compo.de

Fa. frunol delicia, www.frunol-delicia.de

Fa. Neudorff, www.neudorff.de

Fa. Schopf, www.gartenapotheke.com

Fa. Scotts, www.liebedeinengarten.de

Die Verwendung von Nützlingen hat in den vergangenen Jahrzehnten große Bedeutung erlangt. Nachfolgend sind einige Lieferanten für den professionellen Gärtner und den Privatgartenbesitzer genannt. Der Einsatz von Nützlingen erfordert meist eine intensivere Beratung. Entsprechende Informationen werden von den Firmen als Serviceleistung zur Verfügung gestellt. Die Auflistung erhebt dabei keinen Anspruch auf Vollständigkeit.

Übersicht: Bezugsquellen für Nützlinge im Gartenbau:

Fa. Andermatt Biogarten AG, www.biogarten.ch

Fa. Borby Control, www.borby-control.de

Fa. Brinkmann Agro, www.brinkmannagro.de

Fa. E-Nema GmbH, www.e-nema.de

Fa. Katz Biotech AG, www.katzbiotech.de

Fa. Koppert Biological Systems, www.koppertbio.de

Fa. W. Neudorff GmbH KG, www.neudorff.de

Fa. Öre-Bio-Protect GmbH, www.nuetzlingsberater.de

Fa. re-natur, www.re-natur.de

Fa. Sautter & Stepper, www.nuetzlinge.de

Hinweis: Weder Autor noch Herausgeber übernehmen eine Gewähr für die Richtigkeit und Vollständigkeit der Angaben und schließen jede Haftung aus.

5.1 Schaderreger mit allgemeiner Bedeutung

5.1.1 Tierische Schaderreger

5.1.1.1 Nematoden

Derzeit sind in Deutschland keine Bodendesinfektionsmittel zur Bekämpfung von Nematoden zugelassen. Eine gewisse Ausnahme ist das Produkt **Basamid Granulat** (Wirkstoff: Dazomet).
Es wurde in den vergangenen Jahren im Rahmen einer Notfallzulassung (ehemals §11(2) Pflanzenschutzgesetz) nach Artikel 53 der europäischen Verordnung unter strengen Auflagen für 120 Tage im Jahr zugelassen. Die weitere Zukunft ist aber ungewiss.
Stattdessen werden derzeit die Möglichkeiten der Bodendämpfung im Freiland intensiv bearbeitet. Es stehen erste praxisreife Geräte nach dem Prinzip der Hauben- bzw. dem Injektionsdampfverfahren zur Verfügung. Positive Erfahrungen liegen mit dem granulierten Nematizid Nemathorin 10 G, *Fosthiazate* (30 kg/ha) vor. Es wird kurz vor der Aufschulung in den Boden eingearbeitet.
Eine Zulassung nach Art. 51 für Rosen liegt vor. Es wirkt aber nur gegen Nematoden, eine Wirkung gegen Bodenpilze oder Echte Bodenmüdigkeit ist nicht gegeben.
Auf die Möglichkeiten der biologischen Bekämpfung von Nematoden der Gattung *Pratylenchus* durch den Anbau von Tagetes wurde unter Punkt 2. Schaderreger mit allgemeiner Bedeutung bereits hingewiesen. Die Sorte 'Nemamix' hat sich als besonders wirksam erwiesen.

5.1.1.2 Milben

Die nachfolgende Tabelle gibt einen Überblick zu den derzeit verfügbaren Produkten mit spezieller Wirkung gegen Spinnmilben, so genannten Akariziden. Andere Insektizide mit Wirkung bzw. Nebenwirkung auf Spinnmilben sind dabei nicht berücksichtigt.
Im Unterglasanbau hat die Verwendung von Raubmilben zur biologischen Bekämpfung große Bedeutung erlangt. Eine Übersicht möglicher Lieferanten ist bei den Einführungen unter „Informationen zur Behandlung von Schaderregern" zu finden.

Tabelle: Akarizide im Überblick

Präparat	**Wirkstoff**	**Resistenz-gruppe**	**Anwendung**	**Wirkung gegen**		
				Eier	Larven	Adulte
Envidor	*Spirodiclofen*	4 A	0,2–0,4 l/ha		X	X
****Floramite 240 SC**	*Bifenazate*	Unbekannt	0,4–0,6 l/ha	X	X	X
****Kanemite SC**	*Acequinocyl*	20 B	1,25–2,5 l/ha		X	X
****Kiron**	*Fenpyroximat*	21 A	0,9–1,5 l/ha		X	X
***Magister 200 SC**	*Fenazaquin*	21 A	0,15 ml/m²	(X)	X	X
***Masai**	*Tebufenpyrad*	21 A	0,3–0,6 kg/ha	(X)	X	X
****Milbeknock**	*Milbemectin*	6	0,625–1 l/ha		X	X
***Vertimec**	*Abamectin*	6	0,6–1,2 l/ha		X	X

* = ebenfalls zugelassen für die Anwendung unter Glas
** nur für die Anwendung unter Glas zugelassen

Produkte der gleichen Resistenzgruppe (durch Buchstaben und Zahlen gekennzeichnet) sollten nicht mehrfach nacheinander verwendet werden zur Verringerung der Resistenzbildung.

Im Haus- und Kleingartenbereich ist die Verwendung von z. B. **Bayer Garten Spinnmilbenspray Plus**, *Thiacloprid* + *Methiocarb* (gebrauchsfertig), **Kiron**, *Fenpyroximat* (6–12 ml/100 m²), **Spruzit Schädlingsfrei, Bio-Schädlingsfrei Akut** *Pyrethrine* + Rapsöl (6–12 l/ha) oder **Neudosan Neu**, *Kali-Seife* (1,8–3,6 ml/m²) möglich.

5.1.1.3 Blattläuse

Zur Bekämpfung der Blattläuse ist eine Vielzahl von Produkten geeignet, die über eine Wirkung gegen saugende Insekten verfügen. Beispielhaft sind nachfolgend einige aufgeführt:
Calypso *Thiacloprid* (0,1–0,3 l/ha), **Confidor WG 70**, *Imidacloprid* (150 g/ha), **Danadim Progress/ Perfekthion/Insekten-Spritzmittel Roxion**, *Dimethoat* (0,6 l/ha), **Dantop**, *Clothianidin* (150 g/ha, nur unter Glas anwenden), **Mospilan SG**, *Acetamiprid* (150–600 g/ha), **Movento OD**, *Spirotetramat* (0,3–0,6 l/ha), **Neudosan Neu**, *Kali-Seife* (2 %), **Plenum**, *Pymetrozin* (0,48–0,96 kg/ha), **Pirimor Granulat**, *Pirimicarb* (250–500 g/ha), **Spruzit Neu**, *Pyrethrine* + Rapsöl (6–12 l/ha) u. a.
Unter Glas kann die Verwendung von Gallmücken (*Aphidoletes aphidimyza*) oder Florfliegenlarven (*Chrysoperla carnea*) sinnvoll sein. Eine Übersicht möglicher Lieferanten ist bei den Einführungen unter „Informationen zur Behandlung von Schaderregern" zu finden.
Im Haus- und Kleingartenbereich ist die Verwendung von z. B. **Bayer Garten Schädlingsfrei Calypso**, *Thiacloprid* (15–30 ml/10 m²), **Neudosan Neu**, *Kali-Seife* (2 %), **Schädlingsfrei Careo Konzentrat**, *Acetamiprid* (0,6–0,9 ml/m²), **Spruzit Neu**, *Pyrethrine* + Rapsöl (6–12 l/ha) möglich.

<u>Wollläuse/Schmierläuse</u>
Gute Wirkungsgrade sind u. a. mit **Calypso**, *Thiacloprid* (0,1–0,3 l/ha), **Confidor WG 70**, *Imidacloprid* (150 g/ha), **Mospilan SG**, *Acetamiprid* (150–600 g/ha), **Danadim Progress/Perfekthion, Roxion**, *Dimethoat* (0,6 l/ha) oder **Spruzit Schädlingsfrei**, *Pyrethrine* + Rapsöl (6–12 l/ha) zu erzielen.
Im Haus- und Kleingartenbereich ist die Verwendung von z. B. **Neudosan Neu**, *Kali-Seife* (2 %), **Schädlingsfrei Careo Konzentrat**, *Acetamiprid* (0,6–0,9 ml/m²), **Spruzit Neu**, *Pyrethrine* + Rapsöl (6–12 l/ha) sinnvoll.

<u>Schildläuse</u>
Voraussetzung für eine erfolgreiche Bekämpfung ist das Vorliegen von Larvenstadien. Der Zeitpunkt kann je nach Schildlausart voneinander abweichen. Günstigster Zeitpunkt für eine Behandlung ist in der Regel im Frühjahr gegen die beweglichen Stadien mit **Calypso**, *Thiacloprid* (0,1–0,3 l/ha), **Confidor WG 70**, *Imidacloprid* (150 g/ha), **Mospilan SG**, *Acetamiprid* (150–600 g/ha), Bi 58, **Danadim Progress/ Perfekthion/Roxion**, *Dimethoat* (0,6 l/ha) oder **Spruzit Schädlingsfrei**, *Pyrethrine* + Rapsöl (6–12 l/ha). Mineralölpräparate z. B. **Para-Sommer**, **Promanal Neu**, *Mineralöle* (12–24 l/ha) oder **Micula**, *Rapsöl* (12–24 l/ha) haben sich ebenfalls bewährt.
Im Haus- und Kleingartenbereich ist die Verwendung von z. B. **Bi 58 Spray**, **Compo Schildlaus-Spray**, *Dimethoat* (gebrauchsfertig) oder **Spruzit Neu**, *Pyrethrine* + Rapsöl (0,6–1,2 ml/m²) möglich. Ölpräparate wie z. B. **Para-Sommer**, *Mineralöle* (120–240 ml/100m²) oder **Naturen Schädlingsfrei Zierpflanzen**, *Rapsöl* (1,2–2,4 ml/m²) haben sich ebenfalls bewährt.

Mottenschildläuse (Weiße Fliege)
Die Kontrolle der Weißen Fliege erweist sich in der Praxis häufig als schwierig, da bei vielen Produkten bereits eine Minderwirkung gegeben ist. Bei der Behandlung der Pflanzen ist für eine gute Benetzung zu sorgen. Verwendet werden kann z. B. **Confidor WG 70**, *Imidacloprid* (150 g/ha im Freiland und bis 350 g/ha unter Glas), **Mospilan SG**, *Acetamiprid* (300–600 g/ha), **Plenum**, *Pymetrozin* (0,48–0,96 kg/ha), **Spruzit Neu**, *Pyrethrine* + Rapsöl (6–12 l/ha), oder **Exemptor**, *Thiacloprid*, (400 g/m³ Erde).
Der Einsatz von Schlupfwespen (*Encarsia formosa*) hat sich im Gewächshaus in den vergangenen Jahren gut etabliert. Eine Übersicht möglicher Lieferanten ist bei den Einführungen unter „Informationen zur Behandlung von Schaderregern" zu finden.
Im Haus- und Kleingartenbereich ist die Verwendung von z.B. **Bayer Garten Schädlingsfrei Calypso Perfect AF**, *Thiacloprid* (gebrauchsfertig), **Bayer Schädlingsfrei Calypso**, *Thiacloprid* (2–4 ml/m²), **Naturen Schädlingsfrei Zierpflanzen**, *Rapsöl* (60–120 ml/m²) oder **Neudosan Neu**, *Kali-Seife* (1,8–3,6 ml/m²) zu empfehlen.

5.1.1.4 Dickmaulrüssler

Die Bekämpfung des Dickmaulrüsslers bereitet nach wie vor große Probleme in Produktionsbetrieben. Generell sollte eine Doppelstrategie angewendet werden. Gegen die Käfer haben sich nach dem Wegfall von Talstar, Tamaron und anderen Präparaten in Versuchen und in der Praxis **SpinTor**, *Spinosad* (0,3–0,6 l/ha) und **Steward**, *Indoxacarb* (85–170 g/ha) gut bewährt. Für **Steward** ist eine einzelbetriebliche Genehmigung nach §22(2) erforderlich, für **SpinTor** im Freiland ebenfalls. Die Anwendung sollte nach Möglichkeit in den späten Abendstunden erfolgen. Zum Nachweis der Käfer im Bestand hat sich das Auslegen alter Bretter bewährt.
Gegen die Larven steht vorbeugend **Exemptor**, *Thiacloprid* (400 g/m³ zum Einmischen ins Substrat) zur Verfügung. Pflanzen mit gelber Wurzel werden generell nicht vom Dickmaulrüssler befallen! Gegen die Larven stehen dem Produktionsgärtner derzeit keine Präparate für die Anwendung im Gießverfahren zur Verfügung.
Die biologische Bekämpfung der Larven mit insektenpathogenen Nematoden der Gattung *Heterorhabditis* oder *Steinernema* hat sich in den vergangenen Jahren im Produktionsgartenbau und Privatgarten bestens bewährt. Eine Bodentemperatur über 10°C sollte allerdings gegeben sein für *Heterorhabditis* und mindestens 5°C bei *Steinernema*. Eine Übersicht möglicher Lieferanten ist bei den Einführungen unter „Informationen zur Behandlung von Schaderregern" zu finden.

5.1.1.5 Engerlinge

Die Behandlung ist äußerst schwierig, da derzeit keine wirksamen biologischen oder chemischen Produkte für Baumschulen gegen die Larven des Maikäfers im Boden verfügbar sind. Häufig bleibt nur eine Abdeckung der gesamten Fläche mit engmaschigen Netzen im Frühjahr für einen Zeitraum von 4–6 Wochen.

5.1.1.6 Drahtwürmer (Larven vom Schnellkäfer)

Derzeit stehen im Bereich Zierpflanzen oder Gehölze keine Präparate zur Bekämpfung von Draht-würmern zur Verfügung.

5.1.1.7 Erdraupen

In Sämlingskulturen bei Befall Behandlungen mit **Karate Zeon**, *lambda-Cyhalothrin* (75 ml/ha). Der untere Wurzelhalsbereich ist ebenfalls gut zu benetzen. Die Verwendung von speziellen Kleieködern hat sich als wenig praktikabel erwiesen.
Im Haus- und Kleingartenbereich ist die Verwendung von **Bayer Garten Gemüse Schädlingsfrei Decis AF**, *Deltamethrin* (50–75 ml/m^2) ebenfalls an Zierpflanzen möglich.

5.1.1.8 Schnaken (*Tipula*)

Die Anwendung von insektenpathogenen Nematoden (*Steinernema carpocapsae*) ist nur gegen junge Larven möglich. Eine Übersicht möglicher Lieferanten ist bei den Einführungen unter „Informationen zur Behandlung von Schaderregern" zu finden.
Insektizide zur Bekämpfung sind derzeit in Deutschland nicht zugelassen. Die Anwendung von **Steward**, *Indoxacarb* (170 g/ha) ist mit einer einzelbetrieblichen Genehmigung nach §22(2) möglich und wirksam.

5.1.1.9 Schnecken

Verwendung von Schneckenkorn z. B. **Derrex**, *Ferramol*, **Sluxxs HP**, *Eisen-III-phosphat* (5–7g/m^2) oder **Patrol MetaPads G2/Schneckenkorn Spiess-Urania G2/Compo Schnecken-frei**, **Pro Limax, Schneckenkorn Spiess-Urania**, *Metaldehyd* (0,3 bis 0,6 g/m^2). Die erste Ausbringung sollte frühzeitig erfolgen.
Gute Erfahrungen konnten auch mit den räuberischen Nematoden der Gattung *Phasmarhabditis hermaphrodita* gewonnen werden.

5.1.1.10 Trauermücken

Zur Kontrolle eines möglichen Befalls in Gewächshäusern ist das Anbringen von Gelbtafeln sinnvoll. Vorbeugend kann **Exemptor**, *Thiacloprid* (300 g/m^3 Erde) ins Substrat gemischt werden. Bei vorhandenem Befall Anwendung von **NeemAzal-T/S**, *Azadirachtin* (15 ml/m^2 mit 3 l Wasser gießen).
Gut bewährt hat sich seit Jahren auch die Anwendung räuberischer Nematoden (*Steinernema feltiae*) und anderen Nützlingen. Eine Übersicht möglicher Lieferanten ist bei den Einführungen unter „Informationen zur Behandlung von Schaderregern" zu finden.
Im Haus- und Kleingarten zeigt die Anwendung von Neudorff StechmückenFrei (früher unter der Bezeichnung „Neudomück" im Handel), *Bacillus th. israelensis* (200 ml/100 m^2 gießen) in Erdmischungen ebenfalls eine gute Wirkung.

5.1.2 Pilzliche Schaderreger

5.1.2.1 Auflaufkrankheiten

Vorbeugende Behandlung mit Bodendesinfektionsmitteln (derzeit nur mit Sondergenehmigung möglich) bzw. Dämpfung der Aussaaterde oder Freilandbeete (www.moeschle.de oder www.mobildampf.de). Für die Beizung des Saatgutes bei stark gefährdeten Gattungen (z.B. *Rosa, Tilia*) stehen derzeit keine zugelassenen Produkte im Gartenbau zur Verfügung. Für Präparate aus der Landwirtschaft können Baumschulen einen einzelbetrieblichen Antrag (§22(2)) stellen. Bei diesen Produkten muss die Samenschale des Samenkorns zum Zeitpunkt der Anwendung noch geschlossen sein, ansonsten können Keimverzögerungen und Schäden am Keimling entstehen. Gebeiztes Saatgut muss sofort nach der Anwendung ausgesät werden.
Nach dem Auflaufen der Sämlinge können im Gießverfahren unter Glas **Aliette WG, Spezial Pilzfrei Aliette**, *Fosetyl* (0,5–1 g/m^2) oder **Proplant**, *Propamocarb* (50 l/ha) bei Bedarf eingesetzt werden. Vorbeugend ist eine möglichst trockene Kulturführung sinnvoll.

5.1.2.2 Rostpilze

Im Produktionsgartenbau können vorbeugend die Kontaktfungizide **Dithane Neotec**, *Mancozeb* (2–3 kg/ha) oder **Polyram WG**, *Metiram* (1,5–2 kg/ha) eingesetzt werden. Sie verursachen allerdings einen deutlich sichtbaren Spritzbelag auf den Pflanzen. Aus der Gruppe der systemischen bzw. teilsystemischen Produkte können z. B. **Ortiva**, *Azoxystrobin* (0,48–0,96 l/ha), **Score**, *Difenoconazol* (0,4 l/ha) oder **Systhane 20 EW**, *Myclobutanil* (0,3–0,6 l/ha) Verwendung finden.
Für weitere Präparate mit guter Wirkung gegen Rostpilze (z.B. Folicur) ist eine einzelbetriebliche Genehmigung nach §22(2) notwendig.
Im Haus- und Kleingarten können vorbeugend die Kontaktfungizide **Cueva Pilzfrei**, *Kupferoktanoat* (0,5 %), oder **Polyram WG**, *Metiram* (0,2 %) eingesetzt werden. Keine Spritzflecken verursachen die Präparate **Bayer Garten Rosen-Pilzfrei Spray Baymat**, *Tebuconazol* (gebrauchsfertig), **Duaxo Universal Pilz-frei**, *Difenoconazol* (45–75 ml/100m^2) oder **Ortiva Pilz-frei**, *Azoxystrobin* (4,8–9,6 ml/m^2).

5.1.2.3 Echter Mehltau

Empfindliche Kulturen können bei festgestellter Gefährdung mit nachfolgend in der Tabelle genannten Produkten behandelt werden. Gleichzeitig sind auch Angaben hinsichtlich der Wirkung auf Rostpilze und Sternrußtau zu finden. Für die ebenfalls häufig verwendeten Präparate Folicur, Talius und Zenit M ist eine einzelbetriebliche Genehmigung nach §22(2) erforderlich.

Tabelle: Fungizide mit Wirkung gegen Echten Mehltau, Rost und pilzliche Blattflecken

Präparat	Wirkstoff	Anwendung	Wirkung gegen	Wirkungs-dauer	Resistenz-gruppe	Wirkungs-weise
Collis	*Boscalid, Kreso-xim-methyl*	0,6 l/ha	E. M.	18–21 Tage	7, 11	S/K
Desmel Tilt 250 EC	*Propiconazol*	0,12 l/ha	Blattflecken	10–14 Tage	3	S
Discus Stroby WG	*Kresoximmethyl*	150–300 g/ha	E. M., St., R.	18–21 Tage	11	S
Fortress 250	*Quinoxyfen*	0,6 l/ha	E. M., Eiche	18–21 Tage	13	S
Matador	*Triadimenol, Tebuconazol*	0,5–0,75 l/ha	E. M., Rosen	18–21 Tage	3	S
Netz-schwefel Kumulus WG	*Schwefel*	1,2–5 kg/ha	E. M.	8–10 Tage	M 2	K
Ortiva Compo Pilzfrei Saprol	*Azoxystrobin*	1 l/ha	E. M. Blattflecken	18–21 Tage	11	S
Score	*Difenoconazol*	0,4 l/ha	E. M., R., St.	10–14 Tage	3	S
Systhane 20 EW	*Myclobutanil*	0,3 – 0,6 l/ha	R., Blattflecken	10–14	3	S

Zeichenerklärung: E. M. = Echter Mehltau, R. = Rost, St. = Sternrußtau,
K = Kontaktwirkung, T = Tiefenwirkung, S = systemische Wirkung

5.1.2.4 Falscher Mehltau

Vorbeugend ist die Anwendung der Kontaktfungizide **Dithane NeoTec, Pilzfrei Dithane**, *Mancozeb* (2–3 kg/ha) und **Polyram WG, Compo Pilz-frei Polyram WG**, *Metiram* (1,5–2 kg/ha) oder der Mischpräparate **Acrobat Plus**, *Dimethomorph + Mancozeb* (2 kg/ha) oder **Previcur Energy**, *Propamocarb + Fosetyl* (2,5 l/ha) möglich. Mit Ausnahme von **Previcur Energy** führen sie allerdings zu deutlich sichtbaren Belägen auf den Blättern!
Keine Rückstände auf den Blattern verursachen auch die Präparate **Proplant**, *Propamocarb* (3 l/ha) und **Revus**, *Mandipropamid* (0,6 l/ha).

5.1.2.5 Schorf

Gezielte Maßnahmen gegen Schorfpilze müssen in Abhängigkeit von der Witterung während der gesamten Vegetationsperiode ausgeführt werden. Für den privaten Gartenbereich ist die Notwendigkeit von Behandlungen sicherlich geringer einzustufen, als für den Erwerbsgartenbau. Hier sollte auf die Verwendung resistenter Sorten geachtet werden.
Verwendet werden können u. a. Kontaktfungizide (z. B. **Dithane NeoTec, Pilzfrei Dithane**, *Mancozeb* (2–3 kg/ha), **Malvin WG/Merpan 80 WDG**, *Captan* (0,6 kg/ha/m Kronenhöhe), **Polyram WG**, *Metiram* (1,5–2 kg/ha), sowie Kupferspritzmittel und Schwefelpräparate, die gleichzeitig über eine gute Wirkung gegen Echte Mehltaupilze verfügen.
Außerdem können die systemischen bzw. teilsystemischen Proukte **Bayer Garten Universal-Pilzfrei M**, *Myclobutanil* (33 ml/100m^2/m Kronenhöhe), **Bellis**, *Boscalid + Pyraclostrobin* (0,267 kg/ha/m Kronenhöhe), **Chorus**, *Cyprodinil* (0,15 kg/ha/m Kronenhöhe), **Consist Plus**, *Captan + Trifloxystrobin* (0,625 kg/ha/m Kronenhöhe), **Delan WG**, *Dithianon* (0,25 kg/ha/m Kronenhöhe), **Discus/Stroby WG**, *Kresoxim-methyl* (62,5 g/ha/m Kronenhöhe), **Duaxo Universal Pilz-frei**, *Difenoconazol* (0,11 ml/m^2/m Kronenhöhe), **Flint**, *Trifloxystrobin* (0,05 kg/ha/m Kronenhöhe), **Maccani**, *Dithianon + Pyraclostrobin* (0,83 kg/ha/m Kronenhöhe) **Scala**, *Pyrimethanil* (0,375 l/ha/m Kronenhöhe), **Score**, *Difenoconazol* (0,075 l/ha/m Kronenhöhe), **Syllit**, *Dodin* (0,625 l/ha/m Kronenhöhe), **Systhane 20 EW**, *Myclobutanil* (0,175 l/ha/m Kronenhöhe), **Vision**, *Fluquinconazol + Pyrimethanil* (0,5 l/ha/m Kronenhöhe) usw. verwendet werden.

5.2 Kontrolle von Schaderregern an Nadelgehölzen

Pflanze	Schaderreger	Behandlung
Abies	Tannentrieblaus	Präparate gegen saugende Insekten z. B. **Calypso**, *Thiacloprid* (100–300 g/ha), **Confidor WG 70**, *Imidacloprid* (150 g/ha), **Mospilan SG**, *Acetamiprid* (150–600 g/ha), **Pirimor Granulat**, *Pirimicarb* (250–500g/ha), **Plenum**, *Pymetrozin* (0,48–0,96 kg/ha), **NeemAzal T/S/ Compo Bio Insektenfrei**, *Azadirachtin* (1,5–3 l/ha) oder **Spruzit Neu**, *Pyrethrine* + Rapsöl (6–12 l/ha).
	Baumläuse, Rindenläuse	Nur Präparate verwenden, die nicht bienengefährlich sind wie z. B. **Calypso** und **Mospilan SG** (siehe unter Tannentrieblaus), da die Baumläuse Honigtau absondern, der gern von Bienen aufgenommen wird. Siehe unter 1.1.3.
	Tannennadelmotte	Ab Frühsommer und später gegen die Larven **Danadim Progress**, *Dimethoat* (0,6 l/ha), **Fastac ME**, *alpha-Cypermethrin* (0,25 l/ha), **Karate Zeon**, *lambda-Cyhalothrin* (75 ml/ha) oder **NeemAzal T/S/Compo Bio Insektenfrei**, *Azadirachtin* (1,5–3 l/ha).
	Tannennadelrost	Frühzeitige Anwendung von Kontaktfungiziden nach Austrieb der Tannen wie z. B. **Dithane NeoTec**, *Mancozeb* (2–3 kg/ha) und **Polyram WG**, *Metiram* (1,5–2 kg/ha) oder von **Discus/Stroby WG**, *Kresoxim*-methyl (0,3–0,6 kg/ha, **Ortiva**, *Azoxystrobin* (0,48–0,96 kg/ha) oder **Score**, *Difenoconazol* (0,4 l/ha), siehe auch unter 5.1.2.2 Rostpilze. Hinweis: Im weichen Maitrieb kann es nach der Anwendung von Fungiziden zu Schäden kommen. Daher sollten Produkte aus der Gruppe der Azole wie z. B. Folicur nicht verwendet werden.
	Grauschimmel	Anwendung von **Rovral**, *Iprodion* (0,7 kg/ha) oder **Signum**, *Boscalid* + *Pyraclostrobin* (1,5 kg/ha) ab Befallsbeginn, evtl. erneute Behandlung nach 10 - 14 Tagen ausführen.
	Nadelbräune	Anwendung der Kontaktfungizide **Dithane NeoTec**, *Mancozeb* (2–3 kg/ha) oder **Polyram WG**, *Metiram* (1,5–2 kg/ha), **Ortiva**, *Azoxystrobin* (0,48–0,96 kg/ha) oder **Score**, *Difenoconazol* (0,4 l/ha).
	Fusarium-Welke	Derzeit sind keine Präparate gegen Fusarium an Zierpflanzen zugelassen, daher sollte vorbeugend eine Standortoptimierung erfolgen.
Araucaria	Grauschimmel	Anwendung von **Rovral**, *Iprodion* (0,7 kg/ha) oder **Signum**, *Boscalid* + *Pyraclostrobin* (1,5 kg/ha) ab Befallsbeginn, evtl. erneute Behandlung nach 10 - 14 Tagen ausführen.

Pflanze	Schaderreger	Behandlung
	Wurzelfäule	Gießen mit **Aliette WG**, *Fosetyl* (0,5–1 kg/100m²), **Fenomenal**, *Fosetyl + Fenamidone* (150 kg/ha) oder **Proplant**, *Propamocarb* (0,15 %). Alle Anwendungen sind nur unter Glas zugelassen. Im Freiland Spritzanwendungen mit z.B. **Acrobat Plus WG**, *Dimethomorph + Mancozeb* (2 kg/ha) oder **Profiler**, *Fluopicolide + Fosetyl* (0,75–2,25 kg/ha). Einzelbetriebliche Genehmigungen nach §22(2) notwendig.
Chamaecyparis	Triebspitzengallmilbe	Anwendung von Präparaten gegen Gallmilben wie z. B. **Envidor**, *Spirodiclofen* (0,2–0,4 l/ha), **Kiron**, *Fenpyroximate* (0,9–1,5 l/ha) oder **Masai**, *Tebufenpyrad* (0,3–0,6 kg/ha). Die Anwendung von Schwefelpräparaten hat ebenfalls eine gute Nebenwirkung.
	Stamm- und Wurzelfäule	Gießen mit **Aliette WG**, *Fosetyl* (0,5–1 kg/100m²), **Fenomenal**, *Fosetyl + Fenamidone* (150 kg/ha) oder **Proplant**, *Propamocarb* (0,15 %). Alle Anwendungen sind nur unter Glas zugelassen. Im Freiland Spritzanwendungen mit z.B. **Acrobat Plus WG**, *Dimethomorph + Mancozeb* (2 kg/ha) oder **Profiler**, *Fluopicolide + Fosetyl* (0,75–2,25 kg/ha). Einzelbetriebliche Genehmigungen nach §22(2) notwendig.
Junipe-	Zweigsterben	Vorbeugende Behandlungen ab Ende des Sommers mit **Dithane Neotec/Pilzfrei Dithane**, Mancozeb (2–3 kg/ha), **Compo Pilz-Frei Polyram**/Polyram WG, **Metiram** (1,5–2 kg/ha) oder anderem Kontaktfungizid.
	Wacholderrost	Vorbeugende Behandlungen ab Anfang des Sommers mit **Dithane Neotec/Pilzfrei Dithane**, *Mancozeb* (2–3 kg/ha), **Compo Pilz-Frei Polyram**/**Polyram WG**, *Metiram* (1,5–2 kg/ha) oder anderem Kontaktfungizid, siehe auch unter 5.1.2.2 Rostpilze.
Larix	Lärchenminiermotte	Ab August Anwendung von **Danadim Progress/Perfekthion**/**Roxion D**, *Dimethoat* (0,6 l/ha).
	Lärchenschütte	Vorbeugende Behandlungen ab Anfang Juli mit **Dithane Neotec/Pilzfrei Dithane**, *Mancozeb* (2–3 kg/ha), **Compo Pilz-Frei Polyram**/**Polyram WG**, *Metiram* (1,5–2 kg/ha).
Picea	Nadelholzspinnmilbe	Siehe unter 5.1.1.2 Milben.
	Fichtenzapfenzünsler	Ab Juni bzw. im Bedarfsfall gegen die Larven **Rogor 40 LC/Danadim Progress**, *Dimethoat* (0,6 l/ha) **Fastac ME**, *alpha-Cypermethrin* (0,25 l/ha) oder **Karate Zeon**, *lambda-Cyhalothrin* (75 ml/ha).
	Rote, Grüne Fichtengallenlaus	Produkte gegen saugende Insekten, Behandlung nur bei starkem Auftreten erforderlich, siehe unter 5.1.1.3 Läuse.

Pflanze	Schaderreger	Behandlung
	Fichtenröhrenlaus	Produkte gegen saugende Insekten, siehe auch unter 5.1.1.3 Läuse.
	Kleine Fichtenblattwespe	Im Bedarfsfall **Fastac ME**, *alpha-Cypermethrin* (0,25 l/ha), oder **Karate Zeon/Karate WG Forst flüssig**, *lambda-Cyhalothrin*, (75 ml/ha).
	Triebsterben	Mehrfache Anwendung von **Discus/Stroby WG**, *Kresoxim-methyl* (0,15–0,3 kg/ha) oder **Ortiva/Ortiva Pilzfrei**, *Azoxystrobin* (0,48–0,96 l/ha).
	Fichtennadelrost	Mehrfache Anwendung von Präparaten gegen Rostkrankheiten ab dem Spätsommer, siehe unter 5.1.2.2. Rostpilze. Im weichen Maitrieb kann es nach der Anwendung von Fungiziden zu Schäden kommen. Daher sollten Produkte aus der Gruppe der Azole wie z. B. Folicur nicht verwendet werden.
	Knospensterben	Bekämpfung schwierig, versuchsweise mit **Dithane Neotec**, *Mancozeb*, (2–3 kg/ha), **Polyram WG**, *Metiram* (1,5–2 kg) vorbeugend im Sommer.
Pinus	Kiefernwolllaus	**Confidor WG 70**, *Imidacloprid* (150 g/ha), **Mospilan SG**, *Acetamiprid* (150–600 g/ha), **NeemAzal T/S/Compo Bio Insektenfrei**, *Azadirachtin* (1,5–3 l/ha), **Spruzit Neu**, *Pyrethrine* + Rapsöl (6–12 l/ha), siehe auch unter 5.1.1.3 Läuse.
	Kieferntriebwickler	Im Frühsommer mit **Fastac ME**, *alpha-Cypermethrin* (0,25 l/ha), **Karate Zeon**, *lambda-Cyhalothrin* (75 ml/ha) oder **Dipel ES**, *Bacillus thurengiensis* (3 l/ha).
	Kiefernnadelscheidengallmücke	Schwierig, versuchsweise mit **Danadim Progress/Perfekthion/Roxion**, *Dimethoat* (0,7 l/ha). Eine einzelbetriebliche Genehmigung nach §22(2) ist dafür notwendig.
	Kiefernbuschhornblattwespe	Im Bedarfsfall **Fastac ME**, *alpha-Cypermethrin* (0,25 l/ha) oder **Karate Zeon/Karate WG Forst flüssig**, *lambda-Cyhalothrin* (75 ml/ha).
	Wurzelläuse	Derzeit keine zugelassenen Pflanzenschutzmittel verfügbar.
	Triebspitzensterben	Derzeit keine wirksamen Fungizide bekannt. Bei starkem Befallsdruck vorbeugend versuchsweise Anwendung von Kupferspritzmitteln.
	Weymouthkiefern-Blasenrost	Entfernung befallener Pflanzen und des Zwischenwirtes Ribes in der näheren Umgebung, wirksame Fungizide sind nicht bekannt.
	Kiefernschütte	Vorbeugend im Spätsommer mehrmals mit Kontaktfungiziden wie z. B. mit **Dithane Neotec**, *Mancozeb* (2–3 kg/ha). Neuere Versuche zeigen unter anderem eine gute Wirkung von **Folicur** und **Ortiva** in den gebräuchlichen Aufwandmengen. Eine einzelbetriebliche Genehmigung nach §22(2) ist erforderlich.

Pflanze	Schaderreger	Behandlung
	Kiefernnadelrost	Mehrfache Anwendung von Präparaten gegen Rostkrankheiten ab dem Spätsommer, siehe unter 5.1.2.2. Rostpilze. Im weichen Maitrieb kann es nach der Anwendung von Fungiziden zu Schäden kommen. Daher sollten Produkte aus der Gruppe der Azole wie z.B. Folicur nicht verwendet werden.
Pseudotsuga	Douglasienwolllaus	Während der Vegetationsperiode im Abstand von 2–3 Wochen mit **Confidor WG 70**, *Imidacloprid* (150 g/ha), **Danadim Progress/Perfekthion/Roxion**, *Dimethoat* (0,7 l/ha), **Mospilan SG**, *Acetamiprid* (150–600 g/ha), **Spruzit Neu**, *Pyrethrine* + Rapsöl (6–12 l/ha), siehe auch unter 5.1.1.3 Wollläuse.
	Rostige Douglasienschütte	Behandlung im Frühjahr und Frühsommer mehrfach mit **Dithane Neotec**, Mancozeb (2–3 kg/ha) im Abstand von 10–14 Tagen.
	Eulenraupen	Im Bedarfsfall **Karate Zeon/Karate WG Forst flüssig**, *lambda-Cyhalothrin* (75 ml/ha).
	Großer Brauner Rüsselkäfer	Tauchen der Pflanzen vor der Pflanzung oder Spritzbehandlung im Wald mit **Fastac Forst**, *Alpha-Cypermethrin* (2–4 %) oder **Karate Forst flüssig**, *lambda-Cyhalothrin* (0,5 %). Alternativ kann die Anwendung von Wachs oder die Verwendung einer gewachsten Papphülle (Multipro) zum Schutz vor Rindenfraß erfolgen.
Sequoiadendron	Grauschimmel	Anwendung von **Rovral**, *Iprodion* (0,7 kg/ha) oder **Signum**, *Boscalid* + *Pyraclostrobin* (1,5 kg/ha) ab Befallsbeginn, evtl. erneute Behandlung nach 10 - 14 Tagen ausführen.
Taxus	Knospengallmilbe	Während des Austriebes mit **Envidor**, *Spirodiclofen* (0,2–0,4l/ha), eine einzelbetriebliche Genehmigung nach §22(2) ist erforderlich), **Kiron**, *Fenpyroximate* (0,9–1,8 l/ha), **Masai**, *Tebufenpyrad* (0,3–0,6 l/ha), insgesamt schwierig in der Bekämpfung.
	Eibennapfschildlaus	Anwendung von Mineralölpräparaten im zeitigen Frühjahr (März) hat sich bewährt. Im Sommer gegen die beweglichen Stadien mehrfach mit **Calypso**, *Thiacloprid* (0,1-0,3 l/ha), **Confidor WG 70**, *Imidacloprid* (150 g/ha), **Danadim Progress/Perfekthion/Roxion**, *Dimethoat* (0,7 l/ha), **Mospilan SG**, *Acetamiprid* (150–600 g/ha), **Spruzit Neu**, *Pyrethrine* + Rapsöl (6–12 l/ha), siehe auch unter 5.1.1.3 Schildläuse.
	Wollsackschildlaus	Anwendung von Mineralölprodukten im zeitigen Frühjahr (März) hat sich bewährt. Während der Vegetationsperiode im Abstand von 2–3 Wochen mit **Confidor WG 70**, *Imidacloprid* (150 g/ha), **Danadim Progress/Perfekthion/Roxion**, *Dimethoat* (0,7 l/ha), **Mospilan SG**, *Acetamiprid* (150–600 g/ha), **Spruzit Neu**, *Pyrethrine* + Rapsöl (6–12 l/ha), siehe auch unter 5.1.1.3 Schildläuse.

Pflanze	Schaderreger	Behandlung
	Dickmaulrüssler	Siehe unter 5.1.1.4 Dickmaulrüssler.
	Triebsterben	Vorbeugend Anwendung der Kontaktfungizide **Dithane NeoTec**, *Mancozeb* (2–3 kg/ha) oder **Polyram WG**, *Metiram* (1,5–2 kg/ha) oder **Mirage 45 EC/Sportak 45 EC**, *Prochloraz* (1,2 l/ha).
	Staunässe	Standort optimieren z.B. durch Einbau von Drainage.
Thuja	Thuja-Miniermotte	Ab Frühsommer und später gegen die Larven **Danadim Progress**, *Dimethoat* (0,6 l/ha), **Karate Zeon**, *lambda-Cyhalothrin* (75 ml/ha), **NeemAzal T/S/Compo Bio Insektenfrei**, *Azadirachtin* (1,5–3 l/ha) oder **Spruzit Neu**, *Pyrethrine* + Rapsöl (6–12 l/ha).
	Rüsselkäfer	Anwendung von **Karate Zeon**, *lambda-Cyhalothrin* (75 ml/ha), **Steward**, *Indoxacarb* (85–170 g/ha), einzelbetriebliche Ausnahmegenehmigung nach §22(2) notwendig), **NeemAzal T/S/Compo Bio Insektenfrei**, *Azadirachtin* (1,5–3 l/ha), **Trebon 30 EC**, *Etofenprox* (0,2 l/ha).
	Nadelholzspinnmilbe	Siehe unter 5.1.1.2 Milben.
	Zypressenrindenlaus	Anwendung von Mineralölpräparaten im zeitigen Frühjahr (März) hat sich bewährt. Im Frühsommer gegen die beweglichen Stadien mehrfach mit **Calypso**, *Thiacloprid* (0,1–0,3 l/ha), **Confidor WG 70**, *Imidacloprid* (150 g/ha), **Danadim Progress**, *Dimethoat* (0,6 l/ha), **Mospilan SG**, *Acetamiprid* (150–600 g/ha), **Spruzit Neu**, *Pyrethrine* + Rapsöl (6–12 l/ha).
	Juniperus-Schildlaus	Siehe Zypressenrindenlaus.
	Triebsterben (*Kabatina*)	Ab dem Frühsommer Anwendung von **Dithane Neotec**, *Mancozeb* (2–3 kg/ha), **Polyram WG**, *Metiram* (1,5–2 kg/ha) oder **Mirage 45 EC/Sportak 45 EW,** *Prochloraz* (1,2 l/ha), eine einzelbetriebliche Genehmigung nach §22(2) ist erforderlich.
	Nadelbräune (*Didymascella*)	Ab dem Spätsommer Anwendung von **Dithane Neotec**, *Mancozeb* (2–3 kg/ha), **Polyram WG**, *Metiram* (1,5–2 kg/ha) oder **Mirage 45 EC/Sportak 45 EW**, *Prochloraz* (1,2 l/ha), eine einzelbetriebliche Genehmigung nach §22(2) ist erforderlich.

5.3 Kontrolle von Schaderregern an Laubgehölzen

Pflanze	Schaderreger	Behandlung
Acer	Citrusbockkäfer, Laubholzbockkäfer	Quarantäne-Schaderreger, bei Befall muss Mitteilung an Pflanzenschutzdienst erfolgen.
	Gallmilben	Im Bedarfsfall Spezialpräparate gegen Gallmilben oder die Anwendung von Schwefelpräparaten, siehe unter 5.1.1.2 Milben, Bekämpfung selten erforderlich.
	Ahornfaltengallmücke	Im Bedarfsfall **Fastac ME**, *alpha-Cypermethrin* (0,25 l/ha), **Karate Zeon**, *lambda-Cyhalothrin*, (75 ml/ha) oder **Movento OD 150**, *Spirotetramat* (0,3–0,6 l/ha). Eine einzelbetriebliche Genehmigung nach §22(2) ist für die genannten Präparate erforderlich. Ohne Ausnahmegenehmigung mit **NeemAzal T/S/Compo Bio Insektenfrei**, *Azadirachtin* (1,5–3 l/ha).
	Teerfleckenkrankheit	Bereits zum Zeitpunkt des Austriebs im zeitigen Frühjahr Einsatz z. B. **Ortiva** bzw. **Neudorffs Rosen-Pilzfrei**, *Azoxystrobin* (0,48–0,96 l/ha), **Score**, *Difenoconazol* (0,4 l/ha), **Tilt 250 EC**, *Propiconazol* (0,12 l/ha) oder Kontaktfungizide z. B. **Dithane Neotec/Pilzfrei Dithane**, *Mancozeb* (2–3 kg/ha).
	Verticilliumwelke	Derzeit nur vorbeugende Maßnahmen möglich.
	Echter Mehltau	Siehe Übersicht 5.1.2.3 Echter Mehltau.
	Rußrindenkrankheit	Derzeit keine direkten Bekämpfungsmaßnahmen bekannt. Fachberatung anfordern, siehe Übersicht 5.4 Amtliche Auskunftstellen für den Pflanzenschutz.
Actinidia	Hortensienwollschildlaus	Die Anwendung von Mineralölpräparaten im zeitigen Frühjahr (März) hat sich bewährt. Im Frühsommer gegen die beweglichen Stadien mehrfach mit **Calypso** *Thiacloprid* (0,1–0,3 l/ha), **Confidor WG 70**, *Imidacloprid* (150 g/ha), **Danadim Progress**, *Dimethoat* (0,6 l/ha), **Mospilan SG**, *Acetamiprid* (150–600 g/ha), **Spruzit Neu**, *Pyrethrine* + Rapsöl (6–12 l/ha).
	Bakterienbrand	Mehrfache Anwendung von Kupferspritzmitteln wie z. B. **Funguran progress**, *Kupferhydroxid* (bis 2 kg/ha) im Abstand von 10–14 Tagen.
Aesculus	Kastanienminiermotte	Im Bedarfsfall mit **Danadim Progress/Perfekthion/Roxion**, *Dimethoat* (0,6 l/ha) oder **Neem-Azal T/S**, *Azadirachthin* (2–3 l/ha).
	Blattfleckenkrankheit	Bei Infektionsgefahr mit **Ortiva** bzw. **Neudorffs Rosen-Pilzfrei**, *Azoxystrobin* (0,48–0,96 l/ha), **Score**, *Difenoconazol* (0,4 l/ha), **Tilt 250 EC**, *Propiconazol* (0,12 l/ha) oder *Kontaktfungizide* z. B. **Dithane Neotec/Pilzfrei Dithane**, *Mancozeb* (2–3 kg/ha).

Pflanze	Schaderreger	Behandlung
	Stammfäule	Beseitigung befallener Bäume, derzeit bestehen keine weiteren Behandlungsmöglichkeiten.
	Sonnenbrand, Sonnenbrand-nekrosen	Vorbeugend geeigneten Stammschutz in Form von Schutzanstrich oder locker angelegten Reetmatten. Entscheidend ist auch eine ausreichende Wasserversorgung.
Alnus	Erlenblattfloh	Gegen vorhandenen Befall Anwendung von **Confidor WG 70**, *Imidacloprid* (150 g/ha), **Karate Zeon**, *lambda-Cyhalothrin* (75 ml/ha), **Mospilan SG**, *Acetamiprid* (150–300 g/ha), **NeemAzal T/S/Compo Bio Insektenfrei**, *Azadirachtin* (1,5–3 l/ha), **Spruzit Neu**, *Pyrethrine* + Rapsöl (6–12 l/ha).
	Erlenblattglanzkäfer	Nur bei starkem Auftreten in baumschulischen Kulturen notwendig mit Produkten gegen beißende Insekten z. B. **Karate Zeon**, *lambda-Cyhalothrin* (75 ml/ha), **NeemAzal T/S/Compo Bio Insektenfrei**, *Azadirachtin* (1,5–3 l/ha).
	Gallmilben	Anwendung von Präparaten gegen Gallmilben wie z. B. **Envidor**, *Spirodiclofen* (0,2–0,4 l/ha), **Kiron**, *Fenpyroximate* (0,9–1,5 l/ha) oder **Masai**, *Tebufenpyrad* (0,3–0,6 kg/ha). Die Anwendung von Schwefelpräparaten hat ebenfalls eine gute Nebenwirkung.
	Kräuselkrankheit	Bei Infektionsgefahr mit Kontaktfungiziden z. B. mit **Dithane Neotec**, *Mancozeb* (2–3 kg/ha).
	Erlen-Phytophthora	Im Freiland derzeitig nur vorbeugende Maßnahmen zugelassen (keine Bewässerung mit Oberflächenwasser vornehmen).
	Erlenrost	Anwendung der Kontaktfungizide **Dithane NeoTec**, *Mancozeb* (2–3 kg/ha) oder **Polyram WG**, *Metiram* (1,5–2 kg/ha) oder weiterer Präparate gegen Rostkrankheiten, siehe unter 5.2.2 Rostpilze.
	Krötenhaut	Vorbeugend Verwendung von gesundem Ausgangsmaterial und geringe Stickstoffdüngung.
Amelanchier	Echter Mehltau	Siehe Übersicht 5.1.2.3 Echter Mehltau.
Andromeda	Phytophthora-Triebfäule	Gießen mit **Aliette WG**, *Fosetyl* (100 kg/ha), **Fenomenal**, *Fosetyl + Fenamidone* (75 kg/ha), oder **Proplant**, *Propamocarb* (0,15 %), Anwendung nur unter Glas zugelassen. Im Freiland Spritzanwendungen mit z. B. **Acrobat Plus WG**, *Dimethomorph + Mancozeb* (2 kg/ha) oder **Profiler**, *Fluopicolide + Fosetyl* (0,75–2,25 kg/ha). Einzelbetriebliche Genehmigungen nach §22(2) notwendig.
Aucuba	Blattfleckenkrankheit	Bei Infektionsgefahr mit **Ortiva** bzw. **Neudorffs Rosen-Pilzfrei**, *Azoxystrobin* (0,48–0,96 l/ha), **Score**, *Difenoconazol* (0,4 l/ha), **Tilt 250 EC**, *Propiconazol* (0,12 l/ha) oder Kontaktfungizide z. B. **Dithane Neotec/Pilzfrei Dithane**, *Mancozeb* (2–3 kg/ha).

Pflanze	Schaderreger	Behandlung
Berberis	Echter Mehltau	Siehe Übersicht 5.2.3 Echter Mehltau.
	Getreideschwarzrost	Siehe Übersicht 5.2.2 Rostpilze.
Betula	Birken-Rost	Siehe Übersicht 5.2.2 Rostpilze.
Buddleja	Blattälchen	Derzeit keine zugelassenen Produkte verfügbar, ersatzweise mit **Danadim Progress/Perfekthion/Roxion**, *Dimethoat* (0,6 l/ha), einzelbetriebliche Genehmigung nach §22(2) notwendig.
	Spinnmilben	Siehe unter 5.1.2 Milben.
	Bakterienkrankheit	Mehrfache Anwendung von Kupferspritzmitteln wie z. B. **Funguran progress**, *Kupferhydroxid* (2 kg/ha) im Abstand von 10–14 Tagen.
	Falscher Mehltau	Siehe unter 5.2.4 Falscher Mehltau.
Buxus	Triebspitzengallmilbe	Anwendung von Präparaten gegen Gallmilben wie z. B. **Envidor**, *Spirodiclofen* (0,2–0,4 l/ha), **Kiron**, *Fenpyroximat* (0,9–1,5 l/ha) oder **Masai**, *Tebufenpyrad* (0,3–0,6 kg/ha), siehe auch unter 5.1.2 Milben.
	Buchsbaumblattfloh	Gegen vorhandenen Befall Anwendung von **Confidor WG 70**, *Imidacloprid* (150 g/ha), **Karate Zeon**, *lambda-Cyhalothrin* (75 ml/ha), **Mospilan SG**, *Acetamiprid* (150–300 g/ha) oder **NeemAzal T/S/Compo Bio Insektenfrei**, *Azadirachtin* (3 l/ha).
	Buchsbaumzünsler	Anwendung von **Danadim Progress/Perfekthion/Roxion**, *Dimethoat* (0,6 l/ha), **Karate Zeon**, *lambda-Cyhalothrin* (75 ml/ha) oder **NeemAzal T/S/Compo Bio Insektenfrei**, *Azadirachtin* (1,5–3 l/ha).
	Kommaschildlaus	Siehe unter 5.1.3 Schildläuse.
	Buchsbaumspinnmilbe	Anwendung von Präparaten gegen Spinnmilben, siehe 5.1.2 Milben.
	Buchsbaumgallmücke	Derzeit keine zugelassenen Produkte verfügbar, versuchsweise mit **Danadim Progress/Perfekthion/Roxion**, *Dimethoat* (0,6 l/ha), einzelbetriebliche Genehmigung nach §22(2) notwendig.
	Triebsterben	Mehrmalige und sorgfältige Anwendung von Kontaktfungiziden mit viel Brühe. Bewährt haben sich z. B. **Bravo 500**, *Chlorthalonil* (2 l/ha), **Dithane NeoTec**, *Mancozeb* (2–3 kg/ha), **Signum**, *Boscalid + Pyraclostrobin* (1,5 kg/ha) und **Switch**, *Cyprodinil + Fludioxynil* (0,24–0,96 kg/ha), eine einzelbetriebliche Genehmigung nach §22(2) ist für die genannten Präparate notwendig.
	Buchsbaumkrebs	Siehe unter Triebsterben bei Buxus.

Pflanze	Schaderreger	Behandlung
	Buchsbaumrost	Siehe unter 5.2.2 Rostpilze.
Calluna	Triebspitzensterben (*Glomerella sp.*)	Bei Infektionsgefahr Anwendung von Kontaktfungiziden wie z. B. **Dithane Neotec,** *Mancozeb* (2–3 kg/ha), **Sportak 45 EW/Mirage 45 EC**, *Prochloraz* (1,2 l/ha). Einzelbetriebliche Genehmigung nach §22(2) notwendig.
	Stängelgrundfäule	Bekämpfung ist schwierig, mehrmalige Anwendung von **Sportak 45 EW/Mirage 45 EC**, *Prochloraz* (1,2 l/ha), Stängelgrund gut benetzen. Eine einzelbetriebliche Genehmigung nach §22(2) ist notwendig.
	Wurzelfäule	Gießen mit **Aliette WG**, *Fosetyl* (100 kg/ha), **Fenomenal**, *Fosetyl + Fenamidone* (75 kg/ha), **Proplant**, *Propamocarb* (0,15 %), Anwendung nur unter Glas zugelassen. Im Freiland Spritzanwendungen mit z. B. **Acrobat Plus WG**, *Dimethomorph + Mancozeb* (2 kg/ha) oder **Profiler**, *Fluopicolide + Fosetyl* (0,75–2,25 kg/ha). Einzelbetriebliche Genehmigungen nach §22(2) notwendig.
Camelia	Schildläuse	Siehe unter 5.1.3 Schildläuse.
Carpinus	Gallmilben	Anwendung von Präparaten gegen Gallmilben wie z. B. **Kiron**, *Fenpyroximate* (0,9–1,5 l/ha) oder **Masai**, *Tebufenpyrad* (0,3–0,6 kg/ha). Die Anwendung von Schwefelpräparaten hat ebenfalls eine gute Nebenwirkung.
	Echter Mehltau	Siehe Übersicht 5.2.3 Echter Mehltau.
Caryopteris	Blattflecken	Bei Infektionsgefahr mit **Askon**, *Azoxystrobin + Difenoconazol* (1 l/ha), **Ortiva** bzw. **Neudorffs Rosen-Pilzfrei**, *Azoxystrobin* (0,48–0,96 l/ha), **Score**, *Difenoconazol* (0,4 l/ha), **Tilt 250 EC**, *Propiconazol* (0,12 l/ha) oder Kontaktfungizide wie z. B. **Dithane Neotec/Pilzfrei Dithane**, *Mancozeb* (2–3 kg/ha).
Castanea	Japanische Esskastaniengallwespe	Derzeit keine zugelassenen Produkte verfügbar, versuchsweise mit **Danadim Progress /Perfekthion/ Roxion**, *Dimethoat* (0,6 l/ha), einzelbetriebliche Genehmigung nach §22(2) notwendig.
	Esskastanienrindenkrebs	Anwendung von Kupferspritzmitteln wie z. B. Funguran **progress**, *Kupferhydroxid* (2 kg/ha) während der Vegetation.
	Blattfleckenkrankheit	Bei Infektionsgefahr mit **Askon**, *Azoxystrobin + Difenoconazol* (1 l/ha), **Ortiva** bzw. **Neudorffs Rosen-Pilzfrei**, *Azoxystrobin* (0,48–0,96 l/ha), **Score**, *Difenoconazol* (0,4 l/ha), **Tilt 250 EC**, *Propiconazol* (0,12 l/ha) oder Kontaktfungizide wie z. B. **Dithane Neotec/Pilzfrei Dithane**, *Mancozeb* (2–3 kg/ha).
Catalpa	Echter Mehltau	Siehe unter 5.2.3 Echter Mehltau.

Pflanze	Schaderreger	Behandlung
	Verticillium	Beseitigung befallener Bäume, derzeit bestehen keine weiteren Behandlungsmöglichkeiten.
Clematis	Clematiswelke	Behandlung schwierig, trockene Kulturführung als vorbeugende Maßnahme sinnvoll.
	Minierfliege	Anwendung von **NeemAzal T/S/Compo Bio Insektenfrei**, *Azadirachtin* (1,5–3 l/ha) oder mit **Danadim Progress/ Perfekthion/Roxion**, *Dimethoat* (0,6 l/ha), einzelbetriebliche Genehmigung nach §22(2) notwendig.
Cornus	Blattfleckenkrankheit	Bei beginnendem Befall Anwendung von **Score**, *Difenoconazol* (0,4 l/ha), **Ortiva** bzw. **Neudorffs Rosen-Pilzfrei**, *Azoxystrobin* (0,48–0,96 l/ha) oder anderen Präparaten gegen Blattflecken siehe unter 5.1.2.3 Tabelle Echter Mehltau.
	Bakterielle Blattfleckenkrankheit	Mehrfache Anwendung von Kupferspritzmitteln wie z. B. **Funguran progress**, *Kupferhydroxid* (2 kg/ha) im Abstand von 10–14 Tagen.
	Sclerotinia	Bei festgestellter Gefährdung Anwendung unter Glas von z. B. **Rovral**, *Iprodion* (0,7 kg/ha), **Switch**, *Fludioxynil* + *Cyprodinil* (1 kg/ha), §22(2) Genehmigung notwendig oder **Signum**, *Boscalid* + *Pyraclostrobin* (1,5 kg/ha).
	Echter Mehltau	Siehe Übersicht 5.1.2.3 Echter Mehltau
	Weichhautmilben	Anwendung von **Floramite**, *Bifenazate* (0,4–0,6 l/ha), **Kiron**, *Fenpyroximat* (0,9–1,5 l/ha) oder **Masai**, *Tebufenpyrad* (0,3–0,6 kg/ha) oder **Vertimec Pro**, *Abamectin*, (0,6–1,2 l/ha).
	Anthraknose	Verwendung resistenter Sorten.
Corylus	Knospengallmilbe	Anwendung von Präparaten gegen Gallmilben wie z. B. **Envidor**, *Spirodiclofen* (0,2–0,4 l/ha), **Kiron**, *Fenpyroximat* (0,9–1,5 l/ha) oder **Masai**, *Tebufenpyrad* (0,3–0,6 kg/ha). Die Anwendung von Schwefelpräparaten hat ebenfalls eine gute Nebenwirkung.
	Echter Mehltau	Siehe Übersicht 5.1.2.3 Echter Mehltau.
Cotinus	Verticillium-Welke	Nur vorbeugende Maßnahmen möglich, derzeit stehen keine Präparate zur Behandlung zur Verfügung.
Cotoneaster	Feuerbrand	Verhinderung der weiteren Ausbreitung durch mehrmalige Anwendung von Kupferspritzmitteln wie z. B. mehrfache Anwendung von Kupferspritzmitteln wie z. B. **Funguran progress**, *Kupferhydroxid* (bis 2 kg/ha) im Abstand von 10–14 Tagen, meldepflichtige Krankheit.
Crataegus	Rost	Siehe unter Rostpilze 5.1.2.2, erste Anwendung muss sehr frühzeitig (Austrieb ca. 1 cm lang) erfolgen.

Pflanze	Schaderreger	Behandlung
	Blattfallkrankheit	Bei Infektionsgefahr mit **Askon**, *Azoxystrobin + Difenoconazol* (1 l/ha), **Ortiva** bzw. **Neudorffs Rosen-Pilzfrei**, *Azoxystrobin* (0,48–0,96 l/ha), **Score**, *Difenoconazol* (0,4 l/ha), **Tilt 250 EC**, *Propiconazol* (0,12 l/ha) oder Kontaktfungizide z. B. **Dithane Neotec/Pilzfrei Dithane**, *Mancozeb* (2–3 kg/ha).
	Weißdorngallmücke	In der Praxis hat sich die Anwendung von **Karate Forst Flüssig/Karate Zeon**, *lambda-Cyhalothrin* (75 ml/ha) bewährt. Der Einsatz von **NeemAzal-T/S**, *Azadirachtin* (1,5–3 l/ha) ist ebenfalls möglich Eine einzelbetriebliche Genehmigung nach §22(2) ist für die genannten Präparate notwendig.
	Echter Mehltau	Siehe Übersicht 5.2.3 Echter Mehltau.
	Feuerbrand	Mehrfache Anwendung von Kupferspritzmitteln wie z. B. **Funguran progress**, *Kupferhydroxid* (2 kg/ha) im Abstand von 10–14 Tagen. Im Kernobst findet vorbeugend auch die Anwendung der Präparate **Blossom Protect**, *Aureobasium pullulans DSM 14941* (0,75 kg/ha/m Kronenhöhe), **Regalis Plus**, *Prohexadion* (0,5–0,83 kg/ha/m Kronenhöhe) und **Serenade Max**, *Bacillus subtilis QST 713* (2,5 kg/ha/m Kronenhöhe) statt. Die Meldepflicht ist zu beachten.
Cydonia	Feuerbrand	Siehe unter Crataegus.
Cytisus	Fusarium-Welke	Derzeit keine zugelassenen Produkte verfügbar, **Sportak 45 EW/Mirage 45 EC**, *Prochloraz* (1,2 l/ha, §22(2) Genehmigung notwendig.
	Stängelfleckenkrankheit	Einsatz von Kontaktfungiziden wie z. B. **Dithane NeoTec**, *Mancozeb* (2–3 kg/ha), **Polyram WG**, *Metiram* (1,5–2 kg/ha) oder **Sportak 45 EW/Mirage 45 EC**, *Prochloraz* (1,2 l/ha), §22(2) Genehmigung notwendig.
Elaeagnus	Ölweidenblattsauger	Gegen vorhandenen Befall Anwendung von **Confidor WG 70**, *Imidacloprid* (150 g/ha), **Karate Zeon**, *lambda-Cyhalothrin* (75 ml/ha), **Mospilan SG**, *Acetamiprid* (150–300 g/ha), **NeemAzal T/S/Compo Bio Insektenfrei**, *Azadirachtin* (3 l/ha), **Spruzit Neu**, *Pyrethrine* + Rapsöl (6–12 l/ha).
Erica	Wurzelfäule	Gießen mit **Aliette WG**, *Fosetyl* (100 kg/ha), **Fenomenal**, *Fosetyl + Fenamidone* (75 kg/ha), oder **Proplant**, *Propamocarb* (0,15 %), Anwendung nur unter Glas zugelassen. Im Freiland Spritzanwendungen mit z. B. **Acrobat Plus WG**, *Dimethomorph + Mancozeb* (2 kg/ha) oder **Profiler**, *Fluopicolide + Fosetyl*, (0,75–2,25 kg/ha). Einzelbetriebliche Genehmigungen nach §22(2) notwendig.
	Triebsterben	Einsatz von Kontaktfungiziden wie z. B. **Dithane NeoTec**, *Mancozeb* (2–3 kg/ha), **Polyram WG**, *Metiram* (1,5–2 kg/ha) oder **Sportak 45 EW/Mirage 45 EC**, *Prochloraz* (1,2 l/ha), §22(2) Genehmigung notwendig.

Pflanze	Schaderreger	Behandlung
Euonymus	Rhizoctonia-Stängelgrundfäule	Einsatz von Kontaktfungiziden wie z. B. **Dithane NeoTec**, *Mancozeb* (2–3 kg/ha), **Polyram WG**, *Metiram* (1,5–2 kg/ha) oder **Sportak 45 EW/Mirage 45 EC**, *Prochloraz* (1,2 l/ha), §22(2) Genehmigung notwendig.
	Echter Mehltau	Siehe Übersicht 5.1.2.3 Echter Mehltau.
	Rhizobium-Bakterienkrankheit	Nur vorbeugende Strategie in Form von Betriebshygiene und Verwendung von gesundem Ausgangsmaterial möglich.
	Pseudomonas-Bakterienkrankheit	Mehrfache Anwendung von Kupferspritzmitteln wie z. B. **Funguran progress**, *Kupferhydroxid* (2 kg/ha) im Abstand von 10–14 Tagen.
Fagus	Knospengallmücke	In der Praxis hat sich die Anwendung von **Karate Forst Flüssig/Karate Zeon**, *lambda-Cyhalothrin* (75 ml/ha) bewährt. Eine einzelbetriebliche Genehmigung nach §22(2) ist notwendig.
	Buchenblatt-Baumlaus	Frühzeitige Anwendung kurz nach Austrieb zur Bekämpfung der sogenannten „Stammmütter“ mit **Confidor WG 70**, *Imidacloprid* (150 g/ha), **Mospilan SG**, *Acetamiprid* (150–300 g/ha) oder **Movento OD 150**, *Spirotetramat* (0,3–0,6 l/ha). Für **Teppeki**, *Flonicamid* (160 g/ha) ist eine einzelbetriebliche Genehmigung nach §22(2) notwendig. Die Anwendung von Mineralölpräparaten wie z. B. **Promanal Neu** (12–24 l/ha) kurz vor Austrieb bringt ebenfalls eine Teilwirkung.
Fargesia	Wolllaus	Wirksam haben sich besonders Präparate mit Wirkstoffen aus der Gruppe der Neonicotinoide wie z. B. **Confidor WG 70**, *Imidacloprid* (150 g/ha) oder **Mospilan SG**, *Acetamiprid* (150–300 g/ha) erwiesen. Im Haus- und Kleingarten auch das Präparat **Careo Schädlingsfrei Konzentrat**, *Acetamiprid* (0,6–0,9 ml/m^2).
	Gallmilben	Anwendung von Präparaten gegen Gallmilben wie z. B. **Envidor**, *Spirodiclofen* (0,2–0,4 l/ha), **Kiron**, *Fenpyroximate* (0,9–1,5 l/ha) oder **Masai**, *Tebufenpyrad* (0,3–0,6 kg/ha). Die Anwendung von Schwefelpräparaten hat ebenfalls eine gute Nebenwirkung.
	Thripse, Fransenflügler	Die Befallsbeobachtung sollte unter Glas mit Blautafeln erfolgen. Hier haben sich Raubmilben zur Bekämpfung ebenfalls bewährt. Eine chemische Bekämpfung ist z. B. mit der mehrmaligen Anwendung von **Conserve**, *Spinosad* (1,5–3 l/ha) oder **NeemAzal**, *Azadirachtin* (1,5–3.0 l/ha) möglich.
	Bambus-Spinnmilbe	Siehe unter 5.1.2 Spinnmilben.

Pflanze	Schaderreger	Behandlung
Forsythia	Bakterienkrebs	Nur Rückschnitt befallener Pflanzenteile, Anwendung von **Funguran progress**, *Kupferhydroxid* (2 kg/ha) zur Verhinderung der Ausbreitung im Bestand.
	Bakterienseuche	Anwendung von Kupferspritzmitteln, insbesondere nach Spätfrösten, wie z. B. **Funguran progress**, *Kupferhydroxid* (2 kg/ha) im zeitigen Frühjahr zur Verhinderung der weiteren Ausbreitung im Bestand.
	Blattfleckenkrankheit	Bei Infektionsgefahr mit **Askon**, *Azoxystrobin + Difenoconazol* (1 l/ha), **Ortiva** bzw. **Neudorffs Rosen-Pilzfrei**, *Azoxystrobin* (0,48–0,96 l/ha), **Score**, *Difenoconazol* (0,4 l/ha), **Tilt 250 EC**, *Propiconazol* (0,12 l/ha) oder Kontaktfungizide z. B. **Dithane Neotec/ Pilzfrei Dithane**, *Mancozeb* (2–3 kg/ha).
	Blattwanzen	In der Praxis hat sich die Anwendung von **Karate Forst Flüssig/Karate Zeon**, *lambda-Cyhalothrin* (75 ml/ha) bewährt. Eine einzelbetriebliche Genehmigung nach §22(2) ist notwendig.
Fraxinus	Gallmilben	Anwendung von Präparaten gegen Gallmilben wie z. B. **Envidor**, *Spirodiclofen* (0,2–0,4 l/ha), **Kiron**, *Fenpyroximat* (0,9–1,5 l/ha) oder **Masai**, *Tebufenpyrad* (0,3–0,6 kg/ha). Die Anwendung von Schwefelpräparaten hat ebenfalls eine gute Nebenwirkung.
	Eschenblattfloh	Gegen vorhandenen Befall Anwendung von **Confidor WG 70**, *Imidacloprid* (150 g/ha), **Karate Zeon**, *lambda-Cyhalothrin* (75 ml/ha), **Mospilan SG**, *Acetamiprid* (150–300 g/ha), **NeemAzal T/S/Compo Bio Insektenfrei**, *Azadirachtin* (3 l/ha), **Spruzit Neu**, *Pyrethrine* + Rapsöl (6–12 l/ha).
	Hornissen	Geschützte Art (Rote Liste).
	Eschentriebsterben	Verwendung resistenter Arten wie z. B. *Fraxinus americana*, *F. ornus* oder *F. pennsylvanica*. In der Baumschulkultur ist mit der mehrmaligen Anwendung von Kontaktfungiziden oder **Sportak 45 EW/Mirage 45 EC**, Prochloraz (1,2 l/ha) ab Juni eine gewisse Befallsreduzierung möglich. Eine Genehmigung nach §22(2) ist notwendig.
Gaultheria	Triebsterben	Vorbeugend eine Heißwasserbehandlung des Saatgutes, da der Erreger mit den Samen übertragen wird. Bei beginnendem Befall Anwendung von Kontaktfungiziden z. B. mit **Dithane NeoTec**, *Mancozeb* (2–3 kg/ha), **Polyram WG**, *Metiram* (1,5–2 kg/ha) oder **Ortiva**, *Azoxystrobin* (0,48–0,96 l/ha), **Signum**, *Boscalid + Pyraclostrobin* (1,5 kg/ha).
	Wurzelfäule	Gießen mit **Aliette WG**, *Fosetyl* (100 kg/ha), **Fenomenal**, *Fosetyl + Fenamidone* (75 kg/ha), **Proplant**, *Propamocarb* (0,15 %), Anwendung nur unter Glas zugelassen.

Pflanze	Schaderreger	Behandlung
Gleditsia	Gleditsia-Gallmücke	Bei beginnendem Befall Anwendung von **Danadim Progress /Perfekthion/Roxion**, *Dimethoat* (0,7 l/ha), **Karate Zeon** (Einzelbetriebliche Genehmigung nach §22(2) erforderlich), *lambda-Cyhalothrin* (75 ml/ha), **Spruzit Neu**, Rapsöl + *Pyrethrine* (6–12 l/ha) oder **NeemAzal T/S/ Compo Bio Insektenfrei**, *Azadirachtin* (1,5–3 l/ha).
Hebe	Triebsterben	Gießen mit **Aliette WG**, *Fosetyl* (100 kg/ha), **Fenomenal**, *Fosetyl + Fenamidone* (75 kg/ha), oder **Proplant**, *Propamocarb* (0,15 %), Anwendung nur unter Glas zugelassen. Im Freiland Spritzanwendungen mit z. B. **Acrobat Plus WG**, *Dimethomorph + Mancozeb* (2 kg/ha) oder **Profiler**, *Fluopicolide + Fosetyl*, (0,75–2,25 kg/ha). Einzelbetriebliche Genehmigungen nach §22(2) notwendig.
	Falscher Mehltau	Siehe unter 5.1.2.4 Falscher Mehltau.
Hedera	Efeuschildlaus	Siehe unter 5.1.3 Schildläuse, möglichst gegen die beweglichen Stadien während der Vegetation.
	Triebspitzenmilbe	Anwendung von **Kiron**, *Fenpyroxymat* (0,9–1,8 l/ha, nur unter Glas), **Masai**, *Tebufenpyrad* (0,3–0,6 l/ha) oder **Vertimec Pro**, *Abamectin* (0,6–1,2 l/ha).
	Blattfleckenkrankheit (*Phyllosticta sp.*)	Bei beginnendem Befall Anwendung von **Collis**, *Boscalid + Kresoxim-methyl* (0,6 l/ha), **Ortiva** bzw. **Neudorffs Rosen-Pilzfrei**, *Azoxystrobin* (0,48–0,96 l/ha), **Score**, *Difenoconazol* (0,4 l/ha) oder Verwendung von Kontaktfungiziden.
	Blatt- und Stängelfleckenkrankheit (*Colletotrichum sp.*)	Behandlung siehe unter Blattflecken.
	Bakterienblattfleckenkrankheit, Efeukrebs	Mehrfache Anwendung von Kupferspritzmitteln wie z. B. **Funguran progress**, *Kupferhydroxid* (2 kg/ha) im Abstand von 10–14 Tagen.
Hibiscus	Fusarium-Welke	Vorbeugend Anwendung von **Sportak 45 EW/Mirage 45 EC**, *Prochloraz* (1,2 l/ha) oder **Switch**, *Cyprodinil + Fludioxynil* (1 kg/ha).
	Blattläuse	Siehe unter 5.1.3 Blattläuse. In der Praxis treten vermehrt Probleme mit resistenten Läusen an Hibiscus auf.
Hippophae	Verticillium	Derzeit nur vorbeugende Maßnahmen möglich.
Hydrangea	Wurzelfäule, Stängelgrundfäule	Da sich die Schadbilder ähneln, sollte vor einer Anwendung von Pflanzenschutzmitteln an Hand einer Laboruntersuchung der Erreger genau bestimmt werden. Bei Befall mit Rhizoctonia ist die Anwendung von z. B. **Rovral**, *Iprodion* (0,7 kg/ha)oder **Signum**, *Boscalid + Pyraclostrobin* (1,5 kg/ha) möglich. Bei einem Befall mit Phytophthora ist Gießen mit **Aliette WG**, *Fosetyl* (100 kg/ha), **Fenomenal**, *Fosetyl + Fenamidone* (75 kg/ha), oder **Proplant**, *Propamocarb* (0,15 %) Anwendung nur unter Glas zugelassen.

Pflanze	Schaderreger	Behandlung
	Echter Mehltau	Siehe Übersicht 6.1.2.3 Echter Mehltau.
Hypericum	Rost	Siehe Präparate gegen Rostkrankheiten 6.1.2.2.
	Wurzelfäule	Gießen mit **Aliette WG**, *Fosetyl* (100 kg/ha), **Fenomenal**, *Fosetyl* + *Fenamidone* (75 kg/ha), oder **Proplant**, *Propamocarb* (0,15 %), Anwendung nur unter Glas zugelassen.
	Blattfleckenkrankheit	Bei Infektionsgefahr mit **Askon**, *Azoxystrobin* + *Difenoconazol* (1 l/ha), **Ortiva** bzw. **Neudorffs Rosen-Pilzfrei**, *Azoxystrobin* (0,48–0,96 l/ha), **Score**, *Difenoconazol* (0,4 l/ha), **Tilt 250 EC**, *Propiconazol* (0,12 l/ha) oder Kontaktfungizide z. B. **Dithane Neotec/Pilzfrei Dithane**, *Mancozeb* (2–3 kg/ha).
Ilex	Ilex-Minierfliege	Im Mai und Juni mehrfache Anwendung von z. B., **Confidor WG 70**, *Imidacloprid* (150 g/ha), **NeemAzal T/S/Compo Bio Insektenfrei**, *Azadirachtin* (1,5–3 l/ha) oder **Spruzit Neu**, Rapsöl + *Pyrethrine* (6–12 l/ha) im Freiland.
	Wollsackschildlaus	Anwendung von Mineralölpräparaten im zeitigen Frühjahr (März) hat sich bewährt. Während der Vegetationsperiode mehrfach im Abstand von 2–3 Wochen mit **Confidor WG 70**, *Imidacloprid* (150 g/ha), **Danadim Progress/Perfekthion/Roxion**, *Dimethoat* (0,7 l/ha), **Mospilan SG**, *Acetamiprid* (150–300 g/ha), **Schädlingsfrei Careo Konzentrat**, *Acetamiprid* (0,6–0,9 ml/m^2), **Spruzit Neu**, *Pyrethrine* + Rapsöl (6–12 l/ha).
Jasminum	Grauschimmel	Anwendung von Präparaten gegen Grauschimmel, insbesondere im frühen Herbst, wie z. B. mit **Rovral**, *Iprodion* (0,7 kg/ha) oder **Signum**, *Boscalid* + Pyraclostrobin (1,5 kg/ha) ab Befallsbeginn. Ein Wechsel der Präparate ist unbedingt notwendig, da in den letzten Jahren an vielen Standorten Resistenzen aufgetreten sind.
Juglans	Marssonina-Blattfleckenkrankheit	Bei Infektionsgefahr mit **Askon**, *Azoxystrobin* + *Difenoconazol* (1 l/ha), **Ortiva** bzw. **Neudorffs Rosen-Pilzfrei**, *Azoxystrobin* (0,48–0,96 l/ha), **Score**, *Difenoconazol* (0,4 l/ha), **Tilt 250 EC**, *Propiconazol* (0,12 l/ha) oder Kontaktfungizide z. B. **Dithane Neotec/Pilzfrei Dithane**, *Mancozeb* (2–3 kg/ha).
	Gallmilben	Anwendung von Präparaten gegen Gallmilben wie z. B. **Envidor**, *Spirodiclofen* (0,2–0,4 l/ha), **Kiron**, *Fenpyroximat* (0,9–1,5 l/ha) oder **Masai**, *Tebufenpyrad* (0,3–0,6 kg/ha). Die Anwendung von Schwefelpräparaten hat ebenfalls eine gute Nebenwirkung.
Kalmia	Phytophtora-Wurzelfäule	Gießen mit **Aliette WG**, *Fosetyl* (100 kg/ha), **Fenomenal**, *Fosetyl* + *Fenamidone* (75 kg/ha), oder **Proplant**, *Propamocarb* (0,15 %), Anwendung nur unter Glas zugelassen. Im Freiland Spritzanwendungen mit z. B. **Acrobat Plus WG**, *Dimethomorph* + *Mancozeb* (2 kg/ha) oder **Profiler**, *Fluopicolide* + *Fosetyl*, (0,75–2,25 kg/ha). Einzelbetriebliche Genehmigungen nach §22(2) notwendig.

Pflanze	Schaderreger	Behandlung
Kerria	Triebsterben	Anwendung von Kontaktfungiziden wie z. B. **Dithane Neotec/Pilzfrei Dithane**, *Mancozeb* (2–3 kg/ha) oder systemsich wirkende Präparate wie z. B. **Askon**, *Azoxystrobin + Difenoconazol* (1 l/ha)oder **Signum**, *Boscalid + Pyraclostrobin* (1,5 kg/ha).
Laburnum	Blattfleckenkrankheit	Bei Infektionsgefahr mit **Askon**, *Azoxystrobin + Difenoconazol* (1 l/ha), **Ortiva** bzw. **Neudorffs Rosen-Pilzfrei**, *Azoxystrobin* (0,48–0,96 l/ha), **Score**, *Difenoconazol* (0,4 l/ha), **Tilt 250 EC**, *Propiconazol* (0,12 l/ha) oder Kontaktfungizide z. B. **Dithane Neotec/Pilzfrei Dithane**, *Mancozeb* (2–3 kg/ha).
	Falscher Mehltau	Siehe unter 5.1.2.4 Falscher Mehltau.
Laurus	Schildläuse	Siehe unter 5.1.3 Schildläuse, Behandlungen möglichst gegen die mobilen Stadien in den Sommermonaten oder gegen Ende des Winters mit Ölpräparaten.
Lavandula	Wurzelfäule	Gießen mit **Aliette WG**, *Fosetyl* (100 kg/ha), **Fenomenal**, *Fosetyl + Fenamidone* (75 kg/ha), oder **Proplant**, *Propamocarb* (0,15 %), Anwendung nur unter Glas zugelassen. Im Freiland Spritzanwendungen mit z.B. **Acrobat Plus WG**, *Dimethomorph + Mancozeb* (2 kg/ha) oder **Profiler**, *Fluopicolide + Fosetyl*, (0,75–2,25 kg/ha). Einzelbetriebliche Genehmigungen nach §22(2) notwendig.
	Grauschimmel	Anwendung von Präparaten gegen Grauschimmel wie z. B. mit **Rovral**, *Iprodion* (0,7 kg/ha) oder **Signum**, *Boscalid + Pyraclostrobin* (1,5 kg/ha) ab Befallsbeginn. Ein Wechsel der Präparate ist unbedingt notwendig, da in den letzten Jahren an vielen Standorten Resistenzen aufgetreten sind.
Ligustrum	Rindenfleckenerkrankung	Ab Mai mehrfache Anwendung von **Malvin**, *Captan* (1–1,8 kg/ha) oder **Bravo 500**, *Chlorthalonil* (2 l/ha), einzelbetriebliche Genehmigung nach §22(2) notwendig.
	Blattflecken	Bei Infektionsgefahr mit **Askon**, *Azoxystrobin + Difenoconazol* (1 l/ha), **Ortiva** bzw. **Neudorffs Rosen-Pilzfrei**, *Azoxystrobin* (0,48–0,96 l/ha), **Score**, *Difenoconazol* (0,4 l/ha), **Tilt 250 EC**, *Propiconazol* (0,12 l/ha) oder Kontaktfungizide z. B. **Dithane Neotec/Pilzfrei Dithane**, *Mancozeb* (2–3 kg/ha).
	Fliedermotte	Ab Befallsbeginn mit **Danadim Progress/Perfekthion/Roxion**, *Dimethoate* (0,6 l/ha), **NeemAzal T/S/Compo Bio Insektenfrei**, *Azadirachtin* (1,5–3 l/ha) oder **Xentari**, Bacillus *thuringiensis* (1–2 kg/ha).
	Bakterienwelke	Mehrfache Anwendung von Kupferspritzmitteln wie z. B. **Funguran progress**, *Kupferhydroxid* (2 kg/ha) im Abstand von 10–14 Tagen.

Pflanze	Schaderreger	Behandlung
Liriodendron	Blausieb	Bei stärkerem Befallsdruck während des Falterfluges von Juni bis August Anwendung von **Karate Zeon**, *lambda-Cyhalothrin* (75 ml/ha) im Spätsommer.
Lonicera	Lonicera-Blattlaus	Siehe unter 5.1.3 Blattläuse, es sollten möglichst systemisch wirkende Präparate zur Anwendung kommen.
	Minierfliege	Im Mai und Juni mehrfache Anwendung von z. B., **Confidor WG 70**, *Imidacloprid* (150 g/ha), **NeemAzal T/S/Compo Bio Insektenfrei**, *Azadirachtin* (1,5–3 l/ha) oder **Spruzit Neu**, Rapsöl + *Pyrethrine* (6–12 l/ha) im Freiland.
	Fusarium-Triebsterben	Vorbeugend Anwendung von **Sportak 45 EW/Mirage 45 EC**, *Prochloraz* (1,2 l/ha) oder **Switch**, *Cyprodinil* + *Fludioxynil* (1 kg/ha).
	Kalkfleckenkrankheit	Bei beginnendem Befall Anwendung von **Ortiva** bzw. **Neudorffs Rosen-Pilzfrei**, *Azoxystrobin* (0,48–0,96 l/ha), **Folicur**, *Tebuconazol* (0,5 l/ha), **Luna Experience**, *Fluopyram* + *Tebuconazol* (1 l/ha) oder **Signum**, *Boscalid* + *Pyraclostrobin* (1,5 kg/ha). Für **Folicur**, **Luna Experience** und **Signum** ist eine einzelbetriebliche Genehmigung nach §22(2) erforderlich.
Lycium	Gallmilben	Anwendung von Präparaten gegen Gallmilben wie z. B. **Envidor**, *Spirodiclofen* (0,2–0,4 l/ha), **Kiron**, *Fenpyroximate* (0,9–1,5 l/ha) oder **Masai**, *Tebufenpyrad* (0,3–0,6 kg/ha). Die Anwendung von Schwefelpräparaten hat ebenfalls eine gute Nebenwirkung.
Magnolia	Bakterien-Blattfleckenkrankheit	Mehrfache Anwendung von Kupferspritzmitteln wie z. B. **Funguran progress**, *Kupferhydroxid* (2 kg/ha) im Abstand von 10–14 Tagen.
	Echter Mehltau	Siehe Übersicht 5.2.3. Echter Mehltau.
Mahonia	Echter Mehltau	Siehe Übersicht 5.2.3. Echter Mehltau.
	Mahonienrost	Siehe Übersicht 5.2.2.Rostpilze.
Malus	Blutlaus	Bei Befall Anwendung von **Calypso**, *Thiacloprid* (0,1 l/ha/m Kronenhöhe), **Confidor WG 70**, *Imidacloprid* (150 g/ha), **Mospilan SG**, *Acetamiprid* (150–300 g/ha), **Pirimor Granulat**, *Pirimicarb* (250 g/ha/m Kronenhöhe). Hinweise gelten nicht für Anwendung in Ertragsanlagen.
	Obstbaumkrebs	Bei Infektionsgefahr Anwendung von **Cuprozin WP**, *Kupferhydroxid* (1 kg/ha/m Kronenhöhe) **Funguran progress**, *Kupferhydroxid* (bis 2 kg/ha) oder **Malvin**, *Captan* (0,6 kg/ha/m Kronenhöhe) während des Blattfalls.
	Pilzlicher Bleiglanz	Keine direkten Behandlungen möglich, Verwendung von gesundem Ausgangsmaterial.

Pflanze	Schaderreger	Behandlung
	Ungleicher Holzbohrer	Bei festgestellter Gefährdung Anwendung von **Fastac Forst**, *alpha-Cypermethrin* (2 % streichen) oder **Karate Zeon**, *lambda-Cyhalothrin* (0,2–0,4 % streichen).
	San Jose-Schildlaus	Fachberatung anfordern, siehe Übersicht 5.4 Amtliche Auskunftstellen für den Pflanzenschutz. Siehe auch Übersicht 5.1.3 Schildläuse.
	Echter Mehltau	Siehe Übersicht 5.1.2.3 Echter Mehltau.
Mespilus	Feuerbrand	Mehrfache Anwendung von Kupferspritzmitteln wie z. B. **Funguran progress**, *Kupferhydroxid* (2 kg/ha) im Abstand von 10–14 Tagen. Im Kernobst findet vorbeugend auch die Anwendung der Präparate **Blossom Protect**, *Aureobasium pullulans DSM 14941* (0,75 kg/ha/m Kronenhöhe), **Regalis Plus**, *Prohexadion* (0,5–0,83 kg/ha/m Kronenhöhe) und **Serenade Max**, *Bacillus subtilis QST 713* (2,5 kg/ha/m Kronenhöhe) statt. Meldepflicht beachten!
Morus	Maulbeer-Schildlaus	Fachberatung anfordern, siehe Übersicht 5.4 Amtliche Auskunftstellen für den Pflanzenschutz.
Nandina	Blattfleckenkrankheit	Bei Infektionsgefahr mit **Askon**, *Azoxystrobin* + *Difenoconazol* (1 l/ha), **Ortiva** bzw. **Neudorffs Rosen-Pilzfrei**, *Azoxystrobin* (0,48–0,96 l/ha), **Score**, *Difenoconazol* (0,4 l/ha), **Tilt 250 EC**, *Propiconazol* (0,12 l/ha) oder Kontaktfungizide z. B. **Dithane Neotec/ Pilzfrei Dithane**, *Mancozeb* (2–3 kg/ha).
Osmanthus	Blattfleckenkrankheit	Bei Infektionsgefahr mit **Askon**, *Azoxystrobin* + *Difenoconazol* (1 l/ha), **Ortiva** bzw. **Neudorffs Rosen-Pilzfrei**, *Azoxystrobin* (0,48–0,96 l/ha), **Score**, *Difenoconazol* (0,4 l/ha), **Tilt 250 EC**, *Propiconazol* (0,12 l/ha) oder Kontaktfungizide z. B. **Dithane Neotec/Pilzfrei Dithane**, *Mancozeb* (2–3 kg/ha).
Pachysandra	Blattfleckenkrankheit	Bei beginnendem Befall Anwendung von **Ortiva** bzw. **Neudorffs Rosen-Pilzfrei**, *Azoxystrobin* (0,48–0,96 l/ha), vorbeugend kann Anwendung von Kontaktfungiziden erfolgen.
	Wurzelfäule	Gießen mit **Aliette WG**, *Fosetyl* (100 kg/ha), **Fenomenal**, *Fosetyl* + *Fenamidone* (75 kg/ha), **Proplant**, *Propamocarb* (0,15 %), Anwendung nur unter Glas zugelassen. Für Anwendungen im Freiland sind einzelbetriebliche Genehmigungen nach §22(2) notwendig.
Paeonia	Grauschimmel	Anwendung von Präparaten gegen Grauschimmel wie z. B. mit **Rovral**, *Iprodion* (0,7 kg/ha) oder **Signum**, *Boscalid* + *Pyraclostrobin* (1,5 kg/ha) ab Befallsbeginn. Ein Wechsel der Präparate ist unbedingt notwendig, da in den letzten Jahren an vielen Standorten Resistenzen aufgetreten sind.

Pflanze	Schaderreger	Behandlung
Parthen-ocissus	Falscher Mehltau	Siehe unter 5.1.2.4. Falscher Mehltau.
Philadelphus	Blattfleckenkrankheit	Bei Infektionsgefahr mit **Askon**, *Azoxystrobin* + *Difenoconazol* (1 l/ha), **Ortiva** bzw. **Neudorffs Rosen-Pilzfrei**, *Azoxystrobin* (0,48–0,96 l/ha), **Score**, *Difenoconazol* (0,4 l/ha), **Tilt 250 EC**, *Propiconazol* (0,12 l/ha) oder Kontaktfungizide z. B. **Dithane Neotec/Pilzfrei Dithane**, *Mancozeb* (2–3 kg/ha).
Photinia	Echter Mehltau	Siehe Übersicht 5.1.2.3 Echter Mehltau.
	Falscher Mehltau	Siehe Übersicht 5.1.2.4 Falscher Mehltau.
Pieris	Andromeda-Netzwanze	Siehe unter Rhododendron-Netzwanze.
	Wurzelfäule	Gießen mit **Aliette WG**, *Fosetyl* (100 kg/ha), **Fenomenal**, *Fosetyl* + *Fenamidone* (75 kg/ha), **Proplant**, *Propamocarb* (0,15 %), Anwendung nur unter Glas zugelassen. Für Anwendungen im Freiland sind einzelbetriebliche Genehmigungen nach §22(2) notwendig.
Platanus	Platanenminiermotte	Im Bedarfsfall mit **Calypso** (einzelbetriebliche Genehmigung notwendig), *Thiacloprid* (0,1–0,3 l/ha), einzelbetriebliche Genehmigung nach §22(2) notwendig, **Confidor WG 70**, *Imidacloprid* (150 g/ha), einzelbetriebliche Genehmigung nach §22(2) notwendig, **NeemAzal T/S/Compo Bio Insektenfrei**, *Azadirachtin* (1,5–3 l/ha), **Spruzit Neu**, *Pyrethrine* + Rapsöl (6–12 l/ha oder 3,5 l/ha/m Kronenhöhe).
	Platanennetzwanze	Beim ersten Auftreten Anwendung von **Calypso**, *Thiacloprid* (0,1–0,3 l/ha), **Confidor WG 70**, *Imidacloprid* (150 g/ha), **NeemAzal T/S/Compo Bio Insektenfrei**, *Azadirachtin* (1,5–3 l/ha) oder **Spruzit Neu**, *Pyrethrine* + Rapsöl (6–12 l/ha), Anwendung nur in Baumschulen notwendig.
	Blattfleckenkrankheit	Anwendung von **Funguran progress**, *Kupferhydroxid* (2 kg/ha), **Ortiva** bzw. **Neudorffs Rosen-Pilzfrei**, *Azoxystrobin* (0,48–0,96 l/ha) oder Kontaktfungiziden während des Austriebs, nur in Baumschulen notwendig.
	Massaria-Krankheit	Derzeit keine direkten Bekämpfungsmaßnahmen bekannt.
	Echter Mehltau	Anwendung von Präparaten gegen Echte Mehltaupilze, siehe unter 5.1.2.3., Anwendung nur in der baumschulischen Produktion notwendig.
Populus	Spiralgallenläuse	Nur selten erforderlich. Bei beginnendem Befall **Calypso**, *Thiacloprid* (0,1–0,3 l/ha), **Confidor WG 70**, *Imidacloprid* (150 g/ha), **Mospilan SG**, *Acetamiprid* (150–300 g/ha), **NeemAzal T/S/Compo Bio Insektenfrei**, *Azadirachtin* (1,5–3 l/ha), **Spruzit Neu**, *Pyrethrine* + Rapsöl (6–12 l/ha).

Pflanze	Schaderreger	Behandlung
	Rindenbrand	Anwendung von Kontaktfungiziden wie z. B. **Dithane NeoTec**, *Mancozeb* (2–3 kg/ha) oder **Polyram WG**, *Metiram* (1,5–2 kg/ha).
	Marssonina-Blattflecken	Bei beginnendem Befall Anwendung von **Ortiva** bzw. **Neudorffs Rosen-Pilzfrei**, *Azoxystrobin* (0,48–0,96 l/ha), die Anwendung von Kontaktfungiziden ist ebenfalls wirksam.
	Rost	Siehe unter 5.1.2.2. Rostpilze.
Potentilla	Schaumzikade	Nur in Ausnahmefällen erforderlich. Anwendung von z. B. **Karate Zeon**, *lambda-Cyhalothrin* (75 ml/ha).
Prunus	Mittelmeer-nelkenwickler	Bei beginnendem Befall Anwendung von Präparaten gegen fressende Insekten wie z. B. **Karate Zeon**, *lambda-Cyhalothrin* (75 ml/ha) oder **NeemAzal T/S/Compo Bio Insektenfrei**, *Azadirachtin* (1,5–3 l/ha).
	Sternfleckengallmilbe	Anwendung von Präparaten gegen Gallmilben wie z. B. **Envidor**, *Spirodiclofen* (0,2–0,4 l/ha), **Kiron**, *Fenpyroximat* (0,9–1,5 l/ha) oder **Masai**, *Tebufenpyrad* (0,3–0,6 kg/ha). Die Anwendung von Schwefelpräparaten hat ebenfalls eine gute Nebenwirkung.
	Schwarze Kirschen-läuse	Bei Befall **Calypso**, *Thiacloprid* (0,1–0,3 l/ha), **Confidor WG 70**, *Imidacloprid* (150 g/ha), **Micula**, *Rapsöl* (10 l/ha/m Kronenhöhe), **Mospilan SG**, *Acetamiprid* (150–300 g/ha), **NeemAzal T/S/Compo Bio Insektenfrei**, *Azadirachtin* (1,5–3 l/ha), **Spruzit Neu**, *Pyrethrine* + Rapsöl (6–12 l/ha).
	Schlangenminiermotte	Bei beginnendem Befall Anwendung von z. B. **Danadim Progress/Perfekthion/Roxion**, *Dimethoat* (0,6 l/ha) oder **Spruzit Neu**, *Pyrethrine* + Rapsöl (6–12 l/ha).
	Spitzendürre (*Monilia laxa*)	Bei Infektionsgefahr in die aufgehende Blüte **Signum**, *Boscalid* + *Pyraclostrobin* (1,5 kg/ha), **Systhane 20 EW**, *Myclobutanil* (0,225 kg/ha/m Kronenhöhe) oder **Teldor/Bayer Garten Obst-PilzfreiTeldor**, *Fenhexamid* (0,5 kg/ha/m Kronenhöhe).
	Sprühflecken-krankheit	Ab Befallsbeginn Kontaktfungizide im Abstand von 10 - 14 Tagen oder mit **Delan WG**, *Dithianon* (0,25 kg/ha/m Kronenhöhe), **Signum**, *Boscalid* + *Pyraclostrobin* (1,5 kg/ha), **Systhane 20 EW**, *Myclobutanil* (0,225 l/ha/m Kronenhöhe).
	Kräuselkrankheit	Bei Infektionsgefahr mit **Delan WG**, *Dithianon* (0,25 kg/ha/m Kronenhöhe, **Syllit**, *Dodin* (1 l/ha/m Kronenhöhe), **Duaxo Universal Pilz-frei**, *Difenoconazol* (10 ml pro l Wasser).
	Schrotschuss-krankheit	Bei beginnendem Befall Anwendung von Kontaktfungiziden z. B. **Delan WG**, *Dithianon*, (0,25 kg/ha/m Kronenhöhe) oder Kupferspritzmitteln.

Pflanze	Schaderreger	Behandlung
	Echter Mehltau	Siehe unter 5.1.2.3 Echter Mehltau.
	Falscher Mehltau	Siehe unter 5.1.2.4 Falscher Mehltau.
	Bakterienkrankheit, bakterieller Schrotschuss	Mehrfache Anwendung von Kupferspritzmitteln wie z. B. **Funguran progress**, *Kupferhydroxid* (2 kg/ha) im Abstand von 10–14 Tagen.
Pyracantha	Schorf	Siehe unter 5.1.2.5 Schorf.
	Feuerdornminiermotte	Ab Befallsbeginn mit **Danadim Progress/Perfekthion/Roxion**, *Dimethoat* (0,6 l/ha) oder **NeemAzal T/S/Compo Bio Insektenfrei**, *Azadirachtin* (1,5–3 l/ha).
	Feuerdorngallmilbe	Anwendung von Präparaten gegen Gallmilben wie z. B. **Envidor**, *Spirodiclofen* (0,2–0,4 l/ha), **Kiron**, *Fenpyroximate* (0,9–1,5 l/ha) oder **Masai**, *Tebufenpyrad* (0,3–0,6 kg/ha). Die Anwendung von Schwefelpräparaten hat ebenfalls eine gute Nebenwirkung.
Pyrus	Birnenprachtkäfer	Bei festgestellter Gefährdung Anwendung von **Fastac Forst**, *alpha-Cypermethrin* (2 % streichen) oder **Karate Zeon**, *lambda-Cyhalothrin* (0,2 % streichen).
	Birnenpockenmilbe	Anwendung von Präparaten gegen Gallmilben wie z. B. **Envidor**, *Spirodiclofen* (0,2–0,4 l/ha), **Kiron**, *Fenpyroximate* (0,9–1,5 l/ha) oder **Masai**, *Tebufenpyrad* (0,3–0,6 kg/ha). Die Anwendung von Schwefelpräparaten hat ebenfalls eine gute Nebenwirkung.
	Birnenblattsauger	Frühzeitige Behandlung gegen die Larven mit z. B. **Envidor**, *Spirodiclofen* (0,2 l/ha/m Kronenhöhe).
	Birnengitterrost	Behandlung ab dem Ende der Blüte mit Präparaten gegen Rostpilze beginnen, ca. 3–4 Mal im Abstand von ca. 10 Tagen, siehe auch unter 5.1.2.2 Rostpilze.
Quercus	Eichensplintkäfer	Bei festgestellter Gefährdung Anwendung von **Fastac Forst**, *alpha-Cypermethrin* (2 % streichen) oder **Karate Zeon**, *lambda-Cyhalothrin* (0,2–0,4 % streichen).
	Eichenknospen-gallmücke	Gefährdete Bestände ab Austrieb mit **Karate Zeon**, *lambda-Cyhalothrin* (75 ml/ha) behandeln, einzelbetriebliche Genehmigung nach §22(2) notwendig.
	Eichenstammlaus	Anwendung von **Spruzit Neu**, *Pyrethrine* + Rapsöl (6–12 l/ha) oder **Danadim Progress/Perfekthion/Roxion,** *Dimethoat* (0,6 l/ha) mit einzelbetrieblicher Genehmigung nach §22(2).
	Eichenrindenbrand	Anwendung von **Funguran progress**, *Kupferhydroxid* (bis 2 kg/ha) oder **Sportak 45 EW/Mirage 45 EC**, *Prochloraz* (1,2 l/ha) mit einzelbetrieblicher Genehmigung nach §22(2).

Pflanze	Schaderreger	Behandlung
	Eichelrüssler	Eicheln kurz in **Karate Zeon**, *lambda-Cyhalothrin* (0,0075 %) tauchen, eine einzelbetriebliche Genehmigung nach §22(2) ist erforderlich.
	Eichenprozessions-spinner	Ab Austrieb Anwendung von **Vertimec Pro**, *Abamectin* (10ml/l Wasser/Stamm). Bei vorhandenem Befall immer Fachberatung der Pflanzenschutzdienste einschalten.
	Eichenkugelgallwespe	Bekämpfung i.d.R. nicht notwendig.
	Echter Mehltau	Siehe Übersicht 5.2.3 Echter Mehltau.
Rhamnus	Kronenrost	Siehe unter 5.1.2.2 Rostpilze.
Rhododen-dron	Rhododendron-Netzwanze	Mehrmalige Behandlung in den Sommermonaten mit z.B. **Calypso**, *Thiacloprid* (0,1–0,3 l/ha), **Confidor WG 70**, *Imidacloprid* (150 g/ha), **Mospilan**, *Acetamiprid* (150 g/ha), **NeemAzal T/S/Compo Bio Insektenfrei**, *Azadirachtin* (1,5–3 l/ha).
	Mottenschildlaus, Weiße Fliege	Siehe unter 5.1.3 Mottenschildlaus.
	Dickmaulrüssler	Siehe unter 5. 1.4 Dickmaulrüssler.
	Wurzel- und Stammfäule	Gießen mit **Aliette WG**, *Fosetyl* (100 kg/ha), **Fenomenal**, *Fosetyl + Fenamidone* (75 kg/ha), oder **Proplant**, *Propamocarb* (0,15 %), Anwendung nur unter Glas zugelassen. Im Freiland Spritzanwendungen mit z.B. **Acrobat Plus WG**, *Dimethomorph + Mancozeb* (2 kg/ha) oder **Profiler**, *Fluopicolide + Fosetyl*, (0,75–2,25 kg/ha). Für Freilandanwendungen sind einzelbetriebliche Genehmigungen nach 22(2) notwendig.
	Phytophthora-Triebfäule	Siehe unter Wurzel- und Stammfäule.
	Knospensterben (Rhododendron-Zikade)	Mehrmalige Behandlung in den Sommermonaten mit z.B. **Calypso**, *Thiacloprid* (0,1–0,3 l/ha), **Confidor WG 70**, *Imidacloprid* (150 g/ha), *Dimethoat* (0,6 l/ha), **Karate Zeon**, *lambda-Cyhalothrin* (75 ml/ha), **NeemAzal T/S/Compo Bio Insektenfrei**, *Azadirachtin* (1,5–3 l/ha) gegen den Überträger der Krankheit.
	Ohrläppchenkrankheit	Anwendung von **Ortiva**, *Azoxystrobin* (0,48–0,96 l/ha), **Score**, *Difenoconazol* (0,4 l/ha) oder die Kontaktfungizide **Dithane NeoTec**, *Mancozeb* (2–3 kg/ha), **Polyram WG**, *Metiram* (1,5–2 kg/ha).
	Rost	Bislang liegen nur geringe Erkenntnisse zur Behandlung des neuen Erregers vor. Bei gefährdeten Sorten während der Vegetation Anwendung von Präparaten gegen Rostpilze, siehe unter 5.1.2.2 Rostpilze.

Pflanze	Schaderreger	Behandlung
	Echter Mehltau	Siehe Übersicht 5.1.2.3 Echter Mehltau.
	Gelbe Teemilbe, Breite Milbe	Anwendung von Präparaten gegen Gallmilben wie z. B. **Envidor**, *Spirodiclofen* (0,2–0,4 l/ha), **Kiron**, *Fenpyroximate* (0,9–1,5 l/ha) oder **Masai**, *Tebufenpyrad* (0,3–0,6 kg/ha). Die Anwendung von Schwefelpräparaten hat ebenfalls eine gute Nebenwirkung.
Ribes	Johannisbeer-Gallmilbe	Mehrmalige Anwendung von z. B. **Envidor**, *Spirodiclofen* (0,2–0,4 l/ha), **Kiron**, *Fenpyroximate* (0,9–1,5 l/ha), **Masai**, *Tebufenpyrad* (0,3–0,6 l/ha) oder Anwendung Schwefelprodukten während des Austriebes.
	Johannisbeerblasenlaus	Siehe unter 5.1.3 Blattläuse.
	Wurzelläuse	Derzeit stehen keine zugelassenen Präparate zur Verfügung.
	Stachelbeermehltau	Siehe unter 5.1.2.3 Echter Mehltau.
	Säulenrost	Siehe unter 5.1.2.2 Rostpilze.
	Triebsterben (Phytophthora)	Gießen mit **Aliette WG**, *Fosetyl* (100 kg/ha), **Fenomenal**, *Fosetyl + Fenamidone* (75 kg/ha), oder **Proplant**, *Propamocarb* (0,15 %), Anwendung nur unter Glas zugelassen. Im Freiland Spritzanwendungen mit z. B. **Acrobat Plus WG**, *Dimethomorph + Mancozeb* (2 kg/ha) oder **Profiler**, *Fluopicolide + Fosetyl* (0,75–2,25 kg/ha). Für Freilandanwendungen sind einzelbetriebliche Genehmigungen nach 22(2) notwendig.
	Falscher Mehltau	Siehe unter 5.1.2.4 Falscher Mehltau.
	Nordische Apfelwanze	Nur in Ausnahmefällen erforderlich. Anwendung von z. B. **Karate Zeon**, *lambda-Cyhalothrin* (75 ml/ha).
	Johannisbeerglasflügler	Behandlung mit z. B. **Karate Zeon**, *lambda-Cyhalothrin* (75 ml/ha). Entscheidend ist die Benetzung des unteren Bereichs der Pflanze, da die Larve bevorzugt über Schnittstellen in die Pflanze eindringt.
Robinia	Robiniengallmücke	Anwendung von **Danadim Progress/Perfekthion/Roxion**, *Dimethoat* (0,6 l/ha) oder **Movento OD 150**, *Spirotetramat* (0,3–0,6 l/ha). Für beide Präparate ist eine einzelbetriebliche Genehmigung nach §22(2) erforderlich.
	Gallmilbe	Anwendung von Präparaten gegen Gallmilben wie z. B. **Envidor**, *Spirodiclofen* (0,2–0,4 l/ha), **Kiron**, *Fenpyroximate* (0,9–1,5 l/ha) oder **Masai**, *Tebufenpyrad* (0,3–0,6 kg/ha). Die Anwendung von Schwefelpräparaten hat ebenfalls eine gute Nebenwirkung.
	Fusarium-Welke	Vorbeugend die Anwendung von Kontaktfungiziden wie z. B. **Dithane Neotec**, *Mancozeb* (2–3 kg/ha), **Polyram WG**, *Metiram* (1,5–2 kg/ha) oder Kupferspritzmittel.

Pflanze	Schaderreger	Behandlung
Rosa	Rosenblattlaus	Siehe unter 5.1.3 Blattläuse.
	Rosenblattwespe	Ab Befallsbeginn Behandlung mit z. B. mit **Danadim Progress /Perfekthion/Roxion**, *Dimethoat* (0,6 l/ha), **Karate Zeon**, *lambda-Cyhalothrin* (75 ml/ha), **NeemAzal T/S/Compo Bio Insektenfrei**, *Azadirachtin* (1,5–3 l/ha).
	Rosenzikade	Ab Befallsbeginn mit **Karate Zeon**, *lambda-Cyhalothrin* (75 ml/ha), **NeemAzal T/S/Compo Bio Insektenfrei**, *Azadirachtin* (1,5–3 l/ha).
	Schaumzikade	Nur in Ausnahmefällen erforderlich. Anwendung von z. B. **Karate Zeon**, *lambda-Cyhalothrin* (75 ml/ha).
	Rosentriebbohrer	Nur bei stärkerem Befallsdruck mit z. B. **Calypso**, *Thiacloprid* (0,1–0,3 l/ha), **Danadim Progress/Perfekthion/ Roxion**, *Dimethoat* (0,6 l/ha).
	Sternrußtau	Siehe 5.1.2.3 Echter Mehltau.
	Rosenrost	Siehe 5.1.2.2 Rostpilze.
	Falscher Mehltau	Siehe 5.1.2.4 Falscher Mehltau.
	Rindenfleckenkrankheit	Vorbeugend die Anwendung von Kontaktfungiziden wie z. B. **Dithane Neotec**, *Mancozeb* (2–3 kg/ha), **Polyram WG**, *Metiram* (1,5–2 kg/ha) oder Kupferspritzmittel.
	Echter Mehltau	Siehe Übersicht 5.1.2.3 Echter Mehltau.
Rubus	Falscher Mehltau	Siehe unter 5.1.2.4 Falscher Mehltau.
	Brombeerrost	Siehe Übersicht 5.1.2.2 Rostpilze.
	Wiesenschaumzikade	Nur in Ausnahmefällen erforderlich. Anwendung von z. B. **Karate Zeon**, *lambda-Cyhalothrin* (75 ml/ha).
	Grüne Futterwanze	In der Praxis hat sich die Anwendung von **Karate Zeon**, *lambda-Cyhalothrin* (75 ml/ha) in den frühen Morgen- oder Abendstunden bewährt. Eine einzelbetriebliche Genehmigung nach §22(2) ist notwendig.
	Himbeer-Rutensterben	Behandlung der Jungruten z. B. mit **Flint**, *Trifloxystrobin* (0,2 kg/ha), **Malvin**, *Captan* (1,8 kg/ha), **Switch**, *Cyprodinil + Fludioxynil* (1 kg/ha).
	Phytophthora-Wurzelfäule	Gießen mit **Aliette WG**, *Fosetyl* (100 kg/ha), **Fenomenal**, *Fosetyl + Fenamidone* (75 kg/ha) oder **Proplant**, *Propamocarb* (0,15 %), Anwendung nur unter Glas zugelassen. Für Anwendungen im Freiland sind einzelbetriebliche Genehmigungen nach §22(2) notwendig.

Pflanze	Schaderreger	Behandlung
	Weidenbohrer	Anwendung von z. B. **Dipel ES**, *Bacillus thuringiensis* (2–3 l/ha) oder **NeemAzal T/S/Compo Bio Insektenfrei**, *Azadirachtin* (1,5–3 l/ha).
	Weidenblattgallmücke	Anwendung von **Danadim Progress/Perfekthion/Roxion**, *Dimethoat* (0,6 l/ha) oder **Movento OD 150**, *Spirotetramat* (0,3–0,6 l/ha). Für beide Präparate ist eine einzelbetriebliche Genehmigung nach §22(2) erforderlich.
	Glanzkäfer	Anwendung von **Karate Zeon**, *lambda-Cyhalothrin* (75 ml/ha) oder **NeemAzal T/S/Compo Bio Insektenfrei**, *Azadirachtin* (1,5–3 l/ha).
	Weidenrost	Siehe Übersicht 5.1.2.2 Rostpilze.
Sambucus	Holunderblattlaus	Siehe Übersicht 5.1.3 Blattläuse.
	Gallmilben	Anwendung von Präparaten gegen Gallmilben wie z. B. **Envidor**, *Spirodiclofen* (0,2–0,4 l/ha), **Kiron**, *Fenpyroximate* (0,9–1,5 l/ha) oder **Masai**, *Tebufenpyrad* (0,3–0,6 kg/ha). Die Anwendung von Schwefelpräparaten hat ebenfalls eine gute Nebenwirkung.
	Blattfleckenerreger	Bei Infektionsgefahr mit **Askon**, *Azoxystrobin + Difenoconazol* (1 l/ha), **Ortiva** bzw. **Neudorffs Rosen-Pilzfrei**, *Azoxystrobin* (0,48–0,96 l/ha), **Score**, *Difenoconazol* (0,4 l/ha), **Tilt 250 EC**, Propiconazol (0,12 l/ha) oder Kontaktfungizide z. B. **Dithane Neotec/Pilzfrei Dithane**, *Mancozeb* (2–3 kg/ha).
Sophora	Maulbeerschildlaus	Fachberatung anfordern, siehe Übersicht 5.4 Amtliche Auskunftstellen für den Pflanzenschutz.
Sorbus	Pockenmilben	Anwendung von Präparaten gegen Gallmilben wie z. B. **Envidor**, *Spirodiclofen* (0,2–0,4 l/ha), **Kiron**, *Fenpyroximate* (0,9–1,5 l/ha) oder **Masai**, *Tebufenpyrad* (0,3–0,6 kg/ha). Die Anwendung von Schwefelpräparaten hat ebenfalls eine gute Nebenwirkung.
	Krebs	Bei Infektionsgefahr Anwendung von **Cuprozin WP**, *Kupferhydroxid* (1 kg/ha/m Kronenhöhe) oder **Malvin**, *Captan* (0,6 kg/ha/m Kronenhöhe) während des Blattfalls.
Spiraea	Echter Mehltau	Siehe Übersicht 5.1.2.3 Echter Mehltau.
Symphoricarpos	Spinnmilben	Siehe Übersicht 5.1.2 Milben.
	Bleiglanz	Keine direkten Behandlungen möglich, Verwendung von gesundem Ausgangsmaterial.
	Echter Mehltau	Siehe Übersicht 5.1.2.3 Echter Mehltau

Pflanze	Schaderreger	Behandlung
Syringa	Fliedermotte	Ab Befallsbeginn mit **Danadim Progress/Perfekthion/ Roxion**, *Dimethoate*(0,6 l/ha) oder **NeemAzal T/S/ Compo Bio Insektenfrei**, *Azadirachtin* (1,5–3 l/ha).
	Fliederseuche	Anwendung von Kupferspritzmitteln wie z.B. **Funguran progress**, *Kupferhydroxid* (bis 2 kg/ha) im zeitigen Frühjahr zur Verhinderung der weiteren Ausbreitung.
	Echter Mehltau	Siehe Übersicht 5.1.2.3 Echter Mehltau.
Tamarix	Grauschimmel	Anwendung von Präparaten gegen Grauschimmel wie z. B. mit **Rovral**, *Iprodion* (0,7 kg/ha) oder **Signum**, *Boscalid* + *Pyraclostrobin* (1,5 kg/ha) ab Befallsbeginn. Ein Wechsel der Präparate ist unbedingt notwendig, da in den letzten Jahren an vielen Standorten Resistenzen aufgetreten sind.
Tilia	Kleine Lindenblatt-wespe	Ab Befallsbeginn mit **Danadim Progress/Perfekthion/ Roxion**, *Dimethoat* (0,6 l/ha), **NeemAzal T/S/Compo Bio Insektenfrei**, *Azadirachtin* (1,5–3 l/ha) oder **Karate Zeon**, *lambda-Cyhalothrin* (75 ml/ha) bis zu einer Pflanzenhöhe von 50 cm.
	Blattfleckenkrankheit, Rindenflecken-krankheit	Bei beginnendem Befall Anwendung der Kontaktfungizide **Dithane Neotec**, *Mancozeb* (2–3 kg/ha) oder **Polyram WG**, *Metiram* (1,5–2 kg/ha). Ansonsten Anwendung von **Ortiva** bzw. **Neudorffs Rosen-Pilzfrei**, *Azoxystrobin* (1 l/ha) oder mit **Score**, *Difenoconazol* (0,4 l/ha bzw. 0,075 l/ha/m Kronenhöhe) oder **Systhane 20 EW**, *Myclobutanil* (0,125 l/ha/m Kronenhöhe). Eine einzelbetriebliche Genehmigung nach §22(2) ist notwendig.
	Krötenhaut	Bislang keine Präparate bekannt, Kulturführung optimieren.
	Wollige Napfschildlaus	Fachberatung anfordern, siehe Übersicht 5.4 Amtliche Auskunftstellen für den Pflanzenschutz.
	Gallmilben	Anwendung von Präparaten gegen Gallmilben wie z. B. **Envidor**, *Spirodiclofen* (0,2–0,4 l/ha), **Kiron**, *Fenpyroximate* (0,9–1,5 l/ha) oder **Masai**, *Tebufenpyrad* (0,3–0,6 kg/ha). Die Anwendung von Schwefelpräparaten hat ebenfalls eine gute Nebenwirkung.
	Rußtaupilze	Frühzeitige Bekämpfung der Läuse, siehe auch unter 5.1.3 Blattläuse.
Ulex	Echter Mehltau	Siehe Übersicht 5.1.2.3 Echter Mehltau.
Ulmus	Ulmensterben	Derzeit keine praktikablen und dauerhaft wirksamen chemischen Präparate bekannt.
	Zickzack-Ulmenblattwespe	Ab Befallsbeginn mit **NeemAzal T/S/Compo Bio Insektenfrei**, *Azadirachtin* (1,5–3 l/ha) oder **Karate Zeon**, *lambda-Cyhalothrin* (75 ml/ha) behandeln, einzelbetriebliche Genehmigung nach §22(2) notwendig.

Pflanze	Schaderreger	Behandlung
	Phloeospora-Blattfleckenkrankeit	Bei Infektionsgefahr mit **Askon**, *Azoxystrobin + Difenoconazol* (1 l/ha), **Ortiva** bzw. **Neudorffs Rosen-Pilzfrei**, *Azoxystrobin* (0,48–0,96 l/ha), **Score**, *Difenoconazol* (0,4 l/ha), **Tilt 250 EC**, *Propiconazol* (0,12 l/ha) oder Kontaktfungizide z. B. **Dithane Neotec/ Pilzfrei Dithane**, *Mancozeb* (2–3 kg/ha).
Vaccinium	Knospengallmücke	Ab Befallsbeginn mit **NeemAzal T/S/Compo Bio Insektenfrei**, *Azadirachtin* (1,5–3 l/ha) oder **Karate Zeon**, *lambda-Cyhalothrin* (75 ml/ha) behandeln, einzelbetriebliche Genehmigung nach §22(2) notwendig.
	Blattfleckenkrankheit	Bei Infektionsgefahr mit **Askon**, *Azoxystrobin + Difenoconazol* (1 l/ha), **Ortiva** bzw. **Neudorffs Rosen-Pilzfrei**, *Azoxystrobin* (0,48–0,96 l/ha), **Score**, *Difenoconazol* (0,4 l/ha), **Tilt 250 EC**, *Propiconazol* (0,12 l/ha) oder Kontaktfungizide z. B. **Dithane Neotec/ Pilzfrei Dithane**, *Mancozeb* (2–3 kg/ha).
	Heidelbeerrost	Siehe unter 5.1.2.2 Rostpilze.
	Wurzel-, Stammfäule	Gießen mit **Aliette WG**, *Fosetyl* (100 kg/ha), **Fenomenal**, *Fosetyl + Fenamidone* (75 kg/ha), oder **Proplant**, *Propamocarb* (0,15 %), Anwendung nur unter Glas zugelassen. Im Freiland Spritzanwendungen mit z. B. **Acrobat Plus WG**, *Dimethomorph + Mancozeb* (2 kg/ha) oder **Profiler**, *Fluopicolide + Fosetyl*, (0,75–2,25 kg/ha). Für Freilandanwendungen sind einzelbetriebliche Genehmigungen nach 22(2) notwendig.
Viburnum	Schwarze Schneeballlaus	Siehe unter 5.1.3 Blattläuse.
	Schneeballkäfer	Ab Befallsbeginn **Karate Zeon**, *lambda-Cyhalothrin* (75 ml/ha), **NeemAzal T/S/Compo Bio Insektenfrei**, *Azadirachtin* (1,5–3 l/ha) oder **Trebon 30 EC**, *Etofenprox* (0,2 l/ha) behandeln.
	Blattfleckenkrankheit	Bei Infektionsgefahr mit **Askon**, *Azoxystrobin + Difenoconazol* (1 l/ha), **Ortiva** bzw. **Neudorffs Rosen-Pilzfrei**, *Azoxystrobin* (0,48–0,96 l/ha), **Score**, *Difenoconazol* (0,4 l/ha), **Tilt 250 EC**, *Propiconazol* (0,12 l/ha) oder Kontaktfungizide z. B. **Dithane Neotec/ Pilzfrei Dithane**, *Mancozeb* (2–3 kg/ha).
Vinca	Triebsterben	Derzeit stehen keine zugelassenen Produkte zur Verfügung. Sehr gute Erfahrungen liegen mit **Switch**, *Cyprodinil + Fludioxynil* (1 kg/ha) und **Signum**, *Boscalid + Pyraclostrobin* (1,5 kg/ha) vor, eine einzelbetriebliche Genehmigung nach §22(2) ist hierfür erforderlich.

Pflanze	Schaderreger	Behandlung
	Echter Mehltau	Siehe Übersicht 5.1.2.3 Echter Mehltau.
	Rost	Siehe Übersicht 5.1.2.2 Rostpilze.
Vitis	Rebenpockenmilbe	Anwendung von Präparaten wie z. B. **Envidor**, *Spirodiclofen* (0,2–0,4 l/ha), **Kiron**, *Fenpyroximate* (0,9–1,5 l/ha) oder **Masai**, *Tebufenpyrad* (0,3–0,6 kg/ha). Die Anwendung von Schwefelpräparaten hat ebenfalls eine gute Nebenwirkung. Bei fruchttragenden Pflanzen sind Wartezeichen und Zulassung zu beachten.
Weigela	Blattälchen	Derzeit keine zugelassenen Produkte verfügbar, ersatzweise mit **Danadim Progress/Perfekthion/Roxion**, *Dimethoat* (0,6 l/ha), einzelbetriebliche Genehmigung nach §22(2) notwendig.

Zeichenerklärung: = Für den Haus- und Kleingarten zugelassen

Haftungsausschluss: Das Ergebnis der Anwendung von Pflanzenschutzmitteln unterliegt stark wechselnden Faktoren wie z.B. der Witterung. Diese können für den Erfolg aber auch Misserfolg einer Anwendung verantwortlich sein. In extremen Fällen kann es sogar zu Schäden an den Kulturpflanzen kommen. Für derartige Schäden haften Autor und Verlag nicht. In Zweifelsfällen sind immer Probebehandlungen auf kleiner Fläche auszuführen. Das gilt besonders hinsichtlich der Sortenverträglichkeit z.B. bei Rosen.

6 Amtliche Auskunftsstellen für den Pflanzenschutz (Stand: Juli 2016)

Deutschland

Baden-Württemberg

- Landwirtschaftliches Technologiezentrum, 70197 Stuttgart, Reinsburgerstr. 107, Telefon 0711 6642400, Telefax 0711-6642499, E-Mail poststelle-s(@)ltz.bwl.de
- Regierungspräsidium Stuttgart Ref. 33, 70565 Stuttgart, Ruppmanstr. 21, Telefon 0711 90413300, Telefax 0711 90413090, Email bernhard.ritz@rps.bwl.de
- Regierungspräsidium Karlsruhe, Pflanzenschutzdienst-Karlsruhe, Schlossplatz 4-6, Telefon 0721 9260 Telefax 0721 93340230, Email Abteilung3@rpk.bwl.de, Internet www.rp.baden-wuerttemberg.de
- Regierungspräsidium Freiburg, Pflanzenschutzdienst 79083 Freiburg, Telefon 0761 2080, Telefax 0761 3940200, Email Abteilung3@rpf.bwl.de, Internet www.rp.baden-wuerttemberg.de
- Regierungspräsidium Tübingen, Pflanzenschutzdienst, 72072Tübingen, Konrad-Adenauer-Str. 20, Telefon 07071 7570, Telefax 07071 7573190, E-Mail Abteilung3@rpt.bwl.de, Internet www.rp.baden-wuerttemberg.de

Bayern

- Bayerische Landesanstalt für Landwirtschaft, Inst. f. Pflanzenschutz, 85354 Freisingen, Lange Point 10,
  Telefon 08161 715651, Telefax 08161 715735, Internet www.lfl.bayern.de
- Amt für Landwirtschaft und Forsten Kitzingen, Gartenbauzentrum Bayern Nord, 97318 Kitzingen, Mainbernheimer Str. 103, Telefon 09321-30090, Telefax 09321-3009135, Internet www.aelf-kt.bayern.de
- Amt für Landwirtschaft und Forsten Fürth, Gartenbauzentrum Bayern Mitte, 90763 Fürth, Jahnstr. 7, Telefon 0911 997150, Email poststelle@aelf-fu.bayern.de, Internet www.aelf-fu.bayern.de
- Amt für Landwirtschaft und Forsten Augsburg, Gartenbauzentrum Bayern Süd-West, 86316 Friedberg, Johann-Niggel-Str. 7, Telefon 0821 260910, Internet www.aelf-au.bayern.de
- Amt für Landwirtschaft und Forsten Landshut, Gartenbauzentrum Bayern Süd-Ost, 84036 Landshut-Schönbrunn, Am Lurzenhof 3, Telefon 0871 975189550, Internet www.aelf-au.bayern.de

Berlin

- Pflanzenschutzamt Berlin, 12347 Berlin, Mohriner Allee 137, Telefon 030 700006-0, Telefax 030 700006255, Email pflanzenschutzamt@senstadtum.berlin.de, Internet www.stadtentwicklung.berlin.de/pflanzenschutz/pflanzenschutzamt

Brandenburg

- Landesamt für Ländliche Entwicklung, Landwirtschaft und Flurneuordnung, Abt. 4, 15236 Frankfurt/Oder, Müllroser Chaussee 54, Telefon 0335 5602408, Telefax 0335 5602404, Internet lelf.brandenburg.de

Bremen

- Pflanzenschutzdienst Bremen, Lötzener Str. 3, 28207 Bremen, Telefon 0421 36189240, Telefax 0421 36116644, E-Mail office.pshb@veterinaer.bremen.de, Internet www.lmtvet.bremen.de

Hamburg

– Pflanzenschutzamt Hamburg, 22609 Hamburg, Ohnhorstr. 18, Telefon 040 428415321, Telefax 040 427941072, Email pflanzengesundheit@bwvi.hamburg.de, Internet www.hamburg.de/service-pflanzenschutz

Hessen

– Regierungspräsidium Gießen, Pflanzenschutzdienst (Dez:51.4), Schanzenfeldstr. 8–10, 35578 Wetzlar, Telefon 0641 303 5220, Telefax 0641 30351-04 oder -05 (Warndienst) Email psd-wetzlar@rpgi.hessen.de, Internet www.pflanzenschutzdienst.rp-giessen.de

Mecklenburg-Vorpommern

– Landesamt für Landwirtschaft, Lebensmittelsicherheit und Fischerei Mecklenburg-Vorpommern, Abteilung Pflanzenschutzdienst, 18059 Rostock, Graf-Lippe-Straße 1, Telefon 0381 4035-0, Telefax 0381 4922665, Internet www.lallf.de, Email: pflanzenschutzdienst@lallf.mvnet.de

Niedersachsen

– Landwirtschaftskammer Niedersachsen, Pflanzenschutzamt Sachgebiet Zierpflanzenbau, Baumschulen, öffentliches Grün, Sedanstr. 4, 26121 Oldenburg, Telefon 0441 80176076-1, Telefax -80 1777, Internet www.lwk-niedersachsen.de, Email pflanzenschutzamt@lwk-niedersachsen.de

Nordrhein-Westfalen

– Landwirtschaftskammer Nordrhein-Westfalen, Pflanzenschutzdienst, 53229 Bonn, Siebengebirgsstr. 200, Telefon 0228-7032101, Telefax 0228-7032102, Email pflanzenschutzdienst@lwk.nrw.de, Internet www.landwirtschaftskammer.de/landwirtschaft/pflanzenschutz
– Pflanzenschutzdienst der Landwirtschaftskammer Westfalen-Lippe, 48147 Münster, Nevinghoff 40, Telefon 0251 23760, Telefax 0251 2376521, Email IPSAB_Muenster@t-online.de, Internet www.lk-wl.de

Rheinland-Pfalz

– Landwirtschaftskammer Rheinland-Pfalz, Dienststelle Trier, Gartenfeldstr. 12a, 54295 Trier, Telefon 0651-949070, Telefax 0651-94907366, Email trier@lwk-rlp.de, Internet www.lwk-rlp.de
– Landwirtschaftskammer Rheinland-Pfalz, Dienststelle Koblenz, Peter-Klöckner Str. 3, 56073 Koblenz, Telefon 0261 915930, Telefax 0261 91593233, Email koblenz@lwk-rlp.de, Internet www.lwk-rlp.de

Saarland

– Landwirtschaftskammer für das Saarland, 66822 Lebach, Dillinger Str. 67, Telefon 06881 9280, Telefax 06881 928100, Internet www.lwk-saarland.de

Sachsen

– Sächsische Landesanstalt für Landwirtschaft, Fachbereich 4, Referat 75, Pflanzengesundheit-Diagnose, 01326 Dresden, Söbringer Str. 3a, Telefon 035242-6317500, Telefax 03524 -6317599, Email christine.gebhart@pillnitz.lfl.smul.sachsen.de, Internet www.smul.sachsen.de

Sachsen-Anhalt

- Landesamt für Landwirtschaft, Forsten und Gartenbau, Dezernat Pflanzenschutz, 06406 Bernburg, Strenzfelder Allee 22, Telefon 03471-334341, Telefax 03471-334109, Email poststelle@llfg.mlu.sachsen-anhalt.de, Internet www.llfg.sachsen-anhalt.de
- Amt für Landwirtschaft, Flurneuordnung und Forsten Altmark, 39576 Stendal, Akazienweg 25, Telefon 03931 6330, Telefax 03931 213107, Email poststelleSDL@alff.mlu.sachsen-anhalt.de, Internet: www.alff-altmark.sachsen-anhalt.de
- Amt für Landwirtschaft, Flurneuordnung und Forsten Altmark, Standort Salzwedel, 29410 Salzwedel, Buchenallee 3, Telefon 03901 8460, Telefax 03901 846100, Email poststelleSAW@alff.mlu.sachsen-anhalt.de
- Amt für Landwirtschaft, Flurneuordnung und Forsten Mitte, 38820 Halberstadt, Große-Ring-Str., Telefon 03941 671466 Telefax 03941 671199, E-Mail poststelle@HBS.alff.mlu.sachsen-anhalt.de

Schleswig-Holstein

- Landwirtschaftskammer Schleswig-Holstein, Abt. Pflanzenbau, Pflanzenschutz, Umwelt, Thiensen 22, 25373 Ellerhoop, Telefon 04120 7068213207, Telefax 070 68212, Email psd-ellerhoop@lksh.de, Internet www.lksh.de

Thüringen

- Thüringer Landesanstalt für Landwirtschaft Jena, Abt. Pflanzenproduktion, Referat Pflanzenschutz, 99189 Kühnhausen, Kühnhäuser Str. 101, Telefon 0361 55068127, Telefax 0361 55068140

Österreich

Online-Verzeichnis der zugelassenen Pflanzenschutzmittel unter:
www.ages.at/Service/Pflanzenschutzmittel/Pflanzenschutzmittelregister

- Österreichische Agentur für Gesundheit und Ernährungssicherheit GmbH, kurz AGES, sowie Bundesamt für Ernährungssicherheit 1220 Wien, Spargelfeldstrasse 191, Telefon 05 0555-0, Telefax 050 0555 25019, Internet www.ages.at, Email management@ages.at

Hinweis: Präparate mit Zulassung in Deutschland oder den Niederlanden dürfen ebenfalls verwendet werden.

Schweiz

Online-Verzeichnis der zugelassenen Pflanzenschutzmittel unter www.psa.blw.admin.ch

- Forschungsanstalt Agroscope Changins-Wädenswil ACW, 1260 Nyon 1 Route de Duillier 50, Postfach 1012, Telefon 022 3634444 Telefax 022 3621325, Internet www.agrscope.admin.ch
- Bundesamt für Umwelt BAFU, 3003 Bern, Telefon 031 3229311, Telefax 031 3229981, Internet www.bafu.admin.ch, Email info@bafu.admin.ch

7 Giftzentralen

Giftnotruf (bundeseinheitlich): Vorwahl der nächstgelegenen Stadt aus der Liste + 19 24-0

Berlin

- Beratungsstelle für Vergiftungserscheinungen, Karl-Bonhoeffer-Nervenklinik, Haus Diagnostikum, Oranienburger Str. 285, 13437 Berlin, Telefon 030 1924-0, Fax: 030 686721, Email mail@giftnotruf.de, Internet www.giftnotruf.de
- Giftberatung Virchow-Klinikum Charité, Campus Virchow-Klinikum, Augustenburger Platz 1, 13353 Berlin, Telefon 030 450653555, Fax 030 450553915, Email giftinfo@charite.de, Internet www.charite.de

Bonn

- Informationszentrale gegen Vergiftungen, Zentrum für Kinderheilkunde der Rheinischen Friedrich-Wilhelms-Universität Bonn, Adenauerallee 119, 53113 Bonn, Tel.: 0228 19240, Fax: 0228 73314, Email gizbn@ukb.uni-bonn.de, Internet www.meb.uni-bonn.de/giftzentrale

Erfurt

- Helios-Klinikum Erfurt, Nordhäuser Str. 74, 99089 Erfurt, Telefon 0361 730730, Fax 0361 7307317, Email info@ggiz-erfurt.de, Internet www.ggiz-erfurt.de

Freiburg

- Vergiftungs-Informations-Zentrale, Universitäts-Kinderklinik Freiburg, Mathildenstr. 1, 79106 Freiburg, Telefon 0761 19 24 0, Fax 0761 27 04 45 7, Email giftinfo@kikli.ukl.uni-freiburg.de, Internet www.giftberatung.de

Göttingen

- Giftinformationszentrum-Nord Georg-August-Universität, Zentrum Pharmakologie und Toxikologie, Robert-Koch-Str. 40, 307075 Göttingen, Telefon 0551 19240, Fax 0551 3831881, Email Anfragen@giz-nord.de, Internet www.giz-nord.de

Homburg/Saar

- Informations- und Beratungszentrum für Vergiftungsfälle, Klinik für Kinder- und Jugendmedizin, Robert-Koch-Str., Gebäude 9, 66421 Homburg/Saar, Telefon 06841 19240, Fax: 06841 1628438, Email kigift@uniklinik-saarland.de, Internet www.uniklinikum-saarland.de/de/Einrichtungen/kliniken_institute/kijumed

Mainz

- Universitätsklinikum, Langenbeckstr. 1, 55131 Mainz, Tel.: 06131 19240 oder 232466, Fax: 06131 232468 oder -69, Email mal@giftinfo.uni-mainz.de, Internet www.giftinfo.uni-mainz.de

München

- Giftnotruf München, Toxikologische Abteilung der II. Medizinischen Klinik rechts der Isar, Ismaninger Str. 22, 81675 München, Tel.: 089 19240, Fax: 089 41402467, Email tox@lrz.tum.de, Internet www.toxinfo.org/

Nürnberg

- Giftinformationszentrale Nürnberg, Medizinische Klinik II Klinikum Nürnberg Nord, Prof.-Ernst-Nathan-Str. 1, 90419 Nürnberg, Tel.: 0911-39 82 45 1 oder 39 82 66 5, Fax: -39 82 21 92, Email muehlberg@klinikum-nuernberg.de, Internet www.giftinformation.de

8 Register

A

B

C

D

L

M

Q

R

S

X

Z

BdB-Handbuch II
Nadelgehölze und Rhododendron
Schulbuch Nr. 116293
224 Seiten, broschiert

BdB-Handbuch V
Gehölzsortimente und ihre Verwendung
Schulbuch Nr. 141090
144 Seiten, broschiert